# 神奇的鲨鱼：

## 一位著名海洋生物学家揭开
## 鲨鱼行为的奥秘

### The Secret Life of Sharks:
### A Leading Marine Biologist Reveals the
### Mysteries of Shark Behavior

〔美〕A. 彼得·克利姆利（A.Peter Klimley）／著

颜云榕　谷　穗／译

科学出版社

北　京

图字：01-2023-1038 号

# 内 容 简 介

　　本书作为科普类读物，真实记录了国际著名海洋生物学家 A. 彼得·克利姆利博士探索鲨鱼奥秘的冒险历程。作者以海洋生物学家的身份去探索鲨鱼的生活，经过多年实地考察和实验，为我们揭开了鲨鱼的神秘面纱。本书既可以让我们了解科学探索的乐趣，亦能让我们感受到科学家在求知过程中经历了困惑、质疑、痛苦后最终坚定信念的强大魅力。

　　本书适合海洋生物学科研工作者及对鲨鱼与海洋生物知识感兴趣的大众读者阅读。

**图书在版编目（CIP）数据**

神奇的鲨鱼：一位著名海洋生物学家揭开鲨鱼行为的奥秘 / （美）A.彼得·克利姆利（A.Peter Klimley）著；颜云榕，谷穗译. —北京：科学出版社，2023.3
书名原文: The Secret Life of Sharks: A Leading Marine Biologist Reveals the Mysteries of Shark Behavior
ISBN 978-7-03-075085-3

Ⅰ. ①神… Ⅱ. ①A… ②颜… ③谷… Ⅲ. ①鲨鱼—普及读物 Ⅳ. ①Q959.41-49

中国国家版本馆 CIP 数据核字（2023）第 040639 号

责任编辑：郭勇斌　冷　玥　彭婧煜 / 责任校对：姜丽策
责任印制：张　伟 / 封面设计：黄华斌

科学出版社 出版
北京东黄城根北街 16 号
邮政编码：100717
http://www.sciencep.com

北京虎彩文化传播有限公司 印刷
科学出版社发行　各地新华书店经销

*

2023 年 3 月第　一　版　开本：720×1000　1/16
2023 年 3 月第一次印刷　印张：14 3/4
字数：210 000

**定价：98.00 元**
（如有印装质量问题，我社负责调换）

# 译 者 序

　　《神奇的鲨鱼：一位著名海洋生物学家揭开鲨鱼行为的奥秘》是 2003 年 SIMON & SCHUSTER 出版社出版的 *The Secret Life of Sharks: A leading marine biologist reveals the mysteries of shark behavior* 一书的中文译本，旨在让读者从另一个角度了解和认识鲨鱼生活，激发读者对海洋领域相关科学知识的兴趣。2015 年，广东海洋大学建校 80 周年之际，本书的作者加利福尼亚大学戴维斯分校的 A. 彼得·克利姆利（A. Peter Klimley）博士来我校访问交流，其间进行了关于鲨鱼研究的主题报告，我们也有幸读到了这本 *The Secret Life of Sharks: A leading marine biologist reveals the mysteries of shark behavior*，初读几章我们便被其内容深深吸引。不同于晦涩难懂的专业书籍，该书更倾向于科普，文笔流畅，内容风趣。作为一位海洋生物学家，克利姆利博士为揭开鲨鱼的神秘面纱进行了数十次近距离观察和实验，也正是因为他和他的团队不畏艰辛、勇于冒险，才让读者得以知晓原来鲨鱼并不是所谓的"无情的捕食机器"，它们也有社交，也会挑食，电影中冷血的"食人巨鲨"原来对人类也并不是那么感兴趣。面对浩瀚海洋，我们总是有无尽好奇与幻想，而正是无数科学家充当着排头兵的角色带领着我们一步步迈向那些未知的领域和神秘的世界。同为科研工作者，我们深知科学需要实地探索，现场实践方出真知，许多科学问题往往在现场，而答案同样也在现场。克利姆利博士团队的工作值得被更多人关注，无论是作为对海洋学科学习的启发还是对鲨鱼生活相关知识的科普，该书都为上乘的佳作，因此我们和克利姆利博士商讨出版此书的中文译本，希望可以激发读者对海洋生物、对科研工作的兴趣，在未来可以有更多有志青年加入海洋科学研究工作中。

　　本书的出版得到国家自然科学基金区域创新发展联合基金项目（U20A2087）和广东省南海深远海渔业管理与捕捞工程技术研究中心配套经费资助，特别感谢浙江海洋大学王忠明高级工程师在本书翻译过程中给予的帮助和审校。期盼本书可以让更多人了解鲨鱼、爱上海洋！

　　由于译者的水平有限，书中难免存在不足之处，欢迎大家批评指正。

译　者

2022 年 9 月于广东海洋大学

# 致　谢

　　作为一名海洋生物学家,我在 30 年的职业生涯中为科学界同行写了许多科技论文,报告了新的观测或实验结果。这些论文力求简洁、客观、不带个人情感。论文的内容仅限于简要地描述研究过程中使用的方法、结果以及它们与已有的科学知识体系之间的关系。但对我来说,这些文章似乎缺少了真相背后的故事。因此,我一直想写一本书,介绍自己成为一位科学家以及探索新知识的历程。我带着探索世界的雄心壮志从大学毕业了。在内陆偏远地区短暂的穷游之后,我发现这些地方已经有人居住,确定海洋仍是前沿领域,而以海洋学家的身份去探索才是最佳途径。作为一名科学家,最让我感到兴奋的是如何去寻找真相,而不是知识本身。科学家需要去挑战自己,结识新的人群,游历偏远的地方,制作创新性的设备,置身于危险境地,以及形成创新性的思路,等等。我写这本书,是想让你们了解在科学探索过程中有哪些乐趣和刺激,尽管你们不是以科学研究为职业。本书不仅包括观察前所未见的事物并以全新的方式对其进行阐述的快乐,也包括当自己的想法受到误解或质疑时所经历的痛苦和捍卫自己想法时所形成的信念。本书记载了令人兴奋的鲨鱼探索之旅和两个极具魅力的物种——双髻鲨和大白鲨,这可能会深深地吸引你。但是,你应该也清楚,每位科学家在研究自然或物理现象时,无论是简单如光束穿过棱镜而产生彩虹,还是宏伟如太阳系的缔造,他们都会经历共同的激情并分享共同的喜悦。

　　感谢吉姆·韦德(Jim Wade)和鲍勃·本德(Bob Bender)在我写这本书时,在编辑方面给予指导。我采纳了他们的大部分建议,让本书得到了许多改进。理查德·米尔纳(Richard Milner)最先知道我想写一本关于我研究水下世界的鲨鱼经历的书，他是一位成功的作家，撰写了畅销的查尔斯·达尔文（Charles Darwin）传记。我是在理查德担任《博物志》杂志编辑时和他认识的，他编辑了我的一篇关于双髻鲨的群体行为和导航能力的文章。感谢他推荐我联系他的图书代理商——新英格兰出版社的埃德·克纳普曼（Ed Knappman），询问是否愿意帮我找人出版这样一本个人自述。感谢埃德·克纳普曼联了他们公司的鲍勃·本德。他看了我已写完的章节后，同意出版该书。

感谢我的妻子帕特·克利姆利（Pat Klimley），是她第一个阅读本书的每一章并提出改进的建议，然后我才把书稿提交给精益求精的专业编辑。我还要感谢许许多多为了解鲨鱼行为而参与探险的学生、科学家和教授们。感谢美国国家地理学会、国家公园管理局、美国海军研究局、美国国家科学基金会和海洋世界等组织对我的鲨鱼研究提供了资助。最后，感谢我的三位老师——亚瑟·迈尔伯格（Arthur Myrberg）、唐纳德·纳尔逊（Donald Nelson）和迪克·罗森布拉特（Dick Rosenblatt），他们对我成长为海洋学家的影响尤为重大。

谨以此书献给我的父亲斯坦利·克利姆利（Stanley Klimley）和我的母亲多萝西·克利姆利（Dorothy Klimley）。他们是伟大而体贴的父母。父母是我们的第一任也是最重要的老师，他们让我们的成长充满爱，为我们树立榜样，教会我们知识。没有他们的支持，也就没有本书的科学探险之旅。

# 目　录

插图

# 1 鲨鱼热

1985 年，刚好是电影《大白鲨》（*Jaws*）在美国创票房纪录十周年，我在加利福尼亚州（California）沿岸第一次看到大白鲨捕食，场面相当令人震惊。

那是十月的一天清晨，天空还灰蒙蒙的，乌云密布，当时我正在检查小艇上的发动机，小艇吊放在东南法拉隆岛（Southeast Farallon Island）通往悬崖边缘的一个水泥平台，该岛距离旧金山 30 英里①。一小时后，小艇将被吊离平台，下放 25 英尺②到达海面，然后开启我在岛周围海域的大白鲨探寻之旅。没想到的是，我竟然这么快就与大白鲨不期而遇了。

清晨唯一听到的就是海浪拍打着岛边犬牙交错的礁石的声音，而我正站在那里计划着当天的行程。突然，海鸥群如爆炸般地四散开来，并在近岸处绕圈飞翔。然后我注意到 25 码③外的灰色海水被一头垂死挣扎的北象海豹的血液染成了鲜艳的深红色。一条巨型鲨鱼的大部分身体露出了海面，在血染的海水里有力地来回游动。它那充满活力的动作看起来像是在享受着美食。这毛骨悚然的一幕让我背脊发凉，头冒冷汗。尽管我们每个人时不时地都会有口渴、饥饿、愤怒和性冲动等感觉，我们却几乎不会产生被猎食的恐惧感。然而当我看到大白鲨吞食海豹这一幕时，这种令人心脏骤停的恐惧阵阵袭来。

从目睹了这次袭击以来，我分析了上百个大白鲨袭击海豹和海狮的视频。1987 年，我和同事们开始在南法拉隆群岛（South Farallon Islands）近海持续观察这种自然猎食行为。生物学家志愿者们驻扎在灯塔山

---

① 1 英里≈1.61 千米。——译者

② 1 英尺≈0.30 米。——译者

③ 1 码≈0.91 米。——译者

1

（Lighthouse Hill）顶，在秋季的白天反复察看群岛周围的水域，若发现有水花爆溅或水面被血染红则为鲨鱼袭击的预警。录像带记录了志愿者们在1988～1999年观察到的所有鲨鱼袭击事件。我在录像带里听到了这些人在描述鲨鱼猎食海豹时的声音在颤抖。旁白也非常令人震惊——开阔海域里充斥着鲜血、内脏、激战和死亡。然而，结合这些描述以及其他有关大白鲨的研究结果来看，我们对大白鲨捕食行为的理解大部分基于电影《大白鲨》，原以为是事实，更多的却是想象。大白鲨不是低能的捕食机器，而是老练的、隐秘的捕食者，整个过程兼具仪式感和目的性，而且可能不喜欢吃人肉。

我简单地描述一下大白鲨是如何猎食海豹的吧。无论是观察者的报道还是他们的录像带，都展现出了鲨鱼与人们想象中截然不同的猎食行为。但观察者们都没有见证或记录到鲨鱼袭击时最令人惊悚的一幕，那强有力的、粉碎骨头的第一口。这意味着鲨鱼在海面之下就已经咬住了海豹。通常来说，观察者会首先注意到海鸥在一片血染的海域盘旋。血迹经常朝某个方向蔓延，然后鲨鱼便出现了，而海豹就在它附近。抑或是鲨鱼经常用它那异常宽大的尾巴接连地拍打游动，因为当它嘴里咬着一头沉重的海豹，就必须以这种方式产生前进的动力。过了很长一段时间，海豹通常会浮出水面，一动不动地在那漂浮着，身上的一大块肉被撕扯下来，但是伤口不再流血。最后观察到的这个现象令人费解，因为海豹体内有大量血液，用于输送氧气供给全身组织。这种充足的含氧血供应能够让海豹下潜到1600英尺处逗留20分钟以上。

接着，鲨鱼迅速露出海面，游向海豹的尸体并抓住它。这样的情形让我深信大白鲨是以放血的方式杀死猎物的——它让海豹失血而亡。鲨鱼必须紧紧咬住海豹，直到它不再流血为止，之后才会撕咬海豹，开始进食。

录像带还解答了其他一些令人困惑的问题——对于那些想知道怎样在鲨鱼袭击中幸存下来的人来说，这些问题比学术的兴趣更重要。鲨鱼是如何决定袭击对象和袭击时间的呢？它又是如何决定吃什么的呢？我们在法拉隆群岛（Farallon Islands）水域观察鲨鱼捕食海豹时，只发生过一次鲨鱼袭击人类的事件。这次袭击发生于1989年9月9日的下午2:00。一开始就像许多袭击海豹的事件一样，这条大白鲨咬住了职业采鲍潜水员马克·蒂塞兰德（Mark Tisserand）的腿，当时他正在水深 25 英尺的地方俯身清洗耳朵，距离海岸只有几百码。据马克回忆，鲨鱼从下面游上来，咬住他，把他拖下水长达 6 秒，然后又突然松开他游走了。他说他当时在鲨鱼嘴里流血不止。这让我想起鲨鱼会以放血的方式杀死猎物，但是令我感到奇怪的是鲨鱼游走了，完好无缺地放了它的猎物——人类。如果捕杀对象是海豹，那么它可能会追上海豹并迅速将其杀死。

事实上，马克用鲨鱼枪的末端击中了鲨鱼，这是一根装了爆破筒的短金属杆，巨鲨很可能是因此才放走了他。然而，他遇到的这种被鲨鱼咬住又放开的情况，也是大白鲨与其他人类相遇时的典型模式，通常他们没这么幸运，手无寸铁。大白鲨是因为发现人肉不好吃才放走他们的吗？在该岛的另外一次袭击中，一条鲨鱼咬住了一只棕色鹈鹕，尽管这只鸟儿很快受伤，丧失了抵抗能力，鲨鱼仍松开了它。这种情况与另外一项观察结果同样令人困惑：人们每年都能在圣克鲁斯（Santa Cruz）海岸发现许多海獭的伤口处都嵌有大白鲨的牙齿碎片。鲨鱼捕食猎物时，经常咬断牙齿，所以它们的双颌有很多排牙齿可以向前移动以替换掉落的牙齿。但是迄今为止，大白鲨的胃里还未曾发现海獭，它们为什么不吃这看起来很美味的食物呢？

我突然想到这些观察之间的联系。鸟、海獭、人类主要是由肌肉构成，而大白鲨偏好的猎物——海豹、海狮、鲸则主要由脂肪构成。鲨鱼是否更喜欢捕食高能量的海洋哺乳动物，而非能量相对较低的其他生物呢？1985 年秋天，我反复尝试用身体几乎不含脂肪的绵羊尸体去吸引鲨鱼，但是都失败了。这些绵羊尸体内藏有电子信标，一旦被吞食，便可用来追踪鲨鱼。然而，大白鲨却会吞食藏有电子信标的海豹尸体。值得注意的是另一个实验，当海豹身上的脂肪被去除后，鲨鱼就不吃剩下的肌肉了。观看鲨鱼吃水面上的鲸鱼尸体的录像后，我对鲨鱼偏好脂肪这一观点更加深信不疑了。鲨鱼张着血盆大口向前游动，上颌够到鲸鱼后立即合上，便从尸体上撕扯下一大块脂肪，而舍弃了鲸鱼的肌肉。

为什么大白鲨这么挑食呢？它又为何偏爱富含脂肪的猎物？答案可能是因为鲨鱼需要更多的能量来维持体温。我记得有一次我把手放在大白鲨的背上，当时它就像个火车头一样与我的船并排而行。它的身体很温暖，大约 75 华氏度①，与北加利福尼亚州（Northern California）50 华氏度的冰冷海水形成鲜明对比。鲨鱼体内有血管网，或者说成簇的静脉和动脉血管，充当热能交换机，为大脑和肌肉组织供热，同时增强氧气向组织的运输，从而加快神经系统在寒冷海水中的反应时间。或许是高能量食物有助于维持鲨鱼的体温，可能促使其生长得更快。成年大白鲨体重可以每年增长 5% 以上。这种生长速度是同科的鼠鲨（porbeagle shark）的两倍、尖吻鲭鲨（mako shark）的三倍。鼠鲨与尖吻鲭鲨都以鱼为食，但是鼠鲨生活在寒冷的温带水域，而尖吻鲭鲨生活在温暖的热带水域。事实上，大白鲨是鲨鱼中的另类，它的行为和生理特点都不同于其他热带物种。大白鲨称霸于鲨鱼分布相对较少的、寒冷的温带水域，这里有大量海豹。隔热的脂肪能让海豹在寒冷的海水里生存繁衍。而大白鲨则通过猎食海豹获得热量。

我成年后的大部分时间都在研究大白鲨和其他种类的鲨鱼干了什么，为什么它们要这么干。我发现鲨鱼的行为既多样又复杂。然而大部分人却认为这些只是简单的本能反应。这种错觉源于无知，因为人们会因害怕受到鲨鱼的攻击而避免与鲨鱼一同待在海里。与大多数人不同的是，我试图潜入水中观察鲨鱼，而不是像《大白鲨》中那些受惊的游泳者一样冲出水面跑到沙滩上。在现实生活中，你越了解鲨鱼，就越佩服真正的它们。诚然，我也像其他动物一样，本能地害怕鲨鱼，这种恐惧与生俱来。当我身处鲨鱼的地盘时，我由衷地敬佩它们的能力。我和它们一同游泳，并对它们进行研究，这才发现它们是如此地迷人。

小时候发生的一些事让我对这种海洋生物的行为越来越感兴趣——但当时的我并不知道自己会花费大半生来研究这种令人恐惧的生物。

1947 年 3 月 7 日我出生在纽约州的怀特普莱恩斯（White Plains），在纽约市北部的 25 英里处。我童年的大部分时间生活在怀特普莱恩斯郊区的湖岭（Lakeridge）。在我还很小的时候，全家会在夏天去长岛（Long Island）东部的派克尼克海湾（Peconic Bay），在沙滩海岸上的小屋子里度假。正

---

① 约 24 摄氏度，摄氏度 =（华氏度−32）÷1.8。——译者

是在这段对成长至关重要的岁月中，我对海洋生物产生了浓厚的兴趣。我漫步在海湾边缘的盐沼岸，手里拿着网，寻找青蟹（blue crab），边走边感受埋在沙里的小圆蛤（cherrystone）的硬外壳的触感。

1955 年春，年仅 8 岁的我便戴着面罩和潜水管在清澈的地中海（Mediterranean）里游泳。我第一次用鱼叉抓到了章鱼，还说服了酒店的厨师帮我做成菜。这次的潜水经历让我对海洋更加着迷了。

20 世纪 60 年代，我还是个青少年，那时我的朋友们都跑去沙滩听冲浪音乐①，而我却忙于饲养和观察热带鱼。他们在盯着电视看时我却在宿舍盯着我那六个鱼缸。鱼缸里发生的一切就像鱼类的微观社会，它们的表现就像家人和朋友一样复杂又多样。

我发现原产于东南亚（Southeast Asia）沼泽的暹罗斗鱼（Siamese fighting fish）的求偶仪式特别令人着迷。雄鱼会弓起身子，用波动的鱼鳍环绕着雌鱼，通过挤压使其排卵，并释放精子使其受精。受精卵慢慢漂向水底时，雄鱼便游下去，用嘴巴将其收集起来再迅速游到水面上，朝它那早已做好的黏液气泡巢吐出受精卵。这些卵几天后便会孵化成小鱼，它们的身体晶莹剔透，肚子上有明显的黄色卵黄囊，这为出生的前几天提供了基本的营养。雄鱼则一直守在巢下，接住从巢里掉落的新生鱼儿，并把它们送回巢里。真是个模范家长啊！

我偏爱的另一种鱼是雄性非洲口孵丽鱼（African mouth-brooding cichlid）。这种鱼的雄鱼将雌性所产的卵吸入口腔里存放数日，通过鳃裂的开合让水流过卵，确保卵的发育有充足的氧气供应。一旦幼鱼孵化出来，雄鱼的口腔便成为它们的避难所。二三十条小鱼出来觅食，分散在整个鱼缸中，但是当它们受惊时，又会马上形成密集的鱼群，游回父亲的嘴里寻求保护。

这两个物种的雄鱼都极具攻击性。事实上，之所以叫暹罗斗鱼是因为在暹罗（Siam）很流行把两条雄性暹罗斗鱼放在同一个鱼缸里，赌两条鱼最终的激战结果。一开始，它们各占一边，展开自己修长的、漂动的鱼鳍，

---

① 摇滚乐的一种。——译者

使自己看起来比平时大两倍，以便吓退对手。它们不时朝对方拍打尾巴，让水冲到对手敏感的部位。由于被困于狭小的鱼缸，弱势的一方无处可藏，示威便发展成了真正的战斗。两条雄鱼相互撞击，掀掉鳞片，撕破鱼鳍。非洲口孵丽鱼的攻击性与暹罗斗鱼不相上下。它们在湖底的小片区域巡逻，将一切来犯之敌逐出自己的领地。这种鱼通常不会像困在鱼缸的暹罗斗鱼那样撕咬入侵者，但是它们确实会表现出同样的示威动作，就像我们可能会高举紧握的拳头来表示随时准备战斗一样。雄性丽鱼也会将身体侧面转向对手，展开鱼鳍，让自己看起来巨大而可怕。我断定鱼类根本不是愚蠢的生物，而是可以表现出许多复杂人类行为的生物。日复一日地观察鱼缸里的鱼令我着迷，而现在也是时候开始学习如何在鱼类的世界里发挥作用了。

1960 年，13 岁的我加入了当地的游泳队，我们在附近浑浊的湖里练习和比赛。我第一年参加韦斯特切斯特县（Westchester County）的锦标赛就获得了 14 岁以下蝶泳比赛冠军，升入高中和大学后也一直参加游泳比赛。

我在纽约州立大学石溪分校（State University of New York at Stony Brook）读大三大四时，开始专注于理科课程。那时我是志愿者，为比尔·罗兰（Bill Rowland）工作。他是生物系的研究生[现在是印第安纳大学（Indiana University）动物行为学教授]，正在研究刺鱼（stickleback fish）的行为。我帮他收集样品做实验，后来我们便成了亲密的朋友。他也重新点燃了我观察海洋生物行为的热情。

1972 年春，大学毕业一年半之后，我和帕特里夏·麦金太尔（Patricia McIntyre）结婚了。我第一次见她是在游泳处的诊所里，那时我 13 岁，她 14 岁。她早我一年赢得了韦斯特切斯特县游泳冠军，经常在泳池练习仰泳。而我在一届比赛里先后赢得了蝶泳和仰泳冠军，于是我平分自己的时间来练习这两种泳姿。我 16 岁那年开始和她约会。她是我第一个老板，是当地一家游泳馆的救生员主管。我们不时地去约会，直到结婚。她是我研究鲨鱼的坚定支持者。没有她不断的鼓励，我无法实现自己这么疯狂的梦想。

她作为志愿者参与了我的许多研究工作（因为她也有自己的事业），并且学会了不再害怕鲨鱼。当她第一次和我在海里观察双髻鲨鱼群时，一起潜水的一个队员提醒我，她游得离我太近，长长的呼吸管险些缠住我的呼吸管。巧合的是，我们那天遇到了点危险，一条十多英尺长的巨大的蓝枪鱼（blue marlin）游向我们并向我们示威。它转到一边，竖起（顶部）背鳍，压低（两侧）胸鳍，露出了全身，嘴巴迅速地一开一合，显得来者不善。我们面临了搏斗或逃跑的选择，于是我们慢慢地后退，以便缓解它的紧张感，同时防止它冲过来用尖尖的长嘴刺穿我们。鲨鱼冲过来咬人的时候你还有可能把它推开，但是拥有 4 英尺长、利剑般尖嘴的蓝枪鱼冲过来的时候你是一点儿机会都没有的。蓝枪鱼有极强的领地意识，我当时很清楚，蓝枪鱼坚实的尖嘴从离它太近的潜水器壳体上移开了。

1972～1973 年，我在一艘航行在加勒比海（Caribbean）的帆船上教十几岁的孩子海洋生物学知识。我第一次看见活生生的鲨鱼时正在用梭镖捕石斑鱼（grouper），这是一种栖息在当地珊瑚礁处常见的鱼类。我当时正在大巴哈马岛（Island of Grand Bahama）附近一个垂直的海底悬崖边缘游泳，悬崖深达 1000 英尺。我刺中了两条石斑鱼，把它们系在腰间的绳子上，拖着它们游向海岸。突然，一条修长的灰色鲨鱼——柠檬鲨（lemon shark）开始围着我转。它略带些黄色，大概 5 英尺长。我惊讶于它的游动方式——随着身体和尾巴的摆动划出正弦波纹，让人不禁想起蛇在陆地上的爬行方式。然而，这条鲨鱼总是从身后靠近我，我既不容易看见它又无法用手推开它，这让我有些不安。吸引鲨鱼的可能是石斑鱼身上被梭镖刺中的伤口流出的体液，要么就是我摆动双脚时产生的微小水纹。最后它终于冲向了我身后绑在绳子上的石斑鱼。我吓了一跳，开始前后摆动手臂，同时用嘴呼气，以便让自己区别于普通的"猎物"——例如绳子末端的鱼。这下又吓到了鲨鱼，但是它仍然一直跟着我游到了岸边。

这条柠檬鲨靠得太近了，令人担忧。即使它没想要咬我，但是鲨鱼的恶名还是让我感到害怕。其实它只想偷我的鱼来获得一份免费的午餐。之后回想，这条柠檬鲨这么干是有道理的，因为它的嘴不到 8 英寸①宽，只够

---

① 1 英寸 = 2.54 厘米。——译者

吞下一条鱼，却不能撕扯下我的手臂或腿。

我第二次遇到鲨鱼是在那年的晚些时候，当时我正在巴拿马（Panama）近海用梭镖捕鱼。横帆船主和校方之间有些纷争，在诉讼期间，船被遗弃在巴拿马运河（Panama Canal），我的教学任务在船靠岸前也暂停了。因此我加入了一名大副和两名船员的行列，乘着小型捕鲸船，开始了哥伦比亚卡塔赫纳（Cartagena，Colombia）之旅。大副把船改造成了龙形维京船，在船的两侧各加了一根带帆的桅杆和一个金色木盾，船尾做成龙尾，船头则是龙头。

当我们经过巴拿马南部海岸外的圣布拉斯群岛（San Blas Islands）时，食物已经所剩无几。于是我自告奋勇去用梭镖捕鱼做晚餐。我戴上潜水面具、呼吸管和穿上脚蹼，潜入温暖而清澈的水中，开始在下面的礁石处寻找可以食用的鱼。不到 10 分钟我就刺中了两条很大的石斑鱼。我用绳子穿过两条石斑鱼的嘴和鳃，系在我的配重带子上，准备游回船。突然，两条巨大的灰色鲨鱼向我靠近，它们大概有我两倍那么重，比我还长两英尺多。它们的身体从头到尾鳍基部很宽大，所以游泳的动作比较僵硬，不像柠檬鲨那般灵活。两条鲨鱼的头部巨大而钝圆，因此通常被称作"公牛鲨"（bull shark）。鲨鱼也很饿，它们对我配重带上用线挂着的石斑鱼产生了兴趣，径直朝我带子上的石斑鱼游来。这次我把绳子解开了，一条大鲨鱼慢慢地游到绳子末端的石斑鱼处，张开大嘴，一口吞掉了整条重 20 磅①的石斑鱼。它的伙伴也迅速吞掉了挂在线上的另一条石斑鱼。然后它俩便对我不感兴趣了，甚至都没有我预想中的威胁。

在我头两次在野外遇到鲨鱼之前，我对鲨鱼的认知和大多数人一样，是由大自然纪录片塑造的，这些电影展示的鲨鱼几乎全都是在血染的海水中张开血盆大口，里面满是一排排锋利的牙齿。这些电影给人的印象是，鲨鱼都非常愚笨，是天生的捕食机器，而人类是它们最爱的零食。但是，我在加勒比海遇到的鲨鱼似乎并不吃人。于是，我开始想搞明白这些美丽的生物是否会像我家鱼缸里的热带鱼一样表现出复杂的行为。鲨鱼有复杂

---

① 1 磅≈0.45 千克。——译者

的求偶仪式吗？它们是会打斗至死，还是仅向对手示威、以非暴力的方式解决争端呢？我猜它们肯定有某种形式的仪式战斗，否则的话每次不期而遇双方都会受伤，因为它们都有锋利的牙齿作为武器。

当时我 23 岁，大学毕业还不到两年，便开始了对鲨鱼的研究，同时在前面提到的帆船上教高中生海洋生物学。船在岛上的奥尔伯里码头（Albury Docks）停泊着。这儿有一条高速公路穿过，可通往迈阿密南部沙滩。我当时身高 6 英尺 1 英寸（约 1.85 米），留着长长的棕色卷发和海盗式的小胡子。白天，我穿着蓝色的牛仔裤、一件五颜六色的扎染 T 恤和牛仔夹克，到了晚上，我则换上黑色长斗篷。换句话说，我是个典型的嬉皮士。

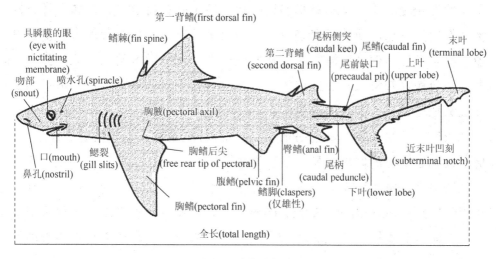

图 1　鲨鱼结构图

J. L.卡斯特罗 1983 年重画，《北美海域的鲨鱼》，德克萨斯农工大学出版社，科利奇站

秋季的某天，我带着学生去迈阿密大学罗森斯蒂尔海洋和大气科学学院（University of Miami's Rosenstiel School of Marine and Atmospheric Science）。该学院是个建筑群，坐落在迈阿密和基比斯坎（Key Biscayne）之间的一个小珊瑚岛上。我们走进了一幢大楼，里面满是塑料管和大水箱，这些都是用来养殖海洋动物和植物的。刚毕业的桑尼·格鲁伯（Sonny Gruber）给我们看了一条小柠檬鲨，它正从一个一端装有树脂玻璃泡沫的木制小水箱里向外张望。我们挤在水箱周围。一束蓝绿色的光照在这条小

鲨鱼的眼睛上，水箱里的两个电极对它的身体施加轻微的电击。它眨了眨眼睑，但令学生们惊讶的是，它的眼睑是向上合起遮住眼睛，而不是像人类那样从上往下遮住的。另外，当光束照向小柠檬鲨的眼睛时，它似乎在发光。桑尼解释说，这是因为在眼睛后部有像镜子一样的颗粒，能用它的感光细胞将光线透过视网膜反射回来。这提高了眼睛的敏感度，使柠檬鲨在晚上也能看得相当清楚。事实上，鲨鱼会学着只在光线照射下作出眨眼反应而电击时则不反应。鲨鱼也会学习呢！桑尼还发现，鲨鱼会对颜色做出不同的反应。小柠檬鲨对蓝绿波长的光最敏感。这种波长比红色或橙色等其他波长更能穿透到海洋深处。

桑尼当时满脸兴奋地跟我们说，他在尝试确认鲨鱼是否能像人类一样辨别不同的颜色。他的研究获得了美国海军的支持。这对桑尼来说是个有趣的科学研究，但是对海军来说却不是一个抽象的学术问题，他们担心的是易被救援直升机飞行员发现的黄色救生衣是否也会吸引鲨鱼。水手们都开玩笑地称其为"美味的黄色"。

我邀请桑尼和我们一起在帆船上吃午饭，但是他因为一些纷争没法来。他建议我邀请他的同事亚瑟·迈尔伯格（Arthur Myrberg）来代替他，这是一位研究鲨鱼听力方面的专家。亚瑟给我们做了一次精彩的报告，他刚刚在迈阿密水族馆（Miami Seaquarium）的浅潮展览池中完成了一种小型双髻鲨，即窄头双髻鲨（bonnethead shark）行为的研究，这个巨大的水族馆就在海洋实验室的隔壁。

我和亚瑟一见如故，因为我们都对动物行为以及鲨鱼非常感兴趣。亚瑟是著名的动物行为学先驱之一康拉德·洛伦茨（Konrad Lorenz）的优秀学生。[在希腊语中，"ethos"意为"特征"，后缀"-ology"意为"知识"。因此，在动物生存的环境中研究动物特征和行为的科学家被称为"ethologist"（动物行为学家）]。

亚瑟刚刚完成窄头双髻鲨的行为谱，这种鲨鱼的头部向两侧延伸，圆形的边缘像女士的礼帽。这种行为谱记录了双髻鲨游泳的动作和姿势，这是了解其社会秩序的第一步。亚瑟鼓励我读研，跟他学习描述动物行为的经典技术。我还未来得及考虑，他就已经帮我想好了研究方向——描述真鲨科（requiem shark）一种鲨鱼的行为习性，取这个名字（安魂鲨①）是因为它们会袭击人类。真鲨科有超过 30 种鲨鱼，其中的黑吻真鲨（blacknose shark）体呈灰色，体形小而修长，吻部末端有一块黑斑，为真鲨属（Carcharhinus）的一员。这些鲨鱼主要生活在热带水域，经常在礁石周围，因此又称为礁鲨（reef shark）。这种鲨鱼是行为学研究的理想对象，因为它们体形偏小，可以养在迈阿密水族馆的浅潮展览池里。于是，在这位杰出科学家的鼓励下，我于 1973 年进入迈阿密大学，开始攻读硕士学位。

我没能在迈阿密水族馆的浅潮展览池建立起黑吻真鲨种群。这种鲨鱼喜欢栖息在迈阿密浅滩和佛罗里达礁群岛（Florida Keys）水域，而我在这里花了大量时间捕捞它们，但都一无所获。我用了六个多月才在绿茵礁岛（Grassy Key）捕获一条黑吻真鲨。这座岛位于佛罗里达礁群岛中部、迈阿密和基韦斯特（Key West）之间。尽管我把这条鲨鱼放在一个巨大的圆橡胶箱里，用平板货车从佛罗里达礁群岛运往迈阿密，但它还是在途中死掉了。水箱里的水是从黑吻真鲨栖息地收集来的，用舱底水泵使其循环，灌入氧气以让它在运往迈阿密的途中可以呼吸。经过一番艰苦的努力和挫折后，我放弃了通过圈养黑吻真鲨来研究其行为的念头。

20 世纪 70 年代早期，亚瑟的杰出、热情和令人难以置信的努力工作让他获得了美国海军的另一科研项目资助。其研究目的在于更加深入地了解由猎物发出的、能够吸引鲨鱼的低频音。而我的任务则与之相反——研究鲨鱼在突然的声响中作出的惊吓反应特征。

为了增加额外收入，我每周还抽两天在一本关于海洋动物的杂志——《海洋前沿》（Sea Frontiers）当研究助理，核实投稿文章的科学性。我的部分工作内容是对投稿文章里的图片上的物种进行鉴定。我毫不费力地就辨认出了附在罗恩（Ron）和瓦莱丽·泰勒（Valerie Taylor）文章里的四张大白鲨图片。他们俩是电影剧组的成员，两年前拍摄了轰动一时的电影《血海食人鲨》（Blue Water，White Death）。这部电影讲述了一个电影摄制组探寻这个被称为"食人鲨"的物种的冒险故事。

① requiem 为安魂之意，requiem shark 直译为安魂鲨。——译者

他们最终是在危礁（Dangerous Reef）附近的水域发现大白鲨的。这是一个小而平坦的小岛，海狮也在此栖息，距离南澳大利亚（South Australia）海岸有几英里远。第一张图片中，一条巨大的鲨鱼在血染的海水里游动，它的头和恐怖的黑眼睛正要露出水面。这个纪录片的制片人先要把鲨鱼吸引到船附近以便拍摄。为此，他们把马血混着浸泡的鱼倒入海里。这种诱饵在澳大利亚被称为"burley"，在美国则被叫作"chum"。马血和鱼在一桶水中混合，通过虹吸管不断流入大海，形成了一条"鱼饵线"或者可以称之为"化学长廊"，从船往外蜿蜒数英里。大白鲨嗅觉敏锐，很快便发现了这条化学物的踪迹——对大白鲨来说这是件轻而易举的事，因为大白鲨脑部的嗅觉区所占的比例是所有鲨鱼中最大的。

第二张图片是一条大白鲨张着血盆大口，上、下颌都挤在防护笼那粗壮的金属横杆之间，明显是企图够到蜷缩在笼内的人。仔细看照片我才发现一条金属杆上绑着一块肉，用以引诱鲨鱼撕咬笼子。这样做很明显是为了让人产生错觉，误以为鲨鱼咬笼子是为了捉住笼子里面的人。

第三张图片是最吓人的，因为图片中的鲨鱼睁大双眼，凸出在血染的牙床上的巨大的三角形牙齿咬着一大块肉。肉被绳子绑着，正往回收，以便引诱鲨鱼游到船的附近，拍摄鲨鱼的特写镜头。这张图片和电影《血海食人鲨》的海报很相似。海报上，大白鲨张着血盆大口，旁边用巨大的字体写着"食人鲨"。当你看到这些图片时，你会想像在鲨鱼嘴里的是自己而非那块肉，而这正是摄影师的意图。

在这十年里，公众对大白鲨的印象被彼特·本奇利（Peter Benchley）的书及后来的电影版《大白鲨》进一步扭曲。就像主题曲给人无情的感觉一样把大白鲨描述成了愚蠢的捕食机器。在影片中，鲨鱼的体形被极度夸大，几乎和拖网渔船一样，长达30～40英尺。它们还被描述成不挑食的大胃捕食者，撕咬船只并试图吞下55加仑①的圆桶。大白鲨还被赋予报复心理，驱使它不断地追逐船只、船长和船上的海洋生物学家。

这两部电影塑造了大白鲨恐怖的形象，至今仍被人们所接受。然而，

---

① 1加仑≈3.79升。——译者

这些电影对我的影响却截然不同。以我对鱼类的了解和对鲨鱼的有限认知，我实在不相信关于大白鲨的这些描述。实际上，我认为这几乎算是恶意的诽谤了，这让我十分愤怒。

遗憾的是，通常给我们看的只是大白鲨吃东西的时候那短暂而震撼的瞬间。试想一下，如果电影摄影师想给你家的感恩节晚宴拍个纪录片。他会待在你家餐厅的某个角落，用变焦摄像机记录你们正在做的事。每当你的家人拿起火鸡腿并举到嘴边时，镜头便会聚焦在火鸡腿和他或她的嘴巴上。嘴巴突然张开，露出上、下颌的珍珠般洁白的牙齿，用力咬住鸡腿，撕下一块肉。双颌会快速地来回移动，咀嚼肉块，然后脖子会扩张，等肉滑过喉咙后又恢复。摄像机环绕着桌子，聚焦在每个人的嘴巴上时，很多人都会以同样的动作进食。在餐桌上，除了进食，几乎不会再有其他行为发生。家人之间不会公然争吵，也不会调笑取乐。于是乎，这部关于人类在餐桌上吃饭的纪录片也可以被命名为"大白鲨"。

从某种程度上来说，因为一开始便意识到了鲨鱼行为的复杂性，我便越发想要了解鲨鱼的真实本性。我不想在水族馆里那些人造的人工栖息地研究鲨鱼，我想和它们一起在原生的环境——大海里游泳，在这里我才能发现它们的真实习性。我想效仿戴安·福西（Dian Fossey），她为了研究大猩猩而想尽办法接近它们。我在《国家地理》（*National Geographic*）杂志上看到一篇文章，叙述了福西可以在不受到伤害的前提下，得到雄性大猩猩首领的允许而靠近它们的家人，这是因为她会模仿被统治的大猩猩们那些顺服的姿势和动作。在海洋中，肯定也有方法可以让人类接近鲨鱼，近距离观察它们而不受到攻击。我是个游泳能手，而且对鱼感兴趣，所以我想研究海洋里最恐怖、最强大的鱼。随着我研究生学业的进展，我开始思考作为一名海洋生物学家我想要解决哪些问题。大白鲨真的如电影中所说是贪得无厌又不挑食的捕食者吗？会有多条鲨鱼不断撕咬笼子吗？它真的会像《大白鲨》里面描述的那样不断搜寻人类吗？我决定亲自去看看鲨鱼在海里的行为而不是把它当作电影里的"演员"。

## 2 跨物种的装扮

我读研究生的时候，许多时间都花在了迈阿密大学的防鲨笼里。我是研究团队的观察员。该项目受到了美国海军的资助，任务是尽可能多地了解为什么低频脉冲（pulses of low frequency）声波会吸引大型鲨鱼。

在迈阿密大学的三年里，我每周会有两天、每天花 4～6 小时，穿着紧身潜水衣、脚蹼，戴着潜水面罩，待在防鲨笼里，漂在海面，寻找迈阿密外海墨西哥湾流（Gulf Stream）里的鲨鱼。笼子的顶部开了个门，我的下半身在门内，弯着腰，上半身伸出笼顶。这种折刀式的姿势可以让我的头部保持在水中，看着下面水晶般清澈的蓝色海水。我通常用双手扶住笼子的侧面，不时地慢慢环转身体，查看身下的 360 度全景。有时两三小时过去了，尽管这期间我身下的扬声器一直有声音在播放，但是我能见到的只有一两团马尾藻而已。偶尔我会伸手去抓住一团，凑近看看里面是什么。我总是对生活在外海的这种海藻团微环境里面的无数物种感到惊讶。如果你仔细看，便会看见一只褐色的小虾，它的颜色和褐色斑点的海藻很般配。你还能经常发现裸躄鱼[俗称马尾藻鱼（sargassum fish）]伪装成这些微小的物种。它可以用那大的不成比例的嘴巴吞下一整只虾。

我身下 40 英尺处有一个很大的圆柱形水下扬声器，闪烁着金属的光泽，发送低频声波。扬声器通过电缆与上方的"奥卡"号调查船船尾的 A 形框架相连。迈阿密大学的这条调查船，长 40 英尺，一整天都用于在当地水域进行考察。A 形框架由铰链在船尾两侧的两个金属大梁组成，这两个金属大梁的顶端焊接在一起，撑起一个滑轮。金属电缆和电线穿过滑轮连接着扬声器。金属大梁的底座有液压支架，启动的时候向外延伸，把 A 形框架的顶部往外推，越过船尾。防鲨笼上的尼龙绳绑在船尾的系缆墩上，这样我就可以浮在距离扬声器 60 英尺范围内的水面上。当时调查船似乎离得很远，尼龙绳看起来也很细。船上有船长和我们的电子技术员，还有大量用于生成和放大极低声调的设备。当我在防鲨笼边缘的上方倾斜身体，把头浸入海水里时，可以听见扬声器传出的单调断续的鼓声："嘭—咚—咚—嘭—咚……"

1975 年春天的某日，我观察到 6～8 条颀长的灰色镰状真鲨在扬声器周围游动，它们长长的尾鳍缓慢地来回摆动，同时借助水平的胸鳍向前滑动。有时，这些姿态优雅的动物中会有一两条停止围着扬声器游动，加速向我靠近，并慢慢环绕我的防鲨笼。这个笼子更像一个巨大的鸟笼，而不是像在关于大白鲨的纪录片中看到的那种用很粗的铝条或不锈钢条制成的牢固的笼子。整个笼子 3 英尺宽、8 英尺长，是用比电视机的电缆线还细的电线焊接而成的，正方形的网孔大约有巴掌宽，我的小臂可以直接伸到这个圆柱形笼子的边缘。我身处的这个狭小的笼子很精巧，鲨鱼本身又很恐怖，但我还是觉得很安全，只是有时会产生晕船的感觉。这些鲨鱼看起来优美而不是可怕，它们在我身下优雅地游动，水波映射在它们的脊背上形成了波浪般起伏的光点。

我的主要任务是计算被不同频率波段的声音吸引的鲨鱼数量。有些低频音即使是扬声器中传出的强度很高，人耳也几乎听不到。这些吸引鲨鱼的声音是 1963 年我的两个迈阿密大学同事唐纳德·纳尔逊（Donald Nelson，唐）和桑尼·格鲁伯在做研究时发现的。

唐在罗森斯蒂尔海洋实验室（Rosenstiel marine laboratory）读研究生时，还在佛罗里达礁群岛和巴哈马群岛（Bahamas）用捕鱼枪捕鱼，卖鱼挣点儿外快。一天，他注意到，当鱼在鱼枪的一头挣扎时，鲨鱼就很快现身了，但其他时候却很少能见到鲨鱼。唐推测是鱼在垂死挣扎时的痉挛性动作产生了不连续的断音，鲨鱼的内耳能察觉到这种声波的压力震荡，其侧线也能探测到声波在水中的细微波动。大多数鱼都有侧线这种感觉器官，它是一条从头部通到尾部的管道，鱼体两侧都有，由许多小孔连成一条线。水从这些小孔流入，对内部的指状感受器施加压力。

桑尼是唐最好的朋友，也是研究生同学，他们一起制作了一盘有鼓声的磁带，听起来就像鱼挣扎的声音。他们用一个开关控制白噪声的接通和切断，再通过滤声器消除高频声。白噪声就像大海的咆哮声，由人类可听见范围的频率所组成，频率有高有低。然后，桑尼交替播放这种低频脉冲声和频率较高但没有脉冲的控制声，而唐则从笼子中观察鲨鱼什么时候被吸引到扬声器这里。鲨鱼只在播放鼓声的时候出现，但当播放各种无关的声音时，则不见踪迹。后来，当唐和桑尼播放音频时，他们的学位导师坐着飞机在上方盘旋。他观察到浅水区的鲨鱼听到声音后会突然转头，急不可待地从半英里外的地方游向扬声器。

我在防鲨笼里漂浮的时候，突然想到我们应该尝试一项新实验。那天扬声器周围有很多鲨鱼，我认为在如何吸引鲨鱼方面我们确实已经收集了足够的数据。我们很少一次吸引到 3 条以上的镰状真鲨。几天前，我花了 4 小时待在笼里不断搜寻鲨鱼，却一条也没看到，便失去了警觉性。我的目光向下移到扬声器。突然，我无意中看见一条鲨鱼如火箭般从扬声器的正下方向上推进，撕咬扬声器，然后又加速向下，消失在扬声器下方的视野之外。这一切仅发生在几秒钟内，我不禁浑身发抖，因为我意识到在看向别处时，鲨鱼对扬声器的攻击也有可能发生在我身上。我在工作时必须始终保持警惕，否则还没等我反应过来并加以防卫，就被鲨鱼咬了。

我想知道，如果我们不是试图吸引鲨鱼，而是用虎鲸（killer whale）集体捕食海洋哺乳动物时发出的尖叫声来驱逐鲨鱼，会发生些什么。对于我这样一个入学不到一年的研究生来说，设计实验显得有点自以为是。亚瑟·迈尔伯格是这个项目的主持人，也是我的研究生导师。他最近心脏病发作，正在医院缓慢恢复中，暂时让我自我指导。虽然他不在场，不能监督我的实验，我还是擅作主张向鲨鱼播放这些刺耳的声音，希望他不会觉得有所冒犯。

我们从当地一位鲸类生物学家那里得到了一盘磁带，里面录制的声音类似人类的高声尖叫。他曾经在大群的灰鲸（gray whale）洄游经过圣迭戈（San Diego）时给它们播放过这种声音。他在自己的船上播放这种声音，并观察鲸鱼的反应。尖叫声长达 3 秒，开始时是连续的中音"喂咿"，接着是一声短促的升音调"哦"，最后以刺耳的高音"咿"结尾。声音刚开始，灰鲸就浮出水面，抬起头来环看四周，寻找令它们恐惧的捕食者虎鲸，同时也开始寻找安全的避难所。然后，灰鲸迅速集群游到距离最近的海藻林，这是一种水下植物，茎叶能够形成茂密的森林，在浅水处露出水面。灰鲸在海藻林里一动不动，直到声音停止。生物学家们也播放了其他的声音，与虎鲸的尖叫声类似，但不完全相同。显然灰鲸不害怕这些声音，因为它们既没有游走，也没有躲藏。有种声音几乎一点儿效果也没有，就是恒定的单一频率音调，称为"纯"音，与之前第一声"喂咿"具有相同的窄频和能量。另一种声音是与尖叫声频率相同的白噪声。值得注意的是，以高音开始，接着降调，再以低音结束的这种音频的翻版无法使灰鲸感到害怕。它们对这种极为相似的声音毫无反应，说明已经在头脑中形成了会令自己产生恐惧的清晰的声音映像。相似的声音漫不经心。这意味着鲸鱼的脑子里对让它们害怕的声音有个清晰的印象。鲸不是简单地被响亮而突然的声音吓一大跳，而是就像人类会被身旁突然停下的车子发出的尖锐声音吓到一样。

头脑风暴两天之后，我和我们的电子技术员查理·戈登（Charlie Gordon）安装好了设备。我像往常一样漂浮在防鲨笼里。我们的计划是交替播放尖叫声和吸引鲨鱼的脉冲声。等到 6 条鲨鱼游近扬声器时，我便给查理信号，播放尖叫声。令我大为惊奇的是，扬声器四周的鲨鱼突然调头，火箭般加速离开了。我朝查理喊："太不可思议了，它们游走了！"不只是扬声器附近的鲨鱼害怕，就连在我附近靠近水面的两条镰状真鲨也掉头游走了，它们动作剧烈，在水面上形成了巨大的漩涡，这让查理印象深刻，大喊了声"哇"。

这次出行回来，我满脑子都是想法。成年的虎鲸偶尔捕食鲨鱼，如果它的声音令鲨鱼感到害怕，那或许看到小虎鲸也会让鲨鱼感到害怕，因为（正如鲨鱼所知道的那样）小虎鲸身边可能会有吃鲨鱼的虎鲸妈妈同行。

在动物行为课上，我学习了康拉德·洛伦茨和尼科·廷贝亨（Niko Tinbergen）这两位动物行为学家的研究成果。他们都因研究动物行为而获得了诺贝尔奖。行为学家非常清楚"关键刺激"（key stimulus）对动物的重要性，即动物出生时头脑中固有的或遗传上根深蒂固的印象。当动物面对实物时，会诱发特定的行为。洛伦茨和廷贝亨发展了关键刺激理论。我认为这个理论或许可以解释为何新生的鲨鱼会被猎物发出的脉冲声所吸引，即使之前从未听过这种声音，也从未见过猎物。附近莫特海洋实验室的一名学生在其博士论文的部分研究中发现，即使柠檬鲨幼鱼未曾接触过挣扎的鱼，也会受到类似声音的吸引。

这两位行为学先驱认为，这些印象并不是一出生便在大脑中完美成形的。例如，一只捍卫自己领地的雄性红胸知更鸟（red-breasted robin）可能会把红色拖把误认为是另一领地的雄性红胸知更鸟。虎鲸当然是很容易辨认的生物，它的身体黑得发亮，腹部有显著的、巨大的 H 形白色斑纹，身体两侧靠近头部的地方有两块大的椭圆形白色斑纹。此外，这些可怕的掠食鲸背上有一个巨大而直立的鳍，凸出向上，前缘竖直，后缘为镰刀状。露脊海豚属（Lissodelphis）的小型海豚看起来和虎鲸几乎一模一样，也有相似的白色 H 形和椭圆形斑纹。我很想知道这些种类的海豚之所以进化出这样的图案，是否因为这样的伪装可以让它们抵御那些害怕虎鲸的鲨鱼们的攻击。鲨鱼可能误以为这些海豚是幼年虎鲸，不确定虎鲸妈妈是否在周围，是否正饿得准备吃一顿鲨鱼大餐。我去图书馆仔细查阅了关于虎鲸的科学文献。记录显示有过虎鲸吃鲨鱼的事件，但不常发生。鲸在绝大多数时间都生活在温带和极地水域，那里栖息着它们爱吃的海豹和海狮，而大多数鲨鱼都生活在热带水域。

为了验证这个理论，我决定在自己第一个科学实验中扮演虎鲸的角色。这样耗时更少，并且会比制作虎鲸模型要便宜得多。用真的虎鲸是不可能的，因为所有可能用于我实验的虎鲸整天都在迈阿密水族馆和海洋世界里忙着表演花样动作。

我确实知道去哪里找到成年的柠檬鲨来验证我的推测。它们被格里·克雷（Gerry Klay）饲养在佛罗里达礁群岛的一个浅水封闭式围栏里，格里抓到鲨鱼后进行半自然隔离，再将它们送往世界各地的海洋公园。这里是我做实验的理想场地，但我首先必须制作虎鲸装束。

回到我的大帆船之家，我拿出一套新买的漂亮潜水衣和头罩，把它放在码头，在腹部画出大 H 形轮廓，在头部和颈部画上椭圆形轮廓。那时我和妻子住在一艘 36 英尺的木帆船里,正在对它进行翻修。给帆船刷完漆后剩下的一些白色涂料就在手边,码头上还堆放着一些0.25英寸厚的胶合板,以后可以用来修补我的帆船甲板。我切下一块方形木板来支撑鱼鳍,一手拿着虎鲸的图片,另一只手小心地在剩余的胶合板上画出鳍的形状。用线锯把鳍裁出来后,我把鳍竖起来放在平板上,用螺钉把两者连接起来。下一步是在我的双肩背包顶部和底部各打两个洞,用黑色的绳子穿过这些洞然后打结,这样就可以让鳍固定在我的背部。最后一步是把鳍涂得乌黑发亮,以模仿虎鲸的背鳍,或者说顶部的鳍。

那天下午,我去迈阿密水族馆观察虎鲸在水族池里是如何游泳的。我的实验能否成功取决于是不是能高度模仿虎鲸的动作:上下跳跃,左右翻滚,上下拍打巨大的水平尾叶使自己前进。我决定用我那长长的黑色潜水脚蹼来模仿鲸的尾鳍。控制两个脚蹼在一起,以竞技游泳运动员常用的"海豚式打水"上下蹬腿。大学期间我曾是校游泳队的队员兼队长,这部分工作对于我来说简单而有趣。

当我沿着海洋实验室前面的海滩练习海豚式游泳时,那些全神贯注的科学家们沿着码头走向他们的研究船,一时没反应过来,起先他们还以为自己看到的是一头瓶鼻海豚(bottlenose dolphin)在沙滩附近觅食,然后发现那是亚瑟·迈尔伯格的新研究生。他们肯定想知道亚瑟把什么样的疯子带到了他们的研究所。

我掌握了必要的技巧,便南下到格里·克雷在绿茵礁岛的地盘,大约在迈阿密和基韦斯特的中途。格里是一个高大魁梧、无所畏惧的荷兰人,他在新几内亚当过雇佣兵,后来才去饲养鲨鱼。格里很爱讲他危险的冒险故事,比如,他加入了主战派的猎头团。我简直可以想象到肤色不同、身高是别人两倍的格里,站在队伍中,手里晃动着长矛面对他们的对手。单凭他的体形就能令敌人胆战心惊了。他热爱冒险,鲨鱼正好满足了他这种需要。鲨鱼还给他带来可观的收入。我俩都喜欢鲨鱼,一直开心地聊了几小时。

当我腋下夹着虎鲸服来到格里的"鲨鱼馆"时,他明显感到惊讶。后来,他说我这套装扮让他觉得有些怪诞,同时也震惊于美国海军居然会雇一个研究生来做这种刺激又冒险的事。

实验那天，格里非常急切地想要记录下我和三条巨大且极有威胁性的柠檬鲨相遇的结果，这些柠檬鲨现在被他养在潟湖（lagoon）里。他跑进屋拿起相机，以便在实验期间给我拍照。他定是不想错过在我被他的某条鲨鱼攻击的瞬间拍个照！他可以把照片卖给《迈阿密先驱报》（*Miami Herald*），让它登上星期天的头版头条。

我在潟湖旁的水泥平台上穿好潜水服。穿潜水服总要花点时间和精力，穿带有虎鲸背鳍的潜水服就耗时更久了。我站在格里面前，他给我拍了张比"V"的照片，V形手势表示和平，仿佛在请求那 3 条鲨鱼别攻击我。我抓住一根鲨鱼棒，这是一根 2 英尺长的小扫帚柄，末端插着一根钉子，形成尖端。如果鲨鱼想咬我，我就把钉子刺入它的鼻子。然后我步行穿过珊瑚礁石，坐在礁石边缘换上脚蹼，蹬离，向潟湖远端的鲨鱼游去。

每次浅潜之后我都会来到水面，发出"咝呼"的声音，像是从我的呼吸孔排出气体。这是我期待的类似于虎鲸的呼气声。彼时 3 条鲨鱼都在湖底休息。突然，最小的那条鲨鱼加速离开湖底，划了两个直径不超 6 英尺的圈，在我身边疯狂游动，身体前后滚动，上下颌威胁性地一张一合。第二条稍大些的鲨鱼也迅速效仿第一条。而最大的那条鲨鱼游了两圈之后，开始在我面前绕圈来回游动。它的侧鳍下垂，背部耸起，嘴巴大张，露出多排洁白的牙齿。

我很清楚这是一种威胁行为，因为我之前在格里后院的混凝土池子里也见过其他鲨鱼这样[黑边鳍真鲨（blacktip shark）和窄头双髻鲨]，于是我慢慢后退，用手划水直到抵达岩石上的安全区，可以在这爬出水面。鲨鱼的攻击行为令人困惑，但经过反思，我意识到鲨鱼也许是在试图保护自己，因为围栏的范围狭小，它们无处可逃。

这就是攻击性展示，正如我的同事唐纳德·纳尔逊和他的研究生理查德·约翰逊（Richard Johnson）曾经在西太平洋埃内韦塔克岛（Island of Eniwetok）的灰礁鲨（gray reef shark）观察到的一样。柠檬鲨试图向我传递一个信息，这就是"走开！"它的身体扭曲的姿势让它看起来更大，嘴巴一张一合，向我展示它身上的生物武器。这种行为类似于我曾经观察到邻居家的一只巨大的虎斑猫（tabby cat）把我家的小灰猫逼到楼梯角的行为。我的猫会竖起毛发拱起背，身体突然增大到平时的两倍。它还会张大嘴巴露出牙齿，发出嘶嘶的声响，从柔软的手掌里伸出锋利的爪子。另一只猫的反应也很快，在我家小猫的紧追不舍下，它以最快的速度掉头跑了。我的猫追到院子边缘才停下来，然后得意洋洋地回到我身边。柠檬鲨的"攻击性展示"和我家猫在家门口的行为多像呀！

现在我们需要的是"控制"实验。虎鲸服这个"变量"要有所改变，而其他的条件应该保持不变。我认为最合适的控制实验是脱掉虎鲸服，什么也不带，只穿泳衣跳进潟湖。当我以这样的方式靠近相同的 3 条正在湖底休憩的鲨鱼时，它们忽略了我，在水底一动不动。

"啊哈！"我边思索边穿上我的虎鲸服，想要再次验证虎鲸服的显著影响。这次只有最大的那条鲨鱼卧在湖底远处的角落。当我靠近时，鲨鱼再次加速绕小圈后朝我这边游来，疯狂地来回绕圈游动，直到它出乎意料地以闪电般的速度冲过来，试图咬我的头。我用鲨鱼棒在自己和鲨鱼之间猛地一推，把它推到一边去。但是它再次试图袭击我，所以我转过身，把鲨鱼棒撑在我们之间。最后，我毫发无损地回到了湖边的岩石处，但一想到自己差点没能逃脱鲨鱼的撕咬，就不禁毛骨悚然。

我从岩石上站起来，赶紧去和格里解释，自己的实验设计全都错了。问题在于这 3 条鲨鱼被困在围栏里，无处可逃。因此当我入侵它们的地盘时，它们也无法逃离。这是典型的"战斗或逃跑"模式，在这种情况下，动物包括人类，如果无法避开危险的入侵者，那么它们便会留下进行殊死搏斗。很显然，是我在逼迫鲨鱼做出这样的行为，因为它无法逃出这个潟湖。我需要做的是在开放的海域里测试虎鲸服，在那里鲨鱼无拘无束，可以自由地逃离虎鲸。

我的机会很快就来了，亚瑟的心脏病已有好转，我们开始在巴哈马群岛的安德罗斯岛（Island of Andros）外海播放虎鲸的尖叫声。在被称作"海洋之舌"（Tongue of the Ocean）的这片海域里，有一个巨大的金属航标，直径为 10 英尺，锚定在海岛附近，入水半英里。不只镰状真鲨（silky shark）老是靠近这个航标，远洋的长鳍真鲨（pelagic whitetip shark）也经常靠近，可以通过圆圆的白色胸鳍和背鳍辨认出来。这些鲨鱼常常雌雄成对出现。它们彼此游得很近，从远处看，它们身上的白斑仿佛融为一个明亮的物体。同时，它们身体的其余部分融入了背景。这是因为它们的身体是反荫蔽的（countershading），当从上方照亮时，它们的背部比下面的颜色更深，下面就被遮蔽了。这让鲨鱼从侧面来看呈均匀的蓝灰色，和周围海水的颜色很是相配。而整体来看则像是一个明亮的白色不明物体。在没什么特征的开放式海域，这很容易把鱼吸引过来。

对于亚瑟和我来说，这些成对的长鳍真鲨身上的白色斑纹是为它们吸引猎物的完美诱饵。当我们靠近这些懒洋洋游动着的鲨鱼时，它们会突然以意想不到的速度加速前进。我们可以想象，这些鲨鱼从远处看起来很像是无生命的物体，欺骗了猎物，这会让在茫茫大海中寻找避难所的小鱼受到惊吓并且很快就会被吃掉。

我们之前来过"海洋之舌"很多次，以确定脉冲声对航标附近的鲨鱼有多大的吸引力。我们会用长绳把小船系到航标上，然后把沉重的水下扬声器放到船身之下。随后，我们会吸引鲨鱼离开航标，游到扬声器附近。那天，我从船尾滑入水中再迅速游进防鲨笼。这一直是令人担忧的时刻，因为我永远不会知道附近是否有鲨鱼。海水晶莹清澈，视线范围内没有发现鲨鱼。笼子上系着的塑料泡沫浮标上放置了一个麦克风和扬声器，我可以用这些设备与亚瑟和查理交流。

我们此行的计划是要确定虎鲸的声音在驱逐镰状真鲨和长鳍真鲨时的有效性。为此，一条流血的鱼被系到我身下的扬声器上，这样鲨鱼便会同时受到猎物的声音和它体液气味的吸引。很快我就听到扬声器发出了熟悉的声音——"啵嘟姆—啵噔—啵噔—啵嘟姆—啵噔"。

突然，3 条镰状真鲨绕着水下扬声器越游越近，想吃上面系着的鱼。它们一靠近那条流血的鱼，我就通过麦克风对查理说："播放录音。"从扬声器传出刺耳的虎鲸尖叫声，"喂咿—哦—喂咿"。3 条鲨鱼全都猛地转头，就像出膛的炮弹一样匆忙逃窜。在它们返回之前，这个咚咚作响的声音我们要播好一会儿。

这一次实验，亚瑟想在播放排斥音前，把鲨鱼的捕食动机再提高一些。

他吩咐船员用我们吃剩下的午餐肉喂鲨鱼。我不太赞成这个主意，因为这对长鳍真鲨吃得越饱，对我就越大胆。体形较大的那条鲨鱼一直试图将吻部穿过 5 英寸孔径的铁网咬我，而我只能退到笼子的另一个角落。我看着这条鲨鱼张着满是尖牙的嘴巴，努力把自己的吻部伸进笼子里。我伸手过去，极力将它的吻部推开。长鳍真鲨吃饱之后的行为居然如此不同！

　　鲨鱼一游近水下扬声器，我们就播放虎鲸的尖叫声，然后这条鲨鱼也慌忙游开了。然而，随着我们持续播放尖叫声，鲨鱼越来越不怕这种声音了。我们的实验对象变得"习以为常"或者说习惯了这种声音。导致这种声音威慑效果减弱的原因可能是在听到尖叫声之后虎鲸从未出现过，形成了负强化，也可能是由于鲨鱼已经对这种声音有所准备，便不再那么惊惧了。

　　完成了那天的声音测试后，我试着穿上虎鲸服，与镰状真鲨以及长鳍真鲨待在一起。我的"防鲨服"上有虎鲸标志性的白色斑纹和木制背鳍，穿上它潜入水中，就不再那么害怕了。每次浅潜后，我便浮到海面，模仿喷水孔的声音："嘶……呼。"我还带上了之前对付鲨鱼馆里面的柠檬鲨时用的鲨鱼棒，以防鲨鱼靠得太近。但与柠檬鲨不同的是，这些海洋鲨鱼正在开放海域里自由游动，不受围栏的限制。它们可以快速逃走，我认为在这样的条件下，鲨鱼不会和我大战一场或是上演一次"攻击性展示"，而是选择逃离。镰状真鲨或长鳍真鲨会因虎鲸的出现而被驱离吗？

　　我的潜水伙伴唐·雷恩曾为著名的电视节目《美国运动员》（*The American Sportsman*）做过影片。他带着巨大的水下相机，有点犹豫地游在我后面。这些笨重的器材挡在鲨鱼和摄影师之间，往往会给予摄影师勇气。如果我的虎鲸服有效果，那么将在周末前成为国家新闻。

　　3 条镰状真鲨组成一群，正在 10 个体长的距离处绕圈游动。实际上，两条镰状真鲨对虎鲸服感到好奇，它们越游越近，我不得不用鲨鱼棒把它们推开。我浮出水面，坐在那里，想知道为何鲨鱼对尖叫声和我的虎鲸服都没反应。它们害怕虎鲸的声音，为何在看到虎鲸时却没有敌对反应？是因为我的个子太小吗？虽然我的鳍和体色都与成年虎鲸相似，但我的体形可比一头成年的虎鲸小多了——我体重不到 200 磅（约 91 公斤），而成年虎鲸可以重达 6 吨。鲨鱼反应迟钝还有另一个可能的解释，撤退反应毕竟不是本能，虎鲸大多数时候生活在温带和极地水域，这些亚热带的鲨鱼几乎没有机会遇到虎鲸并听到它们捕猎时的叫声。温带海域还有其他鲨鱼，如捕食海豹的大白鲨，会有更多机会遇到虎鲸，也许它们学会了躲避虎鲸。

虽然我那时不能证明自己关于鲨鱼和虎鲸的推断，但是我一直在重新审视这个概念，并仔细考虑根据虎鲸捕食大白鲨这个新信息设计新的实验。1999 年秋天，在东南法拉隆岛，有人看到虎鲸吃了一条小一些的大白鲨，长约 13 英尺（约 4 米）。

食物链顶端的两个物种相遇的场面难得一见，激动人心。这是旅客们去岛上一日游，观看海洋生物的时候看到的。据目击者陈述，虎鲸把鲨鱼咬在嘴里浮出水面几分钟。我在想，会不会是虎鲸特意把鲨鱼咬出水面，让鲨鱼无法正常呼吸以致其死亡的呢？

如果是这样的话，那就相当讽刺了。如我之前所说，大白鲨抓到海豹后，会带着海豹在水下慢慢地游上 5 分钟或更久，让它大量失血。海豹是屏气高手，可在水中待 20 分钟以上再浮出水面。这种能力部分来自空气（或氧气）与海豹血液中血红蛋白的结合。鲨鱼的这种放血策略使海豹失去了氧气供应，加快了海豹的死亡。

这次袭击发生一个多月后，著名生物学家彼得·派尔（Peter Pyle）去东南法拉隆岛待了一整个秋季，都没能在岛屿附近海域观察到大白鲨猎食海豹的现象。这真是很奇怪，因为在这次虎鲸袭击事件之前的几个星期，几乎每天都能看到鲨鱼捕杀海豹。彼得·派尔认为鲨鱼是因为虎鲸的出现而离开了岛屿。鲨鱼这样做可能是因为害怕被吃掉，又或者是因为鲨鱼的猎物海豹看到鲸鱼就没有下水。如果向正在猎杀海豹的大白鲨播放虎鲸的尖叫声，看看它是否会逃离，这将会是一个激动人心的实验。实际上，再次穿上虎鲸服，下水靠近大白鲨和海豹，看看这身打扮能否成为视觉排斥，或许也是有价值的。当然，我现在是大学教授了，或许希望有两名或更多的研究生陪同，也穿上虎鲸服，带着鲨鱼棒，以防万一虎鲸服对大白鲨不起作用。

# 3 迈阿密水族馆的鲨鱼交配

我们的研究团队起初认为，墨西哥湾流中的镰状真鲨会被虎鲸的尖叫声吓到，它们的反应类似于沿着南加利福尼亚州（Southern California）海岸洄游的灰鲸听到这种声音时的反应。我们不确定鲨鱼是否只对虎鲸的尖叫声有反应，而对海洋环境里的其他很大的声音没有反应。亚瑟·迈尔伯格建议我做实验，目的是探究具有哪些特征的声音会令鲨鱼感到害怕。我们可以将鲨鱼对尖叫声的反应和对鲸鱼研究中所使用控制声的反应进行对比。在迈阿密水族馆的鲨鱼道（shark channel）对抓来的鲨鱼做这个实验要容易一些，因为与生活在开放式海域中的鲨鱼相比，这里不需要小船，也很容易找到配合我们做实验的鲨鱼。在这个围栏里，我锁定了自己的研究对象！为了解决这个问题，我在第二年致力于给鲨鱼道里的柠檬鲨播放录音的工作上。这些研究构成了我在迈阿密大学的硕士论文。

鲨鱼道是一个甜甜圈形的巨大环道，5 英尺深，20 英尺宽，里面有两种鲨鱼一直游来游去。当时的环道里有 12 条柠檬鲨和 36 条淡褐色的护士鲨（nurse shark）。柠檬鲨是很好的研究对象，因为在格里·克雷的鲨鱼围栏里，我发现柠檬鲨很害怕我那件虎鲸服的花纹，但是这套虎鲸服用在巴哈马群岛的镰状真鲨和长鳍真鲨身上就没什么效果。我要在研究生阶段的第三年也就是最后一年做这些实验。护士鲨在佛罗里达州南部外海很常见，虽然是鲨鱼的体形，但护士鲨尾巴特别长，顶部的背鳍和体侧的胸鳍都很大。鼻孔位于鲨鱼的腹面，紧挨着嘴巴，触须从鼻孔前缘凸出，长长的，很有肉感，对气味或触觉敏感，有助于觅食。护士鲨的名字源于其生活习性，它们喜欢彼此挨着躺在一起，头靠在一条大鲨鱼的腹部。这让人想起一窝小猫崽把头抵在猫妈妈肚子上照料或从多个奶头喝奶的情形。

　　每周有五天的时间我都会用推车装着电子设备去鲨鱼道。车上装的设备能把声音发送到鲨鱼道并测量其强度。播放设备包括磁带录音机、提高声级的扬声器、改变声级的衰减器和水下声音发射器。用来探测声音的设备包括水听器（一个水下麦克风）、另一个扩音器以及记录声音量级的仪表。扬声器挂在通道中央，水听器放在离扬声器 30 英尺远的地方。从环道的一边到另一边拉了根线，水听器就悬挂在这根线上，当鲨鱼游到这根线下面的时候，我便向它播放尖叫声或控制声。我用的控制声是一个单音，与尖叫声刚开始的"喂咿"和"嘘"声相对应，白噪声由尖叫声中的各种音调组成，但是声音的能量均匀地分布在各个频率之间，没有随着音调的变化而变化。

　　除了鲸类研究中的两种声音，我们还加入了第三种声音，类似"啵唧姆—啵噔—啵唧姆"的脉冲声，我希望这种声音能把鲨鱼吸引到扬声器附近。日复一日，我从早到晚站在环道旁边，给游经我的柠檬鲨播放这些声音。每条鲨鱼都以古希腊或古罗马神话里的人物命名。最大的雄性鲨鱼体长 8 英尺（约 2.4 米），名叫大力神（Hercules）；最大的雌鲨，长 7 英尺，命名为朱诺（Juno）。如果播音的时候鲨鱼没有反应，我就会加大每种声音的音量。如果鲨鱼做出反应，掉头向反方向游走，我就会保持音量不变。我通过确定鲨鱼在水听器处连续三次反转方向时的临界强度，对每种声音的相对效果进行了评级。与鲸类研究的结果不同，鲨鱼对白噪声和尖叫声的反应几乎没有差别。鲨鱼会被这声音吓一跳，就像你被相机的闪光灯吓到时会眨眼，或者听到后方的车急刹车时你会转头。所有动物都会对这些惊吓作出反应，从昆虫到人类，都会对环境里突然的、意料之外的光线或声音改变作出反应。

　　当我将低频脉冲音放大时，鲨鱼的反应会发生变化，这与我的结论是一致的。我的"男神女神们"都被低强度的声音所吸引，但提高强度之后，它们就开始四处打转并迅速离开。当声音为中等强度时，鲨鱼有时会接近扬声器，有时声音一响起便游走了。这让我假设声音强度是鲨鱼退缩反应的关键。事实上，对大鼠的研究表明，音量突然提高的速率是引起退缩反应的关键因素。因此我下个阶段也是最后一组实验是比较鲨鱼对环境中持续播放的声音的反应与提高音量等级后产生的反应有何不同。只有当"嘘"这个声音提高到被测强度的 10 倍（这等同于感知强度的两倍），并且声音等级是迅速提高的，鲨鱼才会害怕。这个音量的变化相当于你参加篮球或橄榄球比赛时突然冲某人大喊时的声音强度微小但突然地变化。

当我站在鲨鱼道旁做了几小时实验后，我注意到两三条深褐色的小护士鲨经常跟在一条浅褐色的雌性大护士鲨身后游动。雄性和雌性的护士鲨很容易区分。每条雄性护士鲨都有两个鳍脚，是腹鳍内侧的两个锥状的肉质突起，从腹部向外延伸到鱼体中部之后。鳍脚是鲨鱼的交配器官，类似于人类的阴茎。这条雌鲨与其他雌性护士鲨不同，不仅体形偏大，而且它的侧鳍或者说胸鳍的后缘是破破烂烂的。我带了一副双筒望远镜，当它和同伴们一起在鲨鱼道里游泳时，我就紧跟着它。鲨鱼的游动速度通常稍快于人类步行。通过望远镜，我能看到另一条鲨鱼咬穿它的皮肤留下的白色小孔，排列成几个新月形的印记。这是雄鲨爱的咬痕吗？一些观察人员认为，雄鲨咬雌鲨是为了刺激雌鲨与之交配。这些咬痕只出现在雌性大青鲨（blue shark）身上，雄性则没有，科学家们由此推测这些是在求爱过程中造成的。雌性大青鲨的背部比雄性的要厚，估计是为了要承受这种粗暴的待遇。

然而，在我站在那里观察这三条护士鲨绕着鲨鱼道游泳之前，还没人见证过雄性和雌性鲨鱼求偶和交配的整个过程。描述雄鲨咬住雌鲨或把鳍脚插入雌鲨生殖腔（vent）的照片或图表不超过 6 张。由于雄鲨有两个鳍脚，雄鲨究竟是把一个还是两个鳍脚插入雌鲨的生殖腔引发了激烈的争论。

有人仔细研究过鲨鱼的身体，并在解剖后对其内部生殖系统进行了描述。鳍脚虽然与人类的阴茎外形相似，功能相同，但是进化起源和作用过程却迥然不同。鳍脚起源于鲨鱼的左右腹鳍，腹鳍在躯体中部往外延伸，每个腹鳍的最外缘向内卷成一个肉质的卷轴，各层之间是连续的，界限并不分明。鳍脚的末端是一层坚硬的皮肤褶皱，内有软骨支撑，向后合拢。当我把手指伸进大青鲨的褶皱硬皮和鳍脚之间时，褶皱像伞一样向外展开。有些物种的支撑软骨末端还有锋利的爪子。当这个伞状结构打开时，某些鲨鱼还有另一个指状硬质突起物就会像牛仔靴上的靴刺一样向外摆动，因而命名为刺突。在交配时，鳍脚的这两个器官刺入雌鲨的生殖腔，防止雄性鳍脚滑出雌性生殖腔。如果你检查一条刚进行过交配的雌鲨的生殖腔，会发现它的腔壁被这些爪状结构刺穿后发生撕裂并流血。哎哟！

雄性鲨鱼的腹部皮层和体腔膜之间存在着空隙，里面充满水。它会迫使水从液囊末端的瓣膜进入开口处，通过沟槽流过整个鳍脚。与此同时，鲨鱼从腹部紧靠鳍脚基底处的精囊中释放精子。雄鲨通过这个动作把精荚插入雌鲨的生殖腔，精荚最终破裂，释放出无数精子使雌鲨的卵子受精。雌鲨在子宫前有一个小器官，可以将精子储存数月，使卵子延后受精。这样可以让雌鲨充分利用与雄鲨稀少的见面机会，甚至可以解决在之前与另一条雄鲨交配而怀着幼崽（小鲨鱼）的情况下，不能因最近的交配而马上受孕的问题。我注意到鲨鱼道里的雄性护士鲨通常在雌鲨的后下方游动。有观察发现，即便雌性礁鲨消失在珊瑚岬之后不见踪影，雄性礁鲨依然可以跟随雌鲨的路径。这引出了一个流行的观点：雄鲨可能是通过追踪雌鲨生殖腔所分泌的化学催情剂或者说外激素而被吸引到雌鲨处。但是我从未见过鲨鱼交配的过程。

然而这一切居然随后就发生了！某天晚上我工作到很晚，看到一条雄鲨和一条雌鲨并排游动，尾巴同步来回摆动。它们的身体在同一水平线上，彼此之间不到两个侧鳍或者说胸鳍的距离。雄鲨与雌鲨并驾齐驱，但有时又会落后于雌鲨，这样就能定位在雌鲨附近紧挨着胸鳍的位置。或许雄鲨是被雌鲨生殖腔所排出的外激素所吸引，因为它基本就在雌鲨胸鳍附近徘

图 2　雌、雄护士鲨交配的行为模式

交配时，雄性护士鲨咬住雌鲨的胸鳍，雌鲨转头翻身来回应这个爱之咬。然后雄鲨用鼻子把雌鲨顶到和自己平行的位置。接着雄鲨游到雌鲨的上方，以便能把鳍脚插入雌鲨的生殖腔。（感谢美国鱼类和爬虫学会提供的图片）

徊。我抓起音响设备车上的小摄像机，开始记录在我面前迅速发生的这一幕。在描述了每条鲨鱼的游泳动作和彼此之间的方向之后，我给这个行为模式取名为"平行游动"（parallel swimming）。这是求偶仪式的初始行为，首次被纳入我的鲨鱼习性谱或者说目录中，记录了雌、雄鲨鱼交配的行为模式。

当雄鲨在离雌鲨胸鳍后不远处游动时，它会突然张开下颌，加速摆动尾巴向前推进，以便能咬住雌鲨的胸鳍。我认为这个时候雄鲨正在咬雌鲨的鳍是因为之前在鳍上有观察到咬痕。这条大的雌鲨在雄鲨的前面转动身体，弯曲成回旋镖状，前半身位于雄鲨头部前方，阻挡雄鲨前进。当雌鲨旋转时，其身体便翻转过来。我把这个行为称作"旋转翻身"（pivot and roll）。

雌鲨在我前面仰躺着一动不动，身体僵硬，背部挨着环道的水泥底。这真让人激动。这时我已经跳过鲨鱼道旁边的栅栏，一手抓着栏杆，俯身在鲨鱼道上方，以便更好地观察正在发生的事。现在是雄鲨掌控局面。它把雌鲨从垂直于自己的位置推到平行于自己的位置。你可以脑补，雌鲨的身体腹面朝天，是字母"T"上面的那一横，而雄鲨则是字母下面的那一竖。雄鲨把头和鼻子置于雌鲨的背鳍和胸鳍之间来推动雌鲨，而雌鲨的背鳍指向池底、胸鳍与水面平行。我将这种行为称作"挨身轻推"（nudging）。

一旦雌鲨和雄鲨平行，雄鲨便游到雌鲨的上方并停留半分钟。我弯下身，从雄鲨的侧面看它是否已经将自己的鳍脚插入雌鲨的生殖腔（科学家也称之为泄殖腔，是通往生殖系统的小通道），但我什么也看不见，因为雄鲨挡在了我和雌鲨之间。然而令我惊讶的是，雄鲨翻过身来露出鳍脚，两个鳍脚中的一个插入雌鲨。这就是"交配时插入一个还是两个鳍脚"这个争议问题的答案了。单个鳍脚几乎弯曲成直角，却还是与雌鲨连在一起，大概 1/3 长的部分插在雌鲨体内。雄鲨鳍脚末端的钩子肯定刺穿了生殖腔膜，让鳍脚留在雌鲨体内。

我可以看到雄鲨的肚子正上下移动，它收缩腹部肌肉，迫使保存在虹吸囊中的水通过鳍脚流入雌鲨生殖道。雄鲨的鳍脚和雌鲨的腹部都膨胀起来，被流到体外的鲜血染红了。这一过程开始和结束时，我都看了手表，共交配了 2 分钟。随后它们便突然绷直身体迅速游开了，但雄鲨仍在狂热地追着雌鲨。或许它们是要再交配一次！我当时觉得很有罪恶感，因为我可能打扰它们了，如果没有我，它们可能会交配得更久一点。但是我庆幸自己目击了这两条护士鲨交配的全过程。交配是任何动物（无论是人类还是鲨鱼），相对于进食、争斗或睡眠来说，都比较罕见的行为。然而，6 月期间，许多雄性和雌性护士鲨来到基韦斯特西部的德赖托图格斯群岛（Dry Tortugas）浅水潟湖进行交配。生物学家于 20 世纪初便观察这些繁衍式聚集了。一位同事给了我一系列相片，这些相片描述了其中一对护士鲨在浅水交配的情形。

鲨鱼和鳐鱼的交配行为顺序大体相似。蝠鲼（魔鬼鱼，manta ray）在交配时也会啃咬，它会用身体两侧宽大肥厚的胸鳍将小虾、水母（jellyfish）、仔鱼和其他浮游生物吸入口中，因此无须大牙齿。雄性蝠鲼会用自己非功能性的小牙齿咬住雌性蝠鲼胸鳍的末端。这样的行为叫"啃咬"（nipping）。然后雄性蝠鲼一边翻转身体，一边紧紧咬住雌性蝠鲼的鱼鳍不放。这样，当两者身体下侧齐平时，雄性蝠鲼就会把鳍脚插入雌性蝠鲼的生殖腔内。

春夏期间，漫步于鲨鱼道时，我经常看见雌性护士鲨在通道周围游泳，生殖腔处悬挂着小鲨鱼的尾巴或头部，这是一年前交配的结果。小鲨鱼来回摆动身体，以便从妈妈的生殖腔中挣脱出来，然后快速找一个地方躲藏。从鲨鱼道的一旁观看，小鲨鱼就像成年鲨鱼的微型复制品。通道平坦且无特点的钢筋底部为它提供了小小的庇护。不幸的是，通道里的其他鲨鱼，如柠檬鲨或偶尔出现的、12 英寸长的鼬鲨（tiger shark）会吃掉它们。一天，我忍不住用抄网舀起一条小鲨鱼放到我海洋实验室办公桌上的玻璃缸里。我小心翼翼地把小护士鲨从网里弄出来。无论是在水下还是脱离水源，抓小鲨鱼都要有恰当的方法。你不能抓它的尾巴，否则它会快速用尾巴借力翻转身体狠咬你一口。我用两手紧握小鲨鱼，一手放在鳃裂后，一手放在尾巴根部前侧。我手中托着的小鲨鱼很吸引人，它整体呈棕色，深色和浅色的圈纹交替生长，每圈都渐变为下一圈的色调。小鲨鱼的身体上可以看到闪亮的绿色小点。这些圈纹和斑点会随着小鲨鱼长大而消失。长长的触须从口鼻部向前凸出。这些特征让这条一英尺长的小护士鲨看起来很滑稽。我给它取名为休伊（Huey）。

护士鲨很懒，喜欢待在水底。这个特性让它们总是被潜水员骚扰，这种不必要的关注有时会激起这种平时行为温和的鲨鱼咬人。护士鲨这种不爱活动的特点使得我们能把它们养在玻璃缸中。我见过有些护士鲨会躲到珊瑚礁的暗礁下，所以我给休伊准备了一段排水管作为它在玻璃缸里的栖息地。它经常游到排水管里，待在那，只露出尾巴和头部。晚餐的时候，休伊一点也不懒了。当我把虾放进玻璃缸时，它会迅速游过去张大嘴巴把它们吸进去，伴着水流进嘴里发出咕噜咕噜的声音。

对鲨鱼行为的误读，加深了公众对其智力低下的印象。例如，鲨鱼通常被认为是不加选择的进食者。一项早期的鼬鲨解剖研究确实发现它们胃里有从啤酒罐到鞋子这般奇怪的混合物品。但是，这种明显的杂食性行为是可以解释的，即鲨鱼被困在市政的垃圾处理点，垃圾被排入水中。鲨鱼吞下这些东西可能是因为它们需要用垃圾作"压舱物"，以保证自己不那么轻，以免浮起，或保证自己不那么重，以免下沉。大学解剖课程进一步把鲨鱼描述为一种简单的动物——鲨鱼的解剖用来代表"原始的"脊椎动物，而猫的解剖用来代表"高级的"脊椎动物。

我想知道休伊是否真的是智商偏低的动物。行为科学家曾用幼鲨和成年鲨的学习意愿来描述鲨鱼的感知能力。例如，某种学习技巧，可用来建立鲨鱼对声音的敏感性，以及从相似音调中区分出更强烈声音的能力界限。像休伊这样的鲨鱼，对自己猎物的低频声非常敏感。这些声音的音频可能低到我们无法听见，但鲨鱼可以听得很清楚。但是鲨鱼不会像人类一样轻易区分出声音的强度和音调高低。

利用学习来研究鲨鱼的感知能力的方法很简单。对鲨鱼施加一种刺激[术语为反应强化（reinforcement）]以产生反射反应，如加以轻微的电击，鲨鱼的瞬膜即鲨鱼的眼睑器官会眨动。在给予鲨鱼这个电击之前或同时，又把另一个刺激应用于鲨鱼身上，这个刺激可以是鲨鱼可听范围内的特定音调或它视觉色彩范围内的灯光，若干次电击和音调或灯光结合后，就算没有电击，鲨鱼也会对声音或灯光作出瞬膜条件反射。然后音调或颜色可以变化，鲨鱼对此的感知情况由产生刺激后鲨鱼瞬膜是否眨动来表现。

引诱鲨鱼的学习行为发生后，马上对鲨鱼施加反应强化，例如食物或电击，两者交替进行。刺激与反应数次组合后，如果强化反应是积极的（例如给予食物），那么行为发生的频率上升；如果强化反应是消极的（例如给予电击），那么行为发生的频率则下降。如果强化反应是不连续的，已经学会的行为出现频率将会降低。

我开始训练休伊用口鼻部推动一个白色目标物。首先，我需要把目标物制作出来。我用白色树脂玻璃做了一个正方形（3英寸×3英寸）的小目标物，系在条状窄木头上。我做了个足够长的条状木头，以便不用把手伸进水里就能够把它放在休伊游动的缸底。我得小心点，因为一旦它学会撞击目标物以获得食物后，就有可能把我在水下发白的手误认为是目标物，试图一口咬下去。

理想情况下，我的观察对象在缸里四处游动，如果撞到目标物，就会获得食物奖励。事实上，我发现这样太浪费时间。为了加快学习进程，我用了一个行为学家称为"塑造"（shaping）的技巧。休伊习惯了我用沙拉夹钳喂它虾或鱼。我每天这样喂它三四次。等到它习惯了这种投喂方式，我把目标物放在它前面靠近缸底的位置，再把食物放在目标物正前方。它会游向食物并吞掉，接着一直往前游直到撞到目标物。有时它不会这么做，我就小心地把食物挪近它，让它跟着食物碰到目标物。我会仔细确认它在吞食食物的同时能撞击到目标物。最后，我试着几次让它咬住我手里的鱼，使它悬挂着，再拖着它到目标物处。还不到十几次，休伊便将撞击目标物和食物联系起来了。为了检验它是否建立了这种联系，我在不加强化反应也没有食物的条件下展示出了目标物。啊哈！它去用口鼻部撞目标物了。

休伊的学习实验非常成功，但是它长大了半英尺，玻璃缸的尺寸和食物量会影响其生长速度。局限在非自然环境的小容器里，鱼类会分泌一种阻碍生长的化学物。因此，我把休伊转移到实验室里的一个4平方英尺的较大的缸里，让它在这完成剩下的训练。

下一步是教休伊撞击不同的目标物。为了完成这项实验，我准备了两个正方形目标物，一白一黑，尺寸相似，交替地摆出，不论它撞击哪个目标物，都喂它食物。休伊总是撞击白色的目标物，只偶尔撞击黑色的。它选择第二个目标物只是因为它不仅把奖励（食物）与颜色联系在一起，还把奖励与尺寸以及形状联系在一起。然后当它撞击黑色目标物而不撞白色目标物时，我才喂它或强化它。过了一会儿，休伊开始只撞击黑色目标物而不撞击白色的，甚至不需要喂食就可以让它这样做。这种学习方式叫"辨别"（discrimination），因为鲨鱼学会了基于目标物的不同来进行选择。这个任务比之前的更难。如果我继续运营我的鲨鱼学校，我本来可以教休伊更多的辨别任务。如果继续学习，它是可以辨别目标物的尺寸、形状、构造、颜色和色谱的。然而，我在这时停止训练休伊了。作为贪婪的进食者，它现在已经长到 3.5 英尺长了，第三个玻璃缸也马上就要装不下它了。我很高兴休伊可以回到属于它的自然环境——迈阿密水族馆的浅水区，但是我怀疑自己给它上的这些课并不会让它在自然环境中成为成功的捕食者。护士鲨不但吃小虾，还吃多刺的海胆、龙虾、鱿鱼和大型贝类例如大凤螺（queen conch）。当捕食凤螺时，鲨鱼会把它们翻过来并试图取出螺肉。这肯定需要一些智慧，因为凤螺柔软的身体会缩回壳里，把附在脚上的硬骨板楔进硬壳的小开口，以阻止捕食者的接近。

这些简单的实验让我相信鲨鱼是有智慧的。当然，这发生在我发现鲨鱼在海洋中行为的多样性和社会关系复杂性之前。怎样比较鲨鱼和其他动物的学习能力呢？尤金妮亚·克拉克（Eugenie Clark）是第一个与鲨鱼相处过的女性科学家，她比较了柠檬鲨、金鱼以及老鼠的学习能力。她认为鲨鱼的学习速度比金鱼更快，与老鼠相似。由此推断，鲨鱼并不是愚蠢的捕食机器。

一天，亚瑟和我一起到"海洋之舌"考察研究，给镰状真鲨和长鳍真鲨播放声音。大海波涛汹涌，鲨鱼四处游动，我们努力让自己不被咬伤。我俩都有点晕船。我们勉强从海里爬到甲板上，躺在那里，喘着粗气，在这种恶劣的条件下工作，我们已经筋疲力尽了。亚瑟严肃地看着我，说："这类工作是给年轻人做的，不适合我这样的中年人。我已经因为这艰苦的工作犯了两次心脏病了，美国海军研究局（Office of Naval Research）却从未对我们的表现完全满意过。我决定专注于当地群礁小热带鱼（damselfish）的研究，不再研究鲨鱼了。"

　　亚瑟的这个决定迫使我要寻找其他学校继续攻读研究鲨鱼行为的博士学位。我马上联系唐纳德·纳尔逊。他是加利福尼亚州立大学长滩分校（California State University at Long Beach）的学院教授。我们对鲨鱼有着共同的兴趣，目前，在美国海军研究局的资助下，他招了一批学生来研究鲨鱼的野外行为。但是，他的学院只授予硕士学位，没有博士学位。我也和一位名为理查德·罗森布拉特（Richard Rosenblatt）的美国早期鱼类学家（鱼类生物学家）聊过，看能否在他那里进行鲨鱼的研究计划。迪克是加利福尼亚大学圣迭戈分校（University of California，San Diego）的研究单位之一——斯克里普斯海洋研究学院（Scripps Institution of Oceanography）的教授，他非常了不起，对鱼类生物方面的知识知之甚广。虽然这个学院能够授予博士学位，但是为了毕业，你不仅需要出色的成绩，还要保证有足够的经济来源来支持自己的学习与研究。我问迪克和唐是否能共同指导我的博士研究。迪克是我博士委员会的主席，委员会由斯克里普斯的杰出科学家组成，其中也包括唐（虽然他属于另一所大学）。我会开展研究，以得到唐的美国海军研究局的资助。这笔支付我工资的资金，会从加利福尼亚州立大学转到加利福尼亚大学。

　　唐和埃里克·苏兰伯格（Eric Shullenberg）讨论了这个安排，因为埃里克既是美国海军研究局海洋生物科项目负责人，也是斯克里普斯海洋研究学院的应届毕业生。他对这个安排十分感兴趣，因为他很满意我在亚瑟的指导下研究鲨鱼听觉行为时的表现。海军一直致力于基础研究，并让学生在与海军利益相关的领域完成高等学位。那是在1977年春天的某个周五下午，迈阿密大学海洋实验室的休息室在开"TGIF"（Thank God It's Friday）派对，一只手搭上了我的肩膀，我回过头，身旁站着一位跟我年纪相仿的男子，他微笑地看着我，介绍自己是埃里克·苏兰伯格。他跟我说："彼得，我给你带来了好消息。昨天我们决定资助你在加利福尼亚州的研究。"我兴奋地大叫了一声。

　　所以，1977年夏天，我从1973年起开始攻读硕士学位的迈阿密大学转到了圣迭戈的斯克里普斯海洋研究学院攻读博士学位。我选择了可以进行博士学位研究的方向之一——研究双髻鲨。双髻鲨拥有巨大的大脑，具有丰富且复杂的社会行为，以及具备我们将会看到的惊人的海上航行能力。双髻鲨一直都是我的最爱，它比因电影《大白鲨》而闻名的大白鲨更具代表性（大白鲨的体形更令人印象深刻，它堪称鲨鱼界的运动员）。

搬到斯克里普斯让我有机会深入到双髻鲨群中去解开加利福尼亚湾（Gulf of California）海山的双髻鲨群居的秘密。一开始我对双髻鲨的行为知之甚少，所以并不清楚自己接近它们有多危险。我承认我心里无比焦虑。但这是能够了解更多的唯一途径——冒着危险发生的可能，进入它们的世界。这之后我还会研究大白鲨。但是双髻鲨首次为我呈现了隐秘的鲨鱼世界——一个透过防鲨笼的铁杆所无法看到的世界。第一次潜入海湾碧蓝的海水，一头扎进鲨鱼王国深处的那一天，我既兴奋又害怕。

# 4  在南加利福尼亚州与鲨鱼潜水

斯克里普斯海洋研究学院是一个大型的海洋实验室，无数建筑坐落于悬崖边，可以俯瞰南加利福尼亚州拉霍亚（La Jolla）的白沙滩与蓝海水。1977年秋，我进入研究学院开始攻读博士学位，在唐所在的美国海军研究局的资助下，我有一半的时间在进行鲨鱼的实地研究。海军想找出对策降低鲨鱼对落海的水手和飞行员们的威胁，但首先我们需要基本了解鲨鱼的行为习惯。我现在想更多地观察鲨鱼在海底世界里的行为，但是要怎样去做，我一点也不了解。我很清楚，对动物行为学家来说，第一个通常也是最难的挑战是实地接触到自己的研究对象。这是我在斯克里普斯做研究的第一个目标。我不仅要找到一处有成群的鲨鱼而不是只有一两条鲨鱼的栖息地，还要保证这些鲨鱼在一段时间内不会离开以让我反复研究它们的行为。我会在水下尽可能地接近它们，从而观察它们的行为模式和群体社会关系。

我尝试观察的第一种鲨鱼是半带皱唇鲨（leopard shark），这是一种有豹子纹理色彩的小型鲨鱼，在南加利福尼亚州近海浅水处很常见。由于我在这种鲨鱼群中游泳几乎从未成功过（一接近它们就游走），我便把注意力转移到大青鲨上。这种优雅顾长的灰色鲨鱼带有蓝色光晕，发现于南加利福尼亚州海岸数英里外，常见于跨越太平洋和大西洋的温带和亚热带海域。为了吸引这些海洋鲨鱼来到船这边，我需要往海里扔大马哈鱼（chum），这让在船边的鲨鱼仅限于简单的进食反应。由于这些鲨鱼太专注于进食，它们并未表现出我想研究的复杂行为。

与鲨鱼们在加利福尼亚州外的每次邂逅都没有浪费我的时间。这些经历让我思考为何鲨鱼有时会做出一些奇怪又意想不到的行为，比如，它们在水面晒太阳时，撕咬我观察它们时用于保护自己的金属笼子。我还发现半带皱唇鲨集群而游，并且也注意到当我用饵料吸引鲨鱼时，有几条大青鲨经常差不多是同时出现，这表明它们可能也是集群的。这让我怀疑是否鲨鱼也是群居物种而非科学家所认为的独居物种。此外，我还被迫练就了一种悄悄观察鲨鱼的技术，逐个标记追踪，并从统计学上推测它们不是随机来到饵料源的。

我来到斯克里普斯不久后，一位渔业生物学家打电话给我，兴奋地告诉我，他办公室下的沙滩外的浅水里有一大群鲨鱼。他在西南科学渔业中心（Southwest Fisheries Science Center）工作，该中心是美国国家海洋渔业服务处（U. S. National Marine Fisheries Sevice）的一个机构，三层的建筑高高地坐落于悬崖处，俯瞰斯克里普斯北部的第二个沙滩。我抓起相机，匆忙爬上山，来到离我办公室 0.25 英里外的渔业中心。那位生物学家站在办公室外二楼的望远镜旁边。这个望远镜用于记录海豚和鲸的踪迹（也用来观察海滩上晒日光浴的人，岩石悬崖使得人们无法轻易到达，因而这里是裸体主义者的聚集地）。那是四月第三个星期的一个清晨，阳光灿烂，涌向岸边的海浪散开成小朵的浪花，海水清澈如镜。水下是许许多多鲨鱼的暗色轮廓，缓缓地用尾巴绕圈，在浅蓝绿色的水底慢慢地来回游动着。从这里望过去，鲨鱼看起来很小，圆身体，短尾巴，就像在一汪清水里的幼蛙或蝌蚪。（我无法辨认出鲨鱼的种类，因为距离太远了。）清点群体中鲨鱼的数量总是很难，因为你可能经常把同一条鲨鱼数两次，特别是当你无法同时看到鲨鱼的整个群体时，情况更是如此。我通常的解决办法是同一群鲨鱼数 3 次，算平均数。我分别数了 27 条、24 条、30 条，这群鲨鱼的平均数就是 27 条。通过使用伸缩透镜，我用相机拍了 6 张相片，我所在的位置从伸缩镜头里望去，整片领域看起来是半个橄榄球场大，这样等会我能把鲨鱼数得更准些。

第二天我回到渔业中心构建鲨鱼行为谱，描述了鲨鱼表现出来的各种行为。首先，这个群体很奇怪。它们不是四散地随意游动，而是编队前行。6 条鲨鱼形成一条线，第 2 条鲨鱼和领头鲨鱼间隔一体之长，第 3 条和第 2 条之间也是相似的间距，以此类推。这些编队经常沿着一条蜿蜒的路线朝一个方向前行。这些游行随时都会进行四五次。领头鲨鱼经常缓缓地转弯，直到靠近末尾的鲨鱼，游到它身后，形成一个巨大的圈，所有的鲨鱼都游向同一方向。在其他情况下，一队的鲨鱼游经另一队，则会游向相反的方向。一条线上的每条鲨鱼经过，它经常会把头转向其他游往相反方向的鲨鱼的上腹部。我把最后这个行为模式称为"反方向纵向游行"（tandem swimming in opposite directions），以此区分它和我那天观察到的普通的"直线游行"（straight-line）和"环状来回游行"（circular tandem swimming）。这个模式让我想起 3 条雄性护士鲨一直游在雌性护士鲨身旁，雄鲨有时会把头转向雌鲨的上腹部，闻雌鲨分泌的外激素抑或是化学催情剂。单条鲨鱼靠近时也经常轻推其他鲨鱼的上腹部，仿佛是在确认它们的交配意愿。这和护士鲨的交配仪式是一样的吗？

这个惯例让我想起自己前些年在墨西哥韦拉克鲁斯（Veracruz）小镇感受到的人文风俗。单身汉相互交谈，随意地在城市广场往同一方向漫步，适婚女子聚在一起往相反方向走。当女孩经过这群小伙子时，她会选中一个自己喜欢的，微笑着注视他。如果男孩也喜欢这个女孩，则会用灿烂的笑脸予以回应。这常常是墨西哥婚配的第一步。

或许在鲨鱼所有的行为里，最神秘莫测的是我所称的"腹部向上运动"（ventral body upward movement）。一条缓慢游动的鲨鱼会突然加速，背部朝下翻滚，一秒左右才恢复平稳。阳光照射在鲨鱼的白色腹部，我从渔业中心二楼都能轻易看到反射的光线。单条鲨鱼最经常做这个动作，但也有例外。比如，当排成一线的鲨鱼到达岩石暗礁附近的同一地点时也会翻滚。迄今为止，我都不知道这个复杂且有趣的群居模式有何作用。

我已经连续观察这些鲨鱼的行为两天了，但仍然不确定它们属于哪个种类。我的同事是加利福尼亚州当地人，他认为它们是半带皱唇鲨，因为这种鲨鱼一般栖息在岩礁附近。在这里，它们斑驳的黑白外表与黑暗的岩石底很相衬，这为它们提供了掩护。这是南加利福尼亚州常见的、体形相对小的鲨鱼。这种鲨鱼成年后不超过 4～5 英尺长。我需要足够靠近它们才能辨认出是否真的是半带皱唇鲨。一周后的早晨，鲨鱼仍然在那。我划着小船去到那个地方，把船停在了浪花飞溅处，戴着面罩和潜水管，独自游向鲨鱼所在地。我缓慢地接近鲨鱼群，为了不惊扰它们，我几乎不划水。来到岩礁后，我勉强分辨出 3 条斑驳的半带皱唇鲨，在远处若隐若现，这时，又突然听见大量海水搅动而发出的轰鸣声。这 3 条和其他那些我没看到的鲨鱼觉察到了我的存在，突然如爆炸般匆匆四处疾驰，以至于我在这片区域一条鲨鱼都观察不到了。我这个有抱负的鲨鱼行为学家感到十分沮丧。这场对决，我赢在了认出了鲨鱼的种类，输在了无法靠近水底的鲨鱼。

　　它们的突然撤退类似于遇到一群领航鲸（pilot whale）时的协同反应。一周前，我观察到每条都有 10~15 英尺长的领航鲸在距离这群鲨鱼不到25 码的地方游过。鲨鱼们慌忙四处逃窜，搅起了水里的沙子，导致清澈度下降。这或许是因为鲨鱼不希望这个浅水栖息地被大型捕食者发现。碎波带确实是一个安全的地方：破碎的波浪带起的气泡和沙粒会让鲨鱼隐藏起来，避开捕食者的视线，波浪破碎时的噪声也能掩盖它们的身体在沙子和岩石上摩擦的声音。为什么鲨鱼要逃离领航鲸呢？或许它们把这些一般以鱼和乌贼（squid）为食的中等大小的领航鲸误认为是捕食鲨鱼的大型虎鲸了。无独有偶，有报道指出，瓶鼻海豚冲向鲨鱼，用自己粗壮的肉质吻撞向它们。这种行为通常被认为是赶走捕食者的防御策略，或其作用是从相互争夺资源的地方赶走竞争者。半带皱唇鲨有时确实像海豚一样捕食小鱼，其中有些小鱼会在碎波带出现。简而言之，海豚和鲨鱼之间的关系很微妙。事实上，如果一个群体里的鲨鱼对任何其他种群入侵自己私有空间的行为给以反应，那么它们会更安全。我必须找到另一种鲨鱼进行行为学研究，这种鲨鱼得让我能够靠得更近，跟它待在一起的时间更长。此外，这群鲨鱼在渔业中心下方的水域只待了 10 天就离开了。我需要鲨鱼逗留的时间在10 天以上，以便研究它们的行为。

　　就在一年零三天后，我又接到了那个渔业生物学家的电话，他说半带皱唇鲨又回到了他办公室下方水域的同一地点。它们的出现准时得像时钟，而且又停留了不到两个星期。取而代之的是一大群犁头鳐（guitarfish），有一百多条。这是一种颜色似沙子、身体扁平的鲨鱼，其身体前部形如吉他。这种鲨鱼的吻部尖尖的，扁平的身体向边缘延伸成三角形，这个三角形由两个紧贴身体的巨大胸鳍所组成。较小的两个腹鳍从胸鳍基部向外延伸，朝相对的方向再次形成三角形。身体的两次延伸由狭窄的腰部分隔，类似于吉他的共鸣箱，尾部看起来像吉他的颈部。所有鲨鱼栖在水底，头部朝向即将来临的波浪。与半带皱唇鲨不同的是犁头鳐群的行为较少。它们躺在水底几小时，彼此间隔不到半个体长，但却不大理会自己身旁的同伴。犁头鳐和半带皱唇鲨都不是适合我博士学位的研究对象——犁头鳐太不活跃了。

对半带皱唇鲨的观察让我相信一些鲨鱼不是独自捕猎者，它们的不活跃状态不时地被狼吞虎咽的进食所间断，这点正如公众所想。这些鲨鱼并不孤立，而是群居在一起，与群中的其他鲨鱼一起进行复杂的动作。这些鲨鱼正在表演让雄鲨和雌鲨配对的交配舞吗？我很想了解这种舞蹈的作用，除非我可以在水下轻易接近鲨鱼，否则我永远也不会了解。我怎样才能看到鲨鱼腹面的鳍脚，以便区分雄鲨和雌鲨呢？我在远处山边对半带皱唇鲨的观察永远也不会解开鲨鱼行为的秘密。我必须找到另一个研究对象，即一种可以在水下观察的鲨鱼。这意味着我必须找到一种方法让鲨鱼来到我身边。用鱼饵吸引大青鲨，这在北美洲的东西海岸都很常见。与其在防鲨笼里等待鲨鱼，何不观察被混合型鱼饵所吸引的大青鲨呢？我需要观察鲨鱼，同时又不能让鲨鱼发现我。防鲨笼不是一个观察鲨鱼的有利位置，因为鲨鱼可以看到里面的人，以致可能更加关注这个人而不是同游的其他鲨鱼。我需要找到其他方法观察鲨鱼，同时不被鲨鱼看见。

生物学家经常在海狮群附近的小屋里透过百叶窗观察它们。无论何时，如果有人走在海狮旁边，海狮群中的其他成员就会开始大声地叫，然后惊慌地滑入海里。我们的解决办法是在海狮群里修建一间带小窗的小木屋，这样一来人们可以从这小木屋里观察海狮，但海狮却看不到观察者。海狮很快便习惯了这个不会动的、无生命的物体，它已经被海狮接纳为自然环境里的固定部分了。我的百叶窗是一个漂浮平台，由 4 英尺×8 英尺的平薄胶合板组成，周围是 2 英寸×6 英寸的木制边缘，固以半圆柱体泡沫漂浮材料。底部一端呈锥形，与船头尖尖的弓形紧密契合，前方有一个 2 英尺宽的正方形小口，我可以从这里看向海面。

我和杰里迈亚·沙利文（Jeremiah Sullivan）每周会有两次带着我的船

把拖车推到斯克里普斯码头（Scripps Pier）的尽头，放小船下水。杰里迈亚是电影演员，他非常适合这个职业。他身材修长、肌肉结实、长相英俊，参加了加利福尼亚大学的推广项目，热衷于学习更多有关鲨鱼行为的知识。他想成为一名水下摄影师，而鲨鱼是非常受欢迎的拍摄对象。码头从悬崖处往外延伸了几百码，横跨水上，越过了波浪翻涌的碎波带。这儿的水有20～30英尺深。木制码头的平台露出水面20英尺，由伸出水面的巨型混凝土圆柱桩支撑。

　　一来到码头的尽头，我们就在船后部两侧以及前面的金属环上夹上两个巨大的鹈鹕喙状吊钩。这些吊钩上的绳子延伸到一个大金属环上。我们其中一人站在船中间的座位上，把金属环套在另一个钢索末端的大型鹈鹕喙状吊钩上，缆绳从穿过码头延伸到船边的大横梁上垂下来。另一个人按动开关，打开电子升降机，把小船升起，离开拖车，然后又按下另一个开关慢慢地把小船移动到码头旁边。然后启动第一个开关，让小船降到水面里。我们其中一人握着通往小船的绳子，迅速从梯子上爬下来。虽然这里少有海浪，但浪潮往往很大。小船可以随着海水的晃动上下移动5英尺左右。非常重要的一点是要把船头对准波浪涌来的方向，这样波峰才不会撞到船的一侧而把船撞翻。接着，我们两人都跳进船里，打开引擎，解开绳子，迅速驶离码头。船速很重要，因为如果小船恰好被一个比平时出现的位置更远的巨浪冲击到，小船就可能翻倒。但是，经过练习后，我俩动作很快，几秒便可以放小船入水并离开。

　　然后，我们把船开到离岸3～4英里处，开始用鱼饵引诱鲨鱼。沿途，我们经常看到一些大青鲨，偶尔会看到尖吻鲭鲨在水面慢慢游动。它们似乎在与海岸线平行的直线上不断地游动着，但是它们距离海岸线太远了，无法通过海岸线来引导游动方向。这些鲨鱼倾向于在水面游动，它们的行为将是我最终的研究焦点。既然你们的鱼鳃、鱼鳍和鱼鳞适合在水下生活，那为什么在海面游动呢？是不是鲨鱼会从这种令人费解的行为中得到一些好处吗？此外，它们是怎样在没有标志物的情况下直线游动的呢？

　　一些科学家认为，鲨鱼在水面游动可以更好地看见太阳，用太阳作为辅助帮助自己呈直线游动。另一部分人则认为鲨鱼在海面游动是因为海面是地球上主磁场分布最均匀的地方，可以把它们导向为统一方向。这可能需要解释一下，主磁场是地球磁场的一部分，类似于一个带正负极的巨大磁铁。这些正负极位于南北两极的假想圈附近，地球每天旋转一圈。如果你通过一个强偶极（两极）磁场穿过易导电的铜质金属线，电流（或电子流）会受到引导，通过金属线从源头流向终点。每种元素，甚至是良好的导体，例如铜线，对电流都有一些阻碍。所以，金属线的源端会比终端有更多的电子，电子浓度或电压梯度递减，电流和电压的大小取决于导体相对于磁场正极和负极之间的轴线运动方向。

当时，人们知道当鲨鱼游经地球主磁场时，它们能够感知到地球主磁场产生的微小磁场。它们有对电压敏感的器官，即罗氏壶腹（ampullae of Lorenzini）。这些器官包括口鼻部下侧嘴巴周围的小孔，小孔从意大利面状的管道处张开，管道充满凝胶状的物质，即带电离子黏稠溶液，缓慢传导电流。管道底部有指状突起，对鲨鱼运动引起的电子梯度很敏感。这个个体磁场的大小随着鲨鱼相对于地球南北两极之间轴心的运动方向而产生变化。鲨鱼可以保持稳定的路线，避免转向改变了通过这些器官所诱导的个体电压。在主磁场是分布均匀的偶极，不被其他电磁场源所干扰的地方，做到稳步前进是最简单不过的事。我后面进一步讨论这些器官，并解释双髻鲨的另一种导航方法。

我们通常是在离海岸足够远，在地平线上几乎看不见海岸线的时候才停下来。然后，我们会把一个塑料圆筒扔进水里。容器里的开孔被筛网覆盖，让里面碾碎的马鲛鱼的血液和体液得以流出。一旦我们让自己制作的鱼饵散发出诱惑的气味，我们便把观察平台抬到船的一侧，再把船滑入水中。接着，我穿上潜水服，用绳子系在平台后面，把它拉近小船，再踏出小船爬上平台顶。在大多数日子里，海水波涛汹涌，潮起潮落。水手称之为涌浪，这些波浪是由几百英里外的强风所产生的。平台在涌浪中摇晃时，会缓缓倾斜。当地强风引起大海波涛汹涌，以致平台前后摇晃震动。我用尽全力紧握平台边，避免被扔到鲨鱼环绕的海里。即使是像我这样的老水手，有时也会想呕吐。实在忍不住。呕吐过后，我常常感觉好些了，在海里加入大马哈鱼作为诱饵后再继续观察鲨鱼。

大青鲨通常一条接一条地抵达，但有时也会三三两两地过来，在平台周围游动。它们一开始缓慢蜿蜒地游动，让我想起了在地上爬行的蛇。颀长的身体，修长的弧形胸鳍，多么优雅的生物啊！它们经常快速地来回拍打着尾巴，然后让尾部相对静止，毫不费力地向前滑动，用修长斜立的胸鳍把自己推向水面。

然而，随着聚集的大青鲨越来越多，它们的行为开始变得激烈可怕。它们开始加快拍打尾部，身体左右弯曲，猛地游到一边，甚至转身往反方向游。水里满是疯狂四窜的鲨鱼。它们就像一群异常兴奋的舞者在地上起舞。我们第一天在海上的时候，我的头部和手臂从平台向外伸出，一条鲨鱼猛地冲向平台前方。我快速从水里收回手臂，已经张开下颌的鲨鱼就这样从距离我头部不到 1 英尺的地方游过。然后，鲨鱼在平台旁边用自己尖锐的下颌牙齿咬住了泡沫塑料，上颌迅速来回像锯子般移动，把平台咬掉了一块新月状的塑料。鲨鱼是想咬我吗？这发人深省的一幕让我毛骨悚然。

我们的行途中，当我躺在平台上时，那些我看不见的鲨鱼不止一次撞到了我的手臂，这让我很惊讶。要让我注意到所有围着平台的鲨鱼并在其中一条靠过来咬我时马上收回手臂是不可能的。为此，我们在平台上安装了一个防护笼。笼子由方形盒子做成，和小窗契合，以便在平台前方观察。它由铅笔杆宽度的铁丝围成，每根铁丝之间相隔 2 英寸，这为我提供了充分的保护。

然而，大青鲨确实经常去咬笼子的金属条。它们似乎不是想咬我，只是攻击笼子本身。笼子浸过熔融的金属锌以便减轻腐蚀。金属条现在由铁和锌所组成，这两种金属在导体盐水里有不同的电子电荷。电子在锌和铁之间流动，就像铅酸电池板之间流动的电流一样，形成了一个大青鲨所敏感的电场。大青鲨会不会是把金属条误认为是自己猎物了呢？其他栖息在浅水的鲨鱼种类[例如路易氏双髻鲨（scalloped hammerhead shark）]幼鱼可以定位隐藏看不见的猎物。比如隆头鱼，这种雪茄形状的小鱼成群栖息在热带海区，为了安全起见，它们晚上埋在沙子里，但还是会被吃掉，因为幼年双髻鲨在水底来回巡游找食物，察觉到了它们所产生的微小电磁场。双髻鲨的头部横向扩张，在某种程度上扩宽了巡游范围。它们的进化也倾向于头部的横向生长，就像人类工程师选择扁圆盘作为金属探测仪的形状一样，这种探测仪能有效寻找埋藏的硬币。当大青鲨食欲被大马哈鱼激发，它们的进食行为似乎就变得不那么讲究了，甚至撕咬能够发射电场的无生命物体。

大青鲨受鱼饵引诱时，没有表现出什么不同的行为。虽然没有明显的挑衅，但是它们经常突然加速。当靠近装诱饵的容器时，它们会翻转身体，并在经过时用身体摩擦容器。有时，鲨鱼会快速转身，跟着下一条鲨鱼接近诱饵源头。当较大的鲨鱼接近，较小的鲨鱼似乎会游到一边去。在诱饵桶附近的行为没什么差异。鲨鱼在那进食，很少注意彼此。只有我离开平台范围，给鲨鱼拍照时，它们才表现出两个防御行为。一条鲨鱼摇晃着脑袋加速向我游来，另一条垂下胸鳍猛烈地游到我身侧。这很像威胁性行为。在这里我可以更近距离地观察鲨鱼，但是不同于半带皱唇鲨，大青鲨只表现出简单的行为。从观察鲨鱼受到食物吸引的行为中，我并没有了解到太多东西。所看到的就是撕咬、撕咬、不断地撕咬。看来我必须去研究非人工喂养的鲨鱼才行。

当时我们面临的一个实际问题是如何区分鲨鱼。任何时候平台周围都可能有十几二十条鲨鱼朝不同方向游来游去。你怎么知道什么时候就多了一条呢？毕竟相似体形和相同性别的鲨鱼如此之多。我需要标记现有的鲨鱼以区分新来的鲨鱼。我尝试了很多方法来标记个体。最简单有效的方法是用杆状矛枪把一个细小的金属倒钩插入鲨鱼背部，用一根单丝线与彩色软管相连。用四五种颜色比如白、蓝、黄、红，可以形成许多独特的组合，这些组合可以轻易从红、黄、白、蓝中区分出来。

我主要是用这些意大利面状标签来标记鲨鱼，但也试着开发一种可以在鲨鱼身上保留一整天的标签。我先是在鲨鱼身上插入了一个金属飞镖，附带几个颜色各异的救生圈状黏性糖果，但是它们不到一天就溶解了。此外，我担心金属镖会伤害到鲨鱼。因此，我开始在鲨鱼背鳍或顶部的鳍系上不锈钢鳄鱼夹，附带不同颜色的乙烯树脂。这种夹子是带有锯齿状金属齿口的弹簧金属晒衣夹，而不是平整的木头别针。我们其中一人按在齿口的末端以打开夹子，我走到平台上，张开夹子，鲨鱼经过时，夹上我手中的夹子后便放手，让夹子夹到鲨鱼的背鳍上。杰里迈亚还把诱饵桶拉到小船一旁,让鲨鱼游近小船,以便我安装鳄鱼夹。

我们把鱼倒入海中,这味道极大提高了鲨鱼的食欲,这样它们就不太挑剔吃的是什么了。平台和防鲨笼都不像它们通常的猎物——小鱼和鱿鱼。这在我看来似乎是奇怪的行为。当有许多鲨鱼聚在一起时,它们的胆子就大了起来,这会促使鲨鱼捕食在环境中看起来不同且比平常更大的食物。行为科学家把动物这种有同伴在旁就会更加肆无忌惮的行为称作"社会性易化"(social facilitation)。这在犬科中很常见,例如狼集群猎食,以猎杀比自身体形更大的猎物——例如驼鹿(moose)。渔民和潜水员把鲨鱼的这种行为称为"捕食狂潮"(feeding frenzy)。狼成群结队,通过协同行动捕获猎物,而鲨鱼似乎是聚集后又独立行动去撕咬饵料桶。

大青鲨会像狼一样成群协同行动吗?有一天,我们开船回斯克里普斯码头,脑海突然闪过这个疑问。我突然想要测试一下每条鲨鱼到达船边的时间间隔。如果鲨鱼成群行动,五六条鲨鱼应该会一条接一条地立即到达,然后另一群鲨鱼到达前应该会有很长一段时间的间隔。如果鲨鱼是独居的,它们应该会在很长一段时间后才到达,时长相似。

如果鲨鱼像散落在地上的一堆弹珠,随意分布在海里,那就必须知道它们到达的长时间和短时间的间隔比例。当我把这个新想法解释给斯克里普斯的数学专家戴夫·兰格(Dave Lange)时,他很快便回应说,我这是个旧问题。这个才华横溢的人令我们所有人都印象深刻,他的数学能力令人震惊不已,并且能够运用这些知识来回答关于海洋动物分布的实际问题。在课堂上,他站在我们面前,在头脑中推导出复杂的数学算式,即使我们中最聪明的学生也还无法掌握这个技能。他接着说,数学中有一个分支叫队列统计,晦涩难解但非常重要,可以回答我的这个问题。这些统计法在第二次世界大战期间用于决定德国潜艇应该采取单独搜索还是"狼群式"搜索盟军护航舰队。同样的数学方法可以让银行能够根据一天中客流量的变化来协调窗口值班出纳员人数。午饭时间取钱的人很多,而工作时间取钱的人较少。这些是有用的数学方法,可以应用在潜艇、银行出纳员和大青鲨身上。

戴夫让我第二天去他的办公室,为我算出这道数学题。我第二天在走廊遇到他，他从口袋里掏出两张纸，上面草草地写着一个令人印象深刻的标题："间距在泊松过程的指数分布推导。"这些纸上有一系列公式，包括微积分中的积分和微分，最后推导出了一个简单的公式。如果鲨鱼在大海里随意分布，这可以用来计算不同时长的间隔数。

我的下一步是把鲨鱼到达之间的时间间隔分成一系列的等级——最快的到达时间间隔为 0（两条鲨鱼同时到达）～4.9 分，然后是 5.0～9.9 分，以此类推。然后，我运用戴夫的数学公式，输入鲨鱼到达的平均间隔时间，来预测每个时间等级里会出现的时间间隔数。我真的很惊讶！随机分布包含了许多短时间的间隔和几个长时间的间隔。事件总是随机并接连发生。人们总是听说，坏事接二连三地发生，或许就是这么个意料之外的结果。之前，我认为大青鲨成群，是因为消失一段时间后，它们会再同时出现。但是，现在大量的大青鲨到达的短时间间隔和戴夫用鲨鱼随机间隔数学模型预测的短时间间隔数没什么差别。以俄罗斯统计学家柯尔莫哥洛夫（Kolmogorov）和斯米尔诺夫（Smirnov）所命名的统计程序 K-S 检验表明了大青鲨到达的时间间隔和鲨鱼独自在海洋里游行的时间间隔没有显著的差异。

在斯克里普斯外的水域研究大青鲨时，我逃脱了自己职业生涯最大的险境之一。这种危险不是来自鲨鱼袭击，而是来自在恶劣天气下乘船。一位中学生物老师和他的一名学生正在进行一项实验，比较大青鲨在进食时的视觉、嗅觉和听觉的相对重要性，他们陪我去了一个鲨鱼众多的地方。这个实验是参加高中科学竞赛的一个课题。正当我们向外航行时，在没有任何预警的情况下，突然狂风大作，巨浪滔天，下起了雷雨。我迅速把船驶向斯克里普斯码头，尽可能勇敢地靠近。我赶紧告诉我的客人们系紧救生衣，游到通往码头安全之地的梯子。海浪在码头尽头剧烈撞击着，我们根本没办法把小船抬出水面。如果小船在离岸很远的地方下沉，他们可能无法游到岸。作为一名优秀的游泳运动员，我有信心可以游到岸边。我告诉他们给我妻子打电话，她会告诉他们在哪里开我的货车，然后再沿着海岸 10 英里处的米申湾（Mission Bay）与我会面。我用船上的无线电通信设备联系了海岸警卫队（Coast Guard），告诉了他们我的计划，然后开始沿着拉霍亚悬崖的碎波带之外的海岸开船。如果小船被碎浪掀翻，这么近的距离我是能够游到岸边的。我乘船进入米申湾时，天已经黑了，我筋疲力尽，但是还是决定去找船上的坡道，我的客人们还在那等着。当我终于看到他们，在远处兴奋地挥舞着他们的手电筒时，才松了一口气。我用绞车把小船抬起放到他们用我的货车弄到现场的拖车上，紧紧地拴牢小船，然后上车开走了。我刚到达自己斯克里普斯的办公室，电话就响了，是我的妻子。她以怀疑的语气问我："难道你没注意到漏了些东西吗？"我说："没有。"她又告诉我，我匆忙间把自己的客人们忘在船坡了，我开车走时，他们还一边大喊大叫，一边疯狂地挥手，试图吸引我的注意力。

遭遇过这不幸后，我就知道半带皱唇鲨和大青鲨都不是我的理想研究对象。我的注意力很快转到路易氏双髻鲨身上，传闻它们成群成群地聚集在加利福尼亚湾的水底山（海山）。这就是我希望研究的物种，不需要借助诱饵来掀起捕食狂潮。我最终会找到一个方法研究鲨鱼的行为，可以不用引入会趋向于破坏或扭曲它们行为的因素。现在是时候生活在它们那神秘而充满危险的世界了——我提出的这种观察方式之前从没有人做过。但是我相信，要想了解鲨鱼——它们的行为有什么意义、它们是如何导航的、它们对自己的世界的看法——我需要尽可能低调地进入它们的世界，既不做捕食者也不做猎物（我希望）。

# 5　与双髻鲨一起游泳

　　1979 年的夏天十分炎热，加利福尼亚湾风平浪静。这是我在斯克里普斯五年研究生生涯的第二年年末。这个内陆海源于加利福尼亚州和亚利桑那州（Arizona）之间的边界线附近的科罗拉多河（Colorado River）。该内陆海往南延绵近千里才融入墨西哥马萨特兰（Mazatlán）附近的东太平洋。水域形状颀长，不超过 50 英里宽，是由巴哈半岛（Baja Peninsula）经过漫长的地质时期形成的。这个半岛位于太平洋板块，正在缓慢地脱离北美板块。海湾西部沿岸有一个火山成因的完整沙漠群岛，巍峨地从海湾美丽的蓝色海水里耸立而起。这个群岛中散布着海山，通过层积覆盖火山爆发物形成的岩石层浮出水平面。各种各样的鱼类、海豚和鲸鱼大量聚集在这个海湾，这是它们的家园。

　　我坐在长而窄的巴拿马独木舟（panga）上，这是当地渔民所使用的平底玻璃钢小船，渔民在船上装满了网，用于捕鱼。我把小船命名为"佩兹马提罗"（Pez Martillo）——在西班牙语里意为"双髻鲨"，我正在寻找这种难以捉摸的鲨鱼。去年的大部分时间我都在到处寻找成群的双髻鲨。我正准备再去一个地方找找。此刻风平浪静，灿烂的阳光反射在深蓝的海平面。身后的几百英尺处是沙漠岛屿塞拉尔沃岛（Isla Cerralvo），由巨大的山峰所组成，到处都是锈红色的大岩石，点缀着烛台形状的绿色仙人掌。在 10 英里远的地方几乎看不见巴哈半岛幽灵般的白色轮廓。我猜我们应该身处某个无名之地。

　　船上有三个人在舵手旁边，我们现在正忙着戴上自己的潜水面罩、呼吸管和穿上脚蹼。我们都确信，今天我们会找到那群两年来一直寻找的路易氏双髻鲨。在巴拿马独木舟的后座上，泰德·鲁里森（Ted Rulison）坐在我旁边，他自愿协助我进行研究。泰德是一位五十多岁处于半退休状态的外科医生，他在闲暇时会来这片水域潜水。他穿着非常抢眼的白色紧身打底衫，白皙的皮肤很容易被晒伤，脸上长满了雀斑。这天，镜子般的大海就像一个太阳反射器，不到一小时就能烤焦他的皮肤。他也有理由担心因为过度暴晒而患上皮肤癌。泰德看起来可能有点奇怪，但是他在水里就像在家一样自在，能轻易一口气潜到 60 英尺才浮出水面。他还是学生的时候，在斯坦福大学游泳队游泳，这为他可以"自由"潜水或闭气潜水打下了很好的基础，我们可以用这种游泳技术进入双髻鲨的世界。

唐纳德·纳尔逊坐在我们对面。唐长着一张娃娃脸，瘦高个儿，也是一个游泳能手。他花了很长时间在佛罗里达礁群岛捕鱼，卖掉渔获补贴自己在迈阿密大学的研究生学习和生活。正如之前所提到的一样，唐是委员会成员之一，指导我在斯克里普斯海洋研究学院的博士研究。1977 年 9 月，在我到达加利福尼亚州之后，我们第一次见面时，唐给我看了几张发黄的纸片，那是斯坦哈特水族馆（Steinhart Aquarium）前馆长厄尔·赫勒尔德（Earl Herald）给他的。厄尔死于心脏病发作，没能来得及发表他的观察报告。打印出来的手稿描述了他在加利福尼亚湾中心的拉斯阿尼马斯（Las Animas）岛潜水时，远远地瞥见了一大群双髻鲨。

唐建议我寻找双髻鲨，如果我找到了，就可以研究它们集群的原因来获得博士学位。鲨鱼的这种集群行为似乎很奇怪，这个行为似乎奇怪不已，因为通常鱼成群结队是为了躲避捕食者——至少理论上是这样的——而大鲨鱼几乎不需要担心捕食者。他警告我说，和那些双髻鲨一起游泳时要格外小心，因为它们是最危险的鲨鱼之一。斯克里普斯研究生院同意了这种冒险入水和鲨鱼接触的做法。很幸运的是，他们还另外给我买了一份 5 万美元的保险，受益人是我妻子，尽管我当时并不知情。

鲁里森指引我们来到塞拉尔沃岛海岸的远处，他曾经在这个地方见过双髻鲨。这个地方叫拉斯阿勒尼塔斯（Las Arenitas），西班牙语意为两座巨大的白色岩壁下的小沙滩。距离岸边百来英尺的岩石群平行于海岸线。站在岩石上几乎无法看到 50 英尺以下的水底。离海岸不远处的水深突然增加，超过 2000 英尺。

  我是第一个入水的，只戴了潜水面具、呼吸管和穿了脚蹼。我坐在船边的栏杆上，把氧气面罩罩在脸上，呼吸管放进嘴里，仰面倒入水中。我入水时溅起的水花激起了一堆白色气泡，暂时模糊了我的视线，但气泡散开后，我惊讶地看到30条鲨鱼在不到20英尺的地方像士兵列队一般缓慢地游动着。每条鲨鱼两侧各有一条同伴，前后方也各有一条。这些鲨鱼聚集成一个队形，就像战斗机方阵。鲨鱼群里的成员挨得很近，彼此的距离只有一身长。它们扁平的脑袋向两侧伸展成锤子的形状，真是种奇怪的生物。

  突然，一阵又一阵的"嘶嗯"声打断了我对这些可怕的鲨鱼们专注的观察。唐和泰德已经入水了。此时我已经被水流带离了小船，我朝小船看去，见到他们在远处。我来回地挥手吸引他们的注意力，示意他们往我这边游。他们马上就游过来了。当唐和泰德游到我旁边，我指向那群快要看不见的鲨鱼。我们都把头探出水面，叹了声"哇哦"。但是，我们接下来要决定下一步做什么。我们决定带上潜水装备，因为这样可以让我们更容易跟在鲨鱼后面游泳。不到5分钟，我们又回到了水中，开始以三角式队形朝鲨鱼的方向游去，一大串白色的气泡从我们这往上冒。我游在最前面，心想："自己游在水下士兵们的'排头'位置，可真是有点疯狂！"

  我们越游越深，停在距离岩石处下降不到0.25英里的陡峭斜坡上。鲨鱼无处可寻。差不多消耗完我的氧气瓶里的氧气后，我转过身，指了指上面，我们便开始慢慢踢水浮出水面。把头探出水面，我们拿开嘴里的呼吸器，开始兴奋地讨论刚刚发生的事。我们三人都有两个相同的疑问。它们去哪儿了？它们为什么离开？一小时以前它们不是游得离岩石很近吗？我们决定回到位于拉巴斯的基地，在那我们可以找到必要的材料和装备吸引鲨鱼来我们这。我们会从渔民那买一些油性的鱼来做诱饵，比如鲭鱼。双髻鲨会沿水流闻到鱼饵的味道，再循着气味找到它的源头——我们的小船。我们还会带上便携式声音回放系统，播放双髻鲨捕食的猎物的声音，引诱鲨鱼们到我们这来。我们要花一天的时间做准备，但回到拉斯阿勒尼塔斯可以准备得更充分。

  两天后，我们乘着"佩兹马提罗"回到了拉斯阿勒尼塔斯，行李里装满了潜水设备、鱼饵和音响系统。同样重要的是，我们有一个计划。我们会把小船绑到同一块岩石上。唐会留在船上分发诱饵，操作音响系统。泰德和我会潜到 100 英尺的地方，当扬声器发出猎物的声音时，我们会在岩石附近徘徊。我们会在这耐心等待鲨鱼的到来。这将是一个很可怕的情况，因为鲨鱼可能会误认为我们是声音源进而攻击我们，而不攻击在我们周围游动的鱼。此外，这陡峭的悬崖没有洞穴或裂缝可以让我们躲藏。我们所能做的是垂直背靠背踩水，这样鲨鱼就无法在我们任意一人的盲点处攻击我们了。杰里迈亚·沙利文和我在圣佩德罗诺拉斯科岛（San Pedro Nolasco）外用过这个技巧，当时有两条 9 英尺长、400～500 磅重的巨大的公牛鲨包围了我们，它们觉得我们和海狮没什么不同，可作为美味的一餐。这一次，"海狮"在水中朝鲨鱼猛扑过来，大声地叫着，像鸟类面对捕食者一样围攻鲨鱼。它们似乎在试图把这些危险的捕食者驱离自己的海岸领地附近的水域。这两头鲨鱼真幸运，它们对我们没兴趣便游走了。我说"幸运"是因为我们已经不情愿地把保险栓从动力杆上取了下来（杆的一端装有子弹，插在枪管里），如果它们再靠近些，我们就准备杀死这些美丽的鲨鱼了。

唐从船的一边放下扬声器，泰德和我面对面坐着，穿上沉重的潜水装备。一旦扬声器下沉至 100 英尺，我们就后翻入水向下潜，让系着缆绳的扬声器指引我们游向水底。在海面附近，由于海洋"雪"的缘故，能见度只有十几英尺。"雪"指的是在海水中形成并随洋流浮动的像棉花一样的有机聚合物。我们仿佛在一场大暴风雪中游泳，但雪不是从上面落下，而是从旁边经过，悬浮在洋流中。极低的能见度让我俩都紧张了，因为双髻鲨可能会靠近，而我们看不见。我们俩都很担心会受到视野可见的鲨鱼的袭击，更不用说还可能遭到我们无法看到的鲨鱼的袭击。然后，令我们惊讶的是，当我们游到 40 英尺深时，海水清澈得如水晶般。颜色变成了蓝绿色，因为阳光的大多数颜色无法穿透厚厚的海洋雪层到达这个深度。我们可以看见身下缆绳末端的扬声器。一到那里，我们就转向一边，靠在一个悬崖旁边向外观察。

靠近岩壁，水里散布着斑副花鮨（creolefish），身如飞碟，尾如镰刀，每条约人的手掌般大小。在浅水中它们是鲜红色的，但在这个深度，则变为了暗灰色。即使在最清澈的水里，红色在到达这个深度之前也会被吸收。

只有蓝色和绿色的光能穿透到海底深处，使我们周围的海水呈现出这种颜色。距离岩壁大约 20 英尺处有一群银色的鲹鱼（jack），看起来略带一点褐色。鲹鱼身体椭圆，边缘扁平，散乱地聚集着，四处乱窜。有时鲹鱼会顺着急流迅速抓住海蜇或小虾。这时，扬声器开始播放非常响亮而又单一的断续鼓音。奇怪的是，这个声音有点像《大白鲨》的主题曲。我们转向另一边，希望看到双髻鲨攻击扬声器。我甚至有些害怕双髻鲨可能会攻击我们。但是，接下来的40分钟，我们凝神观察的这个蓝绿色世界什么都没发生。只有一次我们瞥见了双髻鲨模糊的形状，在远方缓缓地游开了。双髻鲨哪儿去了？为什么它们不像礁鲨一样攻击这些催眠般的声音呢？潜水结束时，一团浑浊的水慢慢地从深处升起并吞没了我们，能见度几乎为零，这让我们毫无防备。这股水真的很冷，这表明它的源头在温跃层之下。这里是被风充分混合的温热地表水和深海冷水之间的界限。我们往上游，想要避开这团黑水，而这团水在80英尺处便不再上升了。我们在10英尺处做了个简单的减压停留，然后才浮出水面。"不走运啊，没双髻鲨！"这是我对唐脱口而出的第一句话。他抓着我们的氧气瓶，把它们提到船上。然后我们爬上了我们的船"佩兹马提罗"。

唐和我坐在船上，花费了迄今为止最长的时间来讨论双髻鲨在我们潜水期间为何没有受到召唤。他向我保证，在西太平洋的埃内韦塔克岛，同样的声音吸引了上百条礁鲨，十年前他在那里研究过这些低频声音吸引礁鲨的效果。泰德没说什么，坦白地说，他已经厌倦了我们的滔滔不绝，但又找不到这个看似简单的问题的答案。我们为什么这次潜水没有看到鲨鱼呢？我们确实把大量的鱼饵倒进了水里，并播放了本该非常具有吸引力的声音。

最后，泰德说他得去"浴室"了。在"佩兹马提罗"这艘船上唯一的舒缓自我的方式就是跳入水里，离开小船，游进大海。泰德坐在船边，转身入水，他沿着与岸边平行的岩脊游离小船，从岩脊的顶端继续顺着水流往前游。然后他又在离我们不到25码的地方歇了一会。

唐和我还在考虑下一步怎样寻找双髻鲨，这让我们很沮丧，就在这时我们听见泰德大喊："它们就在下面！"我们朝他的方向望去，看到他一遍又一遍地喊着："双髻鲨……双髻鲨……它们就在这！"他举起双臂，不断用手向下指给我们看鲨鱼在哪里。

我们的第一反应是穿上潜水服。但是，我犹豫了。我们潜水时，倒入鱼饵并播放声音没能让鲨鱼靠近，然而，仅仅 10 分钟之后，它们就来到了这里。这真的很奇怪！我突然想到我们之前带着潜水装备，而现在泰德只戴着面具、潜水管和穿着脚蹼游泳。我连忙停下去拿氧气罐的手，转头问唐觉不觉得鲨鱼躲着我们是因为我们带着潜水装备。从我们的调节器流出的泡沫流产生了响亮的低频音，泡沫上升到水面时还反射亮光。这个装置在我们潜水到这个深度时，为我们提供由 3 个大气压压缩而成的空气。空气甚至会受更大的压强储存于潜水氧气罐，提高水下空气的供给，以便延长潜水时间。但是，当这些微小的气泡上升到我们潜水面具两侧时，它们变得越来越大，每 33 英尺就翻一番，直到到达水面变得巨大无比。气泡在上升时由于向上运动的阻力变为扁平状，它们也在两侧来回移动发出咕嘟咕嘟的声音。

唐同意我的观点，气泡产生的响亮的低频音在鲨鱼的听觉范围内，或许吓到它们了。这次我们决定不带潜水装备跟着它们，只戴潜水面具和呼吸管。

唐和我跳入水里游向泰德。我们游了好一会才到达他那里，因为海水的流速加快了。我们到了，往下看，看见身下数不清的双髻鲨的模糊身影，它们排成战斗机一般紧密的队形，每一队中两条鲨鱼相距一体长，在相同的深度游动。两条鲨鱼之间的中间线上有另外两条，处在稍下方的位置，四条鲨鱼共同构成一个钻石状的菱形队形。鲨鱼群的队形距离均等，而且都朝着同一个方向游动——通常逆水流而游——呈现出一种非常具有组织性的奇观。时不时地，某条鲨鱼会翻滚一下，光线反射在它的白色腹部时就看得更清楚了。海洋雪阻碍了我们的视线，同样也阻碍了鲨鱼的视线。我猜测它们这样做是为了更好地透过水里的海洋雪来看清我们。

我通过呼吸管做了几次深呼吸，在身前展开双臂，让自己往下推进，使劲用脚蹼踢水。这些不是普通的脚蹼，而是特地为没有重型潜水装备的"自由潜水者"设计的。我的脚蹼质轻，长而有弹性，不到 8 英寸宽，但接近 5 英尺长，长度几乎达到我的身高。脚蹼毫不僵硬，当我踢水时，它会弯曲成正弦波状，就像蛇移动身体一般。这种泳姿叫鳗式游泳，鳗鲡目的鳗鱼就是用这种移动方式。

向下，向下，再向下，我游到了鲨鱼群上方 30 英尺的地方。我的心跳开始加速，但我没有停下来。我继续往下，穿过鲨鱼群最上面的两条，游到了六七十英尺深的鱼群中心。我身下一直到海底都是鲨鱼，再看向一旁，目之所及也全都是。我数不清到底有多少，可能有 50 条，也可能是 100 条，甚至更多。

到达鱼群中心，我停止踢水，让自己直立悬浮着，然后 360 度旋转观看这壮观的鲨鱼群。这大概在水下 70 英尺处，我现在已经看不清水面了。在鲨鱼群中心，静默得恐怖。鲨鱼离我很近，我伸手就可以摸到我上面、旁边或下面的鲨鱼。我不敢这样做，因为我读过的每一本有关鲨鱼的书里，双髻鲨都被称为"食人族"。事实上，大卫·鲍德里奇（David Baldridge）为美国海军编撰的一份全球袭击事件的文件中将双髻鲨列为世界上第三危险的鲨鱼，仅次于大白鲨和鼬鲨。

然而，这些路易氏双髻鲨一点也不可怕，反而高贵优雅。游在我上方的双髻鲨尤其漂亮。光从上方照耀着，使它们的身体从下往上看时泛着青铜光泽。它们毫不费劲地游着，尾巴不时地摆动、弯曲，同时始终保持着完美的队形，彼此之间的距离不超过一体长。考虑到鲨鱼分开的间隔与体长的关系，它们的间距比与沙丁鱼相当，但是，由于鲨鱼体形偏大，所以看起来更分散——更像一群微型潜艇。

双髻鲨一条接一条地从我身边经过，游得很慢。有时，它们转动的眼睛会从侧面细长的头部向外凸出，以便更好地看清我。我上面那条最大的鲨鱼，可能有 8 英尺长，我盯着它的下颌，令我印象深刻的不是它的嘴巴有多大，而是它的嘴巴有多小。嘴巴只在头部中央，没有延伸到锤状头部的边缘。它们的下颌看起来不是用来食用人类这种尺寸的食物的，只够吞食生活在周围海域中的小鱼和鱿鱼。

我开始重新踢水，推动自己慢慢游向水面。随着我游经两边的鲨鱼，在我上面的鲨鱼稍稍转向一边，避免游向我。浮出水面后，我清了清呼吸管里的水，做了几次深呼吸。放松到正常的呼吸模式后，我想，这真是我进入鲨鱼水下世界的黄金时机。

唐一看到我游到水面，他就潜到鲨鱼群里了。我们决定轮流潜水，这是一项充满风险的技术，只有实力强大的游泳运动员才能运用。我们中的一人会一直从水面观察另一人的状态。我们知道晕厥的危险性，担心这种情况发生，因为我们要潜到很深的地方混入鲨鱼群。如果我们其中一人在水里变得虚弱无力，一动不动，另一人便会潜下去救他上来，通过人工呼吸使他苏醒。谢天谢地，我们在鲨鱼群中时没有发生过这样的紧急情况，尽管我们有时会潜到100多英尺深，用杆状矛在鲨鱼身上安装微型追踪装置。

我们一整个下午都在不停地潜到双髻鲨群中。我在交替潜水回到水面期间，用贴在黏合圈黏合的几张白色便签上的小铅笔记录下观察到的情况。潜水的时候，可以把这塞到我的潜水服里。我需要记录鲨鱼的尺寸、性别，描述它们在集群里的行为。我脑海中总是有这样一个问题"为什么它们会在这里集群呢"。当然，这不是为了共同防御，因为成年的鲨鱼几乎不可能被任何掠食者吃掉。大多数鱼类学家把集群解释为一种避免被捕食的方式。一个猎物群会有更多的眼睛和耳朵察觉到捕食者，较多的移动目标也使得捕食者无法只关注一个单独的个体。此外，一旦形成鱼群，捕食者可能会因为鱼群中其他猎物的接近而分散注意力，而小鱼们会在群体中到处乱窜。

这一天快要结束时，我们都觉得筋疲力尽，浑身冰凉。人在水中待上四五小时，总会失去体温的，即使是在夏末的加利福尼亚湾，水面温度接近90华氏度，一开始感觉像洗了个热水澡，但当潜水到温跃层以下60～100英尺深时，人就会很快失去热量，那里的水温在75～80华氏度。当我向下游穿过温跃层，进入到深处更冷的水域时，常常会在一瞬间战栗。

那天傍晚回到拉巴斯，我们遇见了弗利普·尼克林（Flip Nicklin），他是美国国家地理学会（National Geographic Society）的摄影师，刚从圣迭戈飞来。他和他的父亲在加利福尼亚州的拉霍亚开了一家潜水用品商店。弗利普想为即将在《国家地理》出版的一篇关于鲨鱼的文章拍摄双髻鲨的照片。虽然他是一名一流的深水潜水员，但是也热衷于自由潜水，曾经参加过世界锦标赛，竞逐猎鱼。世界各地的潜水员会来参与这些竞赛，捕到最多鱼的就是赢家。弗利普在南加利福尼亚州举办的那场竞赛中表现非常出色。

当晚，唐、泰德和我在洛斯阿克斯（Los Arcos）吃晚饭，这是一家位于拉巴斯商业中心的西班牙殖民时期的漂亮酒店，从餐厅往外看是哈瓦那海滨大道（Malecón），白色沙滩上散落着当地渔民的小巴拿马独木舟。弗利普从拉巴斯新建的海洋研究所——海洋科学跨学科中心（Centro Interdisciplinarios de Ciencias Marinas，CICIMAR）借了一艘船进行为期10天的科考。这个机构坐落于拉巴斯湾海岸的小镇郊区，几栋建筑呈方形排列，围绕着一个方形庭院，由国立理工学院经营，是政府大学体系的一部分。吃晚饭的时候，泰德告诉我们他曾见过鲨鱼的另一个地方。那是个海山，从深水处陡峭而立，山顶距离海面不到60英尺。这座海山叫埃尔巴霍，意为"浅水区"，位于拉巴斯附近的圣埃斯皮里图岛北端的一对名为"洛斯埃斯洛特斯"（Los Islotes）的巨石以东10英里处。圣埃斯皮里图岛靠近拉巴斯，距离海岸整整7英里远。泰德说这是加利福尼亚湾研究双髻鲨最好的地方。我们决定去这个地方研究一下双髻鲨。

当我们看见弗利普的船的时候，我们对它的不羁外表印象深刻。它看起来更像汉弗莱·鲍嘉（Humphrey Bogart）的非洲皇后号（African Queen），而不像用作研究的现代科考船。它和驳船一样宽，前面的船桅短短的，后面有一个大顶篷用来遮阳。"胡安·迪奥斯·巴蒂兹"船（Juan de Dios Bátiz）（以大学创始人命名）由混凝土浸渍钢丝网水泥、铁屏制成。船四周，混凝土已经开裂，铁暴露在腐蚀金属的盐水中，留下了橘棕色的渣滓。船舱有两个，一个是给科研人员用的，另一个是给全体船员的，但是没人用船舱里的床铺，因为里面空气太热，即使是晚上也无法入睡。大家都睡在甲板，有的躺在毯子上，有的躺在睡袋里。

甲板一边是厨房，煤气灶固定在船舱后方。有一个很小的浴室在船头，几乎不怎么用，因为它很少工作。没人注意的时候，船员就把船尾当浴室。接下来的10天，不和鲨鱼游泳时，这里将是我们最基本的生活场所。

一天傍晚后，为电视节目《狂野英伦》（Wild Kingdom）制作自然纪录片的霍华德·霍尔（Howard Hall）邀请知名水下摄影师杰克·麦金尼（Jack

McKinney）到船上共进晚餐。多年以后，在主持圣选戈电影节时，我听到杰克在开场白中描述了那晚的情景。他说自己上船看到的第一个东西就是生锈的旧炉子，炉顶有个大锅，里面有只死鸡，两只腿伸出锅外。而他将要吃那东西！他沿着船舱走，注意到船舱的一部分已经被最近的一场大火烧焦了。甲板上到处都是褥，潜水仪器堆在四周，哪儿都是人。他说，那地方很脏，实际上还有股臭味。他无法理解克利姆利和霍尔怎么可以生活在连老鼠都无法忍受的恶劣环境中。其实，这里的条件没那么差啦。

　　第二天我们离开拉巴斯，但是我们日落时分才到达近 40 英里外的海山。要花些时间找鲨鱼所在地，当时还没有手持 GPS，我们必须用泰德提供的范围找到这座海山。我们沿直线驾驶着小船，在 15 英里以外的圣埃斯皮里图岛北端的岩石后面，是我们要找的这座山，它在 25 英里以外几乎看不见。我们沿着这条路线前进，直到西边大陆上的一座凸出的山峰正好出现在洛斯"埃斯洛特斯"的缺口之间。

　　我们中的三个驾着巴拿马独木舟在"胡安·迪奥斯·巴蒂兹"船前方，用探测仪寻找海山。令我们吃惊的是，探测仪上出现了一个黑色痕迹，并且呈线性急剧上升，这表示山脉从近 1 英里处陡峭上升到了 55 英尺高。然后，我们就辨认出了清澈海水中那海底山脉的最高峰。在我们周围，数以百计的水母和其他浮游动物为食的小鱼聚集在海山周围的水面，飞溅起水花，搅乱了平静的水面。

　　突然，呜的一声，捕猎者猛地冲进了鱼群中，小鱼四散开来，试图避免被吃掉。捕猎者可能是鲯鳅（dolphinfish），在西班牙语里称为 dorado，这种掠食性鱼类呈明亮的黄绿色，背鳍巨大，延伸到背部，此特征区别于呼吸空气的齿鲸和海豚这种哺乳动物。然后，拥有球状头部的雄性鲯鳅急速掠过水面，当它的流线型身体穿过水面追赶飞鱼时，可以隐约看见鲯鳅，它飞向空中，又瞬间落下来，然后靠近海面游动，接下来，通过尾部下叶在水面上快速震动把自己再次推向空中。这个地方到处都是鱼，但是，很快就天黑了，我们得等到第二天早上才能找到双髻鲨。

　　黎明时分，海面十分平静。我们分成两组，每组 3 位潜水员和 1 位巴拿马独木舟驾驶员。唐、弗利普和我在一组。泰德·鲁里森、杰里迈尔·沙利文和费利佩·加尔万·马加纳（Felipe Galvan-Magaña）为第二组。来自墨西哥的费利佩·加尔万·马加纳是早年的毕业生，他也对鲨鱼很感兴趣。我们的第一个想法是游过海山，一旦看到岩石山脊，我们就得不停地疯狂踢水以维持身体的位置，以防被冲出海山。海山的水流速度通常是世界纪录保持者游泳速度的两倍，想要逆着水流游过去是不可能的。我们知道自己经过了海山是因为栖息在岩石的虾发出的咔哒声随着我们身下海底的消失而渐渐消失了。

　　我们接下来的计划是沿着水流过来的方向行驶，观察回声探测仪，看到海底开始下降时，入水，顺着水流穿过海山。我们将模仿浮游动物，不断地被水流运过海山。我们中的 3 人站成一条与水流方向垂直的直线，正好可以看见彼此，轮流潜入水中寻找双髻鲨。驾船员要时刻集中注意力保证我们几个在视线范围内。每位潜水员都面临着被冲走或失踪的危险，这比遭到鲨鱼袭击更加危险。

　　我们一进入海山的上升流，就迅速四处寻找双髻鲨。在我们的视线所及之处，有成群的小鱼跑来跑去，吞食了许多小水母、虾或者水中出生的幼虫。后者会分泌极小的黏液状丝网，通过拍打尾部汲水并俘虏微型物种。我们可以看见黄色鱼鳍的鲳鲹（pompano），银绿色的鲕鱼，子弹状的鲭鱼（mackerel）。当我们漂流到海山时，突然看见一大群密密麻麻的笛鲷（snapper）。这些掠食性鱼类白天成群结队，晚上则单独捕食。

　　蝠鲼两翼尖相隔 20 英尺，偶尔会在我们的船头前面露出水面。当我们靠近时，它们会慢慢翻个筋斗，露出高度反光的腹侧。要么是它们想更好地看到我们，要么是想用腹部反射的亮光吓我们。在它们中，我们可以看见一两条鲫鱼（remora），一种长条形灰色的鱼，下方有个像马桶拔子一样的吸盘吸附在蝠鲼的皮肤上。我们经过一群小的狐鲣鱼（bonito tuna），鱼群有 100 码长、25 码宽。如果我们离鱼群太近，一条黑边鳍真鲨就会猛冲向我们面前，弓起背部，两颌上下移动挑衅我们，这让我想起了牧羊人保护自己的羊群，鲨鱼似乎在保护自己的食物来源。

　　这个旅程期间，我们曾见过一条有蓝色斑点的鲸鲨（whale shark）。与直接呼吸空气的哺乳动物鲸鱼不同，这种鲨鱼用鳃呼吸水中的氧气，是海洋里最大的鱼类。与鲸鱼仅有的相似之处是它的个体大小以及以浮游动物为食的习性。但是，与须鲸不同的是，鲸鲨也经常以小鱼为食。泰德向鲸鲨游去。他穿着脚蹼的身长肯定有 8 英尺，鲨鱼体长是他的 5 倍，接近 40 英尺。

　　接着，一大群双髻鲨进入了视野中。我们目光所及之处的鲨鱼数量如此庞大，不可能数得清。即使水很清澈，但双髻鲨身体的灰色，从顶部深灰色渐变至底部的浅灰色，使它们经常会融进背景里。当受到上方阳光的照射时，深灰色似乎浅了一些，这种颜色和暗面较浅的灰色搭配得十分完美。

　　虽然这种协调的灰色会让猎物难以发现它，但是当鲨鱼需要看到自己的同伴时，这种颜色就是个劣势。鲨鱼群里的某条鲨鱼有时会从自己的位置中加速游出，做一个复杂的"体操"动作，产生独特的一系列光脉冲反射到鲨鱼的身体上。这总能吸引我的注意，所以肯定也能吸引其他鲨鱼的注意。这些鲨鱼不仅呈队形游动，它们还相互影响，或许还会以一种奇怪但充满智慧的方式相互交流。鲨鱼经常会加速向上或向下游动，又不时地间歇性摆头并摇动身体前部，摆动有时连续，有时不连续，有时向一边摇动，也有时向两边摇动。

　　鲨鱼的所有行为中，最像杂技表演的行为类似于人类体操运动员的后空翻和转体。我把这个行为叫作螺旋回转（corkscrew）。这个动作，鲨鱼爆发性加速进入一个直径小于体长的圆形路径，身体快速扭转一圈。鲨鱼在几秒钟之内完成了这个体操动作。同样引人注目的是鲨鱼的躯干推力，鲨鱼猛地把自己往前推动，尾巴夸张地拍打着，推动身体中段，鳍脚旋转到一边。这三个动作每个都引发光脉冲反射到鲨鱼的腹部，在很远的地方都可以看见。我认为这些动作是针对群里的同伴发出的一种信号。

图 3　鲨鱼的螺旋回转

在螺旋回转里，雌性双髻鲨加速进入环形轨道，身体旋转一圈。螺旋回转是一种威胁性动作，作用在于驱赶较小的附属雌鲨远离群体中心，让更具优势的体形较大的雌鲨受到求偶的雄鲨的关注。[感谢布莱克维尔（Blackwell）出版社的提供]

我想知道群体里鲨鱼的性别。这个信息可以帮助我们了解群体的功能。它们是动物求偶场，成群的雄鲨相互竞争以接近雌鲨吗？这种群居系统在鸟类和哺乳动物里十分常见。为了确定这一点，我需要进行水肺潜水，游到群体中，保持身体直立，观察每条鲨鱼的腹面。（正如之前解释的那样，雄鲨和雌鲨的不同之处在于，雄鲨有两个鳍脚，交配时用于插入雌鲨的生殖腔。）群里所有的双髻鲨几乎都是雌性的。我在距离它们一臂之长的距离观察，许多雌鲨头顶都有白色的撞伤，身体前部分覆盖着的齿状鳞片也被刮掉了。在它们颌部的腹侧，我注意到了同样形状的暗色块，我认为这些伤口是相似的，但是在愈合的时候颜色加深了。

当我看到一条鲨鱼突然向下游动，用自己的口鼻部袭击身下鲨鱼的背部时，这些伤痕的起因就显而易见了。后来，我注意到其他鲨鱼在做螺旋回转这个动作时，碰到旁边鲨鱼的背部才会停下来。这些雌鲨在互相争斗。但是它们为什么打架呢？类似松鸡等雄性鸟类在争夺空间一样，鲨鱼是为了竞争在鲨鱼群里的中心地位吗？雄性鲨鱼会不会是进入鲨鱼群后，用躯体推力展示它们的性能力，然后选择鲨鱼群里最大的雌鲨呢？为了找出这些答案，我需要想出某种办法测量鲨鱼的体型。我还需要录像设备以便记录鲨鱼的行为，然后在实验室反复分析。

第一天在海山吃午饭时，唐和我讨论估测海山鲨鱼群大小的方法。午饭对"胡安·迪奥斯·巴蒂兹"船上的工作来说，总是种阻碍。按墨西哥的习俗，厨师总想准备丰盛的大餐，而我们只想快速吃完回到工作。为了准备这次航程，我的妻子给我腌了几十个煮鸡蛋，装在 4 个 1 加仑的容器里。我可以供应我们巡航期间每人每顿午餐吃到两个鸡蛋。不幸的是，唐、泰德和弗利普讨厌我的营养丰富但臭熏熏的腌鸡蛋，反而喜欢吃花生酱和果酱玉米饼。我们一边吃着各自的食物，一边讨论如何通过用颜色编码的标签来估测鲨鱼的数量。

几年来，生态学家用一种叫林肯指数的方法来估计动物种群的大小。你可以用这个统计样本技术来估计桌上弹珠的数目。假设你面前有 100 颗玻璃弹珠。拿 10 颗放到一边，喷上红色颜料晾干，再把它们和其他弹珠混到一起。现在闭上眼睛，从桌子上不同的位置拿出 10 颗弹珠，放到一边，睁开眼睛，看桌边的弹珠，你会看到 1 颗红色的和 9 颗无色的。这是因为 10 颗标记过的弹珠占所有弹珠的 1/10。因此，即使当桌上弹珠的数目改变了，你还是可以估计出你面前有多少弹珠，即通过分数计算。起初，弹珠没有喷色，简单地增加喷色混合弹珠的数目（此处的例子中是 10 颗），这些染色的弹珠（1 颗）会将你拿在手里的弹珠数目（此处的例子中是 10 颗）划分开来。也就是说，你涂上同样数目的弹珠，把这些涂色弹珠和桌上不知数目的弹珠混在一起。如果你拿起 10 颗弹珠，发现 10 个之中有 2 个是着色弹珠，那么桌上就有 50 颗弹珠。

　　我们计划用同样的方法来估测鲨鱼数。我们不能给鲨鱼着色，但是可以以另一种方式标记它们。我们可以潜水到鲨鱼群，选一条鲨鱼，给它系上颜色编码飘带或意大利面状标签。我们要带上顶端有小槽的杆枪，里面装有不锈钢小倒钩，上面系着不同颜色的小节条纹丝状乙烯管。倒钩会插入鲨鱼背部厚实的肌肉。于是，我们可以通过标签上独特的颜色代码来识别不同个体。我们不是采用拿起弹珠的方法，而是在海山附近漂浮，鲨鱼经过时，数有标记的鲨鱼和没有标记的鲨鱼。颜色编码是有必要的，以防我们数带有标记的同一条鲨鱼两次。

　　当然，第一个任务是在鲨鱼身上系这些彩色的标签。那晚，我做了 30 个标签。第二天早上，唐和我在每支杆枪上都挂上了标签。我们带上剩下的标签和插在橡胶腕带窄缝里的金属倒钩，彩色标签顺着我们的手臂流下来，像珠宝一样。我们从逆流而上的独木舟跳下来，开始顺水漂流。不久，大群的双髻鲨进入视野。我先潜入鲨鱼群里，而唐负责观察。我现在有些担心，因为我不再只是观察鲨鱼，而是要在鲨鱼背部插入尖锐的金属倒钩。如果鲨鱼转过头来试图咬我就可能会受伤。

　　当我游到鲨鱼群的深度时，鲨鱼群已经从我旁边经过。我来到水下一处相对安静的地方，看着远处游走的鲨鱼，我骂骂咧咧沮丧不已，咬着呼吸管。花了半分钟回到水面，我喘了几口气。我在水下太久了，急需氧气。唐表示很同情。他看到我错过了鲨鱼群。

　　接下来，我又游到水下 80 英尺处，看到一群鲨鱼正慢慢朝我的方向游来，我接着往下游，到了 90 英尺处，现在我周围全是鲨鱼。我开始慢慢地以同样的速度和同样的方向水平游泳，仿佛鲨鱼群里的一员。我挑了距离自己 6 英尺远的一条大型鲨鱼，使劲踢水想要赶上它。但是，它已经游到我够不着的地方了，所以我不得不再次向下游向另一条鲨鱼。我现在左手握着杆枪，右手拉着弹弓，把它绷紧。我右手紧握杆枪轴，然后伸出手臂，杆枪向下瞄准，把标签打在鲨鱼背部的顶鳍后侧。当杆枪顶端离鲨鱼背不到 1 英尺时，我松开弹弓，把标签射向鲨鱼背部。

"咻"的一声，杆枪碰到一条鲨鱼了。这条鲨鱼一被我插入标签，就突然往前加速以作回应。它猛地冲出了鲨鱼群，但是环游了一大圈后，便放慢了速度。等我回到水面时，它已经再次游到群里了，背上的标签清晰可见。

从水面轻易可见标签上蓝橙黄白一系列的颜色。我现在伸手拿戴在左手腕橡胶圈的第二打标签。唐游过来祝贺我。他说我这次潜水好像永远要待在水下了似的。这就是我在海山给鲨鱼做标记的方法。在给鲨鱼做标记时，我可以在下面待很长时间，因为我们的目标单一且迫切：把杆枪上的标签弄到鲨鱼身上去。

唐和我交替潜水到鲨鱼群给鲨鱼做标记。到上午结束时，我们已经给 21 条鲨鱼做好了标记。当天下午，我们潜水期间一共数了 225 条鲨鱼，只看到 9 个标签。我们用这次所观察的鲨鱼数量（225）除以带有标签个体的数量（9），用所得数字（25）乘以我们早上所系的标签数（21），估算到那天海山北部共有 525 条鲨鱼出现。许多鲨鱼聚集在海山北部斜坡这 1 英亩[①]、水深 80～110 英尺处——远远多于我们在水下待一天所能观察到的数量。

令人感到奇怪的是，在报道里危险不已的双髻鲨群里游泳时，我很少会害怕受到攻击。事实上，大众还是很害怕双髻鲨。巡航回来后不久，斯克里普斯新闻服务处给我发了一份剪报，报道了一名救生员看见当一条双髻鲨游近海岸时，一大群人蜂拥逃窜离开迈阿密南滩水域。那天在鲨鱼群中游泳，我疑惑为何人们会如此害怕鲨鱼。这些双髻鲨肯定不会吃人。大部分双髻鲨的体形还没超过一个成人，它们的嘴巴还不到 9 英寸。"食人

---

① 1 英亩≈4046.86 米$^2$。——译者

鲨"的头衔对路易氏双髻鲨以及世界上大部分的鲨鱼来说，真不是个合适的名字。我才刚刚开始研究，它们的群体行为最能引起我的好奇心。然而，即使是较小的物种攻击人类也是有动机的——捍卫个人领地。当双髻鲨独自游泳，有人冲向它，而它没有躲避的空间时，它就会攻击。任何鲨鱼（像许多其他动物一样）受到惊吓时都会选择其中一个行为：攻击或逃跑。另一方面，海山的同一条鲨鱼，在一群同伴的陪伴下一起游泳时，则会表现得很温驯。当然，双髻鲨有不同的种类，实际上有9种，从1码多长的双髻鲨到近20英尺长的大型双髻鲨，尺寸不一。路易氏双髻鲨是最常见的种类，通常大小与成年人类相仿，同属的种类体形相似。大双髻鲨很容易辨认，有凸出的镰形背鳍，通常独自游动，因而比集群的路易氏双髻鲨更有可能攻击人类。大双髻鲨的攻击可能是出于防御目的，因为相对于其体形来说，它的嘴巴较小。我捉到的一条双髻鲨，13英尺10英寸长，而下颌宽度只有12英寸，不足以吞下人类。

关于双髻鲨的研究才刚刚开始。

# 6　解密双髻鲨群

1979 年夏季期间，在我们到达圣埃斯皮里图海山（El Bajo Espíritu Santo）的第二天，我才开始思考为什么这些双髻鲨会这么大规模地聚集，又为什么会聚集在这个海山而非沿着海岸线或深海的广阔海域。当我游过这座海山，对居住在此的丰富物种啧啧称奇时，
诸如此类的问题便自然而然地浮现在我的脑海里，而探寻这些问题的答案也就是我博士研究的目的。

海山在海洋中很常见。这些水下山脉大部分是经过数千年的时间，由火山喷发时地壳喷出的玄武熔岩破坏地表而形成的完整岛屿。由于位于海底地壳下的熔岩从地幔喷出后还会再向前运动一段距离，因此这些岛屿形成的岩链形状会与海洋板块运动的方向大致平行。随着熔岩的增多，海山逐渐增高，上升到海平面以上，变成更大的岛屿并形成岛链（群岛），夏威夷群岛就是一个很典型的例子。海山为海洋鱼类提供了聚集场所。

那天的早些时候，我精力十分旺盛，潜水到 70 英尺，然后才停止打腿，让身体保持直立，静静凝视周围澄蓝如碧的海水。从我后面的方向看过去，可以看到圣埃斯皮里图海山的巨大圆形山顶。周围散布着一小群椭圆形的红嘴的斑副花鮨。它们不时向上猛冲，在水里带起了一团白色云雾向我漂来。许多雄鱼追逐着向上游动的雌鱼，同时释放出精子，与雌鱼排出的卵子结合。大量的受精卵使水变得浑浊不清，以至于在一段时间内我都无法看清几英尺以外的东西。在我面前不远处，我能依稀辨认出两条路易氏双髻鲨的轮廓。当我游到看不见海山的地方时，海水也变得清澈起来，让我能够看到更远的地方。现在，我看到一大群整齐有序的双髻鲨缓缓向我游来。鲨群本来在我前面游动，接着越过了我，最后将我甩在了后头。现在到处都是双髻鲨的身影。在我用一分半的时间换气的工夫它们就已经多得数不过来了。

我浮出水面呼吸新鲜空气，漂浮在温暖的海水中，不知道怎么解释为什么双髻鲨群会这么大规模地聚集。我想可能是因为鲣鱼（skipjack tuna）的缘故。这些比橄榄球小的鱼将自己藏身于橄榄球场那么长的鱼群中，总是出现在海山附近。海山周围有很多掠食者：黑边鳍真鲨、旗鱼（sailfish）、枪鱼（marlin）。总有两三条黑边鳍真鲨在鱼群外游荡，伺机逮住游在外围的几条鲣鱼。旗鱼和枪鱼也会出现在海山上方，缓缓地摆动胸鳍以停在原处。旗鱼是可怕的掠食者，它们会摆动长长的嘴，像是中世纪阔剑般的头部延长物，来来回回穿过鱼群，击中并捕食猎物。但是，我想不出有捕食成年双髻鲨并且在海山附近栖息的掠食者。只有一次，在很多年前，有个渔民曾经看到过一条大得足以吃下整条双髻鲨的大白鲨在海山上方的海面上缓缓游动。

科学家们通过观察圈养的几种鱼类，多次研究过这些明显是防御性的鱼群结构。细长的大海鲢（silverfish）、拟银汉鱼（topsmelt）、鳀鱼（anchovy）和鲱鱼（herring）经常成群活动。一小群这样的鱼被放置在一个装有照明灯和拍摄装置的实验玻璃箱里。照明灯位于水箱上方，照相机则置于水底，用于记录鱼群投射的阴影大小和位置。通过采集到的信息可以确定个体的大小、游泳方向以及彼此的距离。分析发现，鱼群中的鱼体形相近、彼此间紧紧依靠、朝着共同的方向同步游动。它们就像朝着战场行进的罗马军队，紧密有序。

我们正在观察的成群的路易氏双髻鲨的体形可比鲣鱼要大得多。唐和我的身高都是 6 英尺多一点。我们俩其中一人游在鲨鱼的下面或旁边时，另一人会在水面上往下看，以人的身高估计双髻鲨的大小。（当然了，我们两人的身高都是以英尺计的，所以后来我们不得不将数据换算成比较科学的长度单位——米。）我们发现，大部分的双髻鲨的长度和我们俩的身高相似，甚至更长。但是我们也注意到鲨群中还有一些体形较小的鲨鱼。同样让我们感兴趣的是，与金枪鱼（tuna）相比，鲨鱼的行动并不完全一致，就像早些时候说的"螺旋回转"那样，有的鲨鱼会时不时地来两个杂耍动作，比如翻身翻滚或是用跳水术语来说，就是转体一周（full twist）。但是，这些双髻鲨行动敏捷，以至于很难准确估计他们的体形和确切位置。这种鲨群和科学家们观测的小型鱼组成的具有防御性的鱼群不同，即便他们的身长和一名罗马士兵的身高相当，但确实并不像整齐行进的罗马军团那般有序。

如果此类鱼群不是为了防御，那集群的作用是什么呢？我们觉得有可能是为了交配。如果是为了这个目的的话，我们认为，鱼群中的所有成员都是适合交配的。但是如何确认这一点呢？首先我们得知道雄鲨和雌鲨繁殖成熟的时间跨度。这一点我可以通过测量当地渔民捕获的双髻鲨的长度并确定生殖器官的状态来得知。但是，想要获得鲨群中正在游动的鲨鱼的数据并非易事。

将人体作为参照只能获得鲨鱼的粗略估测数据。这样的数据实在太过粗糙。我们可以说，水下游的鲨鱼的长度与我们伙伴的身高大致相当或只有他身高的 3/4，却不能说鲨鱼的长度有潜水员身高的 7/10 或 9/10。我们需要一个更加精准的测量方法。

这种测量方法得到的结果不需要转换测量单位。科学家们都更喜欢用公制单位因为所有的这些单位都是以 10 为单位联系在一起的，比如 1 米等于 100 厘米（10 乘以 10），1 千米等于 1000 米。这使得进行乘法和除法运算更为简便。英式计量单位中两两之间并不是 10 的倍数，比如，1 英尺等于 12 英寸，3 英尺等于 1 码。

唐和我都认为将一条长杆作为量尺是个不错的主意。我们可以握着它游到水下，把杆放在双髻鲨旁来确定鲨鱼的大致长度。我把 10 厘米宽一掌长的黑色电工胶带每隔 10 厘米粘在黄色的杆上，这样就做成了一支黑黄相间的测量杆了。它看起来像一根 2 米长的纤细理发店旋转彩柱。

现在该出发去测量双髻鲨的长度了。我深吸了一口气，潜到 60 英尺下的鲨群上方，然后开始在一条雌鲨旁边游动。我将杆与它平齐，然后往回看它的尾巴在测量杆哪个位置。看准位置后，我又回过头去看它，但是出乎我意料，它已经游到杆的前头去了。我没有想到会出现这种情况，而且我得到的数据应该是错的。出现这种情况是因为，当我回头看它的尾部在量杆的哪个位置时，它一直在不停地向前游动。所以我们想出来的这个测量方法对行进中的鲨鱼不太奏效。

从墨西哥回来后，我问斯克里普斯研究所的同事有没有什么办法能准确测出一个远距离物体的尺寸。在我楼下的海洋生物楼里有一位科学家，他的工作是记录海洋中某一特定区域的动物密度或数量。我告诉他我需要一个方法去测量鲨群里行进中的双髻鲨的尺寸。他告诉我，那些利用潜水器潜入深海的生物学家前辈们也遇到过这样的问题。他们需要一个相当精确的测量方法，以便能使他们透过潜水器的观察口就能测量出海床上分布的生物体的尺寸。这些前辈们不能从潜水器里出去，然后在深海的冰冷高压环境下收集样本。所以他们利用一项叫作立体摄影的技术来确定远处物体的尺寸信息。

立体摄影的原理如下：首先利用一个装有两台一模一样相机的装置同时拍摄两张照片。这两台相机之间有一段已知的固定距离，用来作为测量远处物体的参照。操作者必须控制两台相机朝着同一个指定方向同时拍摄全景照片。然后，检查两张照片。两张照片上任何物体上的同一点都会有一定的距离，而这点微小的差距正好与两台相机的距离相对应。我们测量了一张照片上鲨鱼从鼻子到尾部的距离，得到这个距离与两台相机间的距离的比例，然后通过刚才的比率计算出鲨鱼的实际长度。下面我会结合一个示意图来进行说明，让你更了解如何利用立体摄影技术测量游动中的双髻鲨的尺寸。

我很快便发现无法找到合适价位的海洋立体摄影设备。而且，对我来说买两台相机太贵了。庆幸的是，美国国家地理学会借给我两台尼康诺斯水下照相机，让我研究双髻鲨。我将两台相机分别用角铝固定，互相间隔半米，再用螺栓将相机固定在三脚架上。我又买了一个取景器，把它安装在其中一台相机的顶部以确保拍摄的双髻鲨图像处于中心位置。这两个摄像头由塑料涂层的不锈钢电缆触发拍照，该电缆穿过尼龙衬里的金属箍，连接着触发器，而触发器又依次地连接着从角铝处向下延伸的两个控键中的其中一个控键。这个塑料套圈是我从一根旧的钓鱼竿上取下来的。不锈钢电缆连接着相机触发器。我又去了当地一家自行车店转了转，买回来两个螺丝扣，用来调整钢管和相机的距离以便两个相机能同时拍摄。

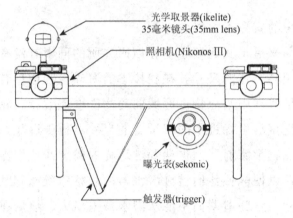

图 4　立体摄影技术示意图

我通过立体摄影技术测量游动中的双髻鲨的长度。装置上有两台用角铝固定的照相机，我通过两个把手来控制它们。我用取景器选中一条鲨鱼后，按下触发器，同时拍摄两张照片。第二台相机拍摄的照片中，鲨鱼所处的位置要比第一台相机拍摄照片中的位置要稍稍靠后些。而两张照片中某一点的位置之差正好与两台相机的距离相对应，从而可以作为测量的参照。（感谢斯普林格出版社提供的图片）

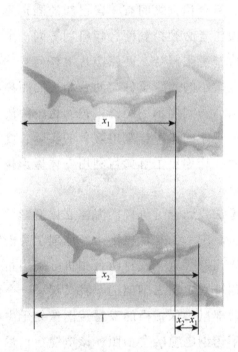

图 5　通过立体摄影技术拍摄的同一条雌鲨的照片

这两张是通过立体摄影技术拍摄的同一条雌鲨的照片。可以看到，比起下面一张图，上面的图中它的鼻子要稍稍靠左一些。以这两张图为例，两张图中鲨鱼鼻子所处位置之差（$x_2$ 减去 $x_1$）就相当于半米的距离。通过算出参考距离（$x_2-x_1$）与相片里鲨鱼的长度的倍数，便可以测到整条鲨鱼的长度。（照片由作者拍摄）

1980 年的夏天，我在加利福尼亚湾考察时买了一台立体相机。那时史蒂夫·布朗（Steve Brown）加入了我的考察之旅。他毕业于加利福尼亚大学，是个有点害羞但很有天赋的音乐家，更重要的是，他聪明能干，同样对鲨鱼行为有着浓厚的兴趣。他现在在佛罗里达州自然资源部（Florida Department of Natural Resources）工作，专门监管当地的鲨鱼业。当时跟着我的还有 16 岁的斯科特·迈克尔斯（Scott Michaels）。尽管他在远离海洋和鲨鱼的内布拉斯加州（Nebraska）长大，但年纪轻轻就已经对鲨鱼的各种知识了解得十分详尽。在我的经历中，这种情况经常发生：那些来自平原或山区，几乎看不到鲨鱼的人往往对鲨鱼的兴趣最大。我曾了解到有来自科罗拉多州（Colorado）、捷克斯洛伐克（Czechoslovakia）、加拿大内陆地区（interior of Canada）、德国（Germany）和瑞士（Switzerland）等地方的人们更想要了解鲨鱼。

这一年，我们在距离海山只有 12 英里的帕底托岛（Isla Pardito）上扎了个帐篷。这里地理位置偏远，差不多处在拉巴斯和洛雷托（Loreto）这两个城市的中间，沿着巴哈半岛海岸，距离两地都超过了 150 英里。陆地在 7 英里之外，那里是由无法通行的峭壁形成的群山，周围是闷热干燥的沙漠。我们所在的岛只有橄榄球场般大小，位于弗朗西斯科多岛（Isla Francisquito）和圣约瑟岛（Isla San José）之间的水道。这两个大一些的岛正好挡住了来自大海的劲风，也使得渔民们在附近海域猎捕鲨鱼时更安全些。当地人称这些渔民为"彭斯加多"（pescadores），他们脸上布满了风吹日晒形成的皱纹，每天都会冒险进入周边海域，长长的独木舟里装满了巨大的塑料单丝网。这些网具能抓到很多种鲨鱼，从小型的加利福尼亚星鲨（gray smoothhound）或鳍上有硬棘的虎鲨（horn shark），到大型的黑边鳍真鲨、镰状真鲨和双髻鲨，偶尔还能捕到巨大的鼬鲨和大白鲨。

墨西哥湾战争时期的某个逃亡者来到了这座小岛，现在他的三个儿子都在这儿组建了家庭。他们十分亲切友好，这在一定程度上是由于生活极度与世隔绝，因为离这最近的镇子在对岸。他们三个很高大，每天花许多时间捕鱼，也和我们一样对鱼类的活动十分感兴趣。他们有四五条船，不出海的时候就把它们拖到小小的新月状沙滩上。沙滩后方有一间长形的茅草屋，用来存放盐渍过的鲨鱼肉和捕具。海滩边的山丘斜坡上有一座混凝土搭建的方形建筑，被当作公共餐厅。斜坡上长着烛台一般的仙人掌，其间散布着三四座小屋子，里头住着岛上四十五号人。山丘的顶部有一座小教堂，小教堂的屋顶上有一个白色的十字架。每周都有一个男人从拉巴斯划着小船过来，运走一些新制的盐渍鲨鱼片。作为交换，这个商人会留下几大壶淡水，因为岛上并没有自然淡水源，有时还会留下一桶55加仑的汽油，因为渔民需要汽油运转外置的发动机。

我们在小岛另一头的沙滩边搭了一个大大的方形帐篷。帐篷的一边有足够的空间铺开我们的睡袋，另一边是两张折叠椅，上面放着水下摄影机的监视器，用来监控拍摄到的鲨鱼画面。帐篷外面是用四条杆撑起来，顶上盖着防水布的工作点，和帐篷差不多大小。这里放了两张折叠桌，一张桌子上面摆着洗胶卷的工具以及观察立体照片的显微镜，另一张是我们做饭用的炉子。在帐篷里，我们有很好的私人空间，但是晚上睡觉的时候，岛上居民会把岩岸当浴室使用，这导致我们经常被他们起夜的声音吵醒。

在客居小岛的这段夏日时光里，我们大部分的时间都用来乘小舟前去观察海山。我们用立体相机拍下照片以便确定照片中双髻鲨的尺寸，同时录下视频来描述双髻鲨在鲨群中的行为。有时海上会风浪大作，无法出行，这时我们就待在帐篷里分析拍到的样本。傍晚时分渔民们会拖着战利品回来，我们便会掐着时间过去检查新捕的双髻鲨的生殖器并测量它们的身体尺寸。

早晨，初升的太阳照亮了沙滩和周围的海水，我们推着装有潜水装备和摄像机的小船离开海滩。舵手拉起绳子，发动引擎，驶出两岛之间的海峡，朝着海山进发。我们到的时候天还很早，海面平滑如镜，不时有鱚鳅追逐飞鱼划过水面的身影。视线所及之处，除了我们再无他人。史蒂夫或斯科特中的一人会跳入水中用立体相机拍照，而我则潜入水中录制视频。剩下的一人留在船上，缓缓划船，紧跟水中的两人。海面下就是双髻鲨，它们经常贴着水面游动以至于船上的人伸出手就能摸到它们。这时就可以在靠近海面的地方拍摄立体照片了。鲨鱼们从我身边经过时，经常抬起它们相距甚远的大眼睛打量我。它们在观察我，而我也在观察它们。

夏去秋来，海水变得跟洗澡水一样温暖，这时鲨群就迁移到温跃层以下较冷的水域。海水温度也会影响鲨鱼的地理分布。礁鲨[真鲨科（Carcharhinidae）的种类]和双髻鲨[双髻鲨科（Sphyrnidae）]会在夏天海水升温时洄游到温带地区，但在冬天会返回温暖的水域。举个例子，路氏双髻鲨会在晚春时节进入加利福尼亚湾，一直待到晚秋——那儿冬天的水温在 70 华氏度以下，这是很多鲨鱼种类的水温下限。在温暖的夏天，有些独居的路氏双髻鲨偶尔还会游到北方的圣迭戈去，那里夏末的水温是一年中最高的。

史蒂夫和斯科特整天轮流到水下去拍摄鲨群中的个体。他们会把设备带到与鲨群平行的位置才开始拍摄。拍摄时，先将铝制的横梁与拍摄目标保持平行，然后紧握手柄和触发器准备拍照。

与此同时，我带着笨重的水下防护装置一次又一次地游到鲨群附近进行拍摄。我几乎不怎么打腿，保持在原地，有时又会快速打腿推动自己向前，以保持和鲨鱼相同的游动速度。水下防护装置很重，有 50 多磅，由防水外壳包裹着一个照相机和一个记录盒。装置前端有一个圆柱形的有机玻璃端口，端口顶端有多个旋钮，用于调节画面亮度或拉近镜头拍摄某个有趣画面。

拍摄鲨鱼是个体力活。我一次又一次地推着相机潜到六七十英尺的水下，拍摄一分半的时间，再一边慢慢浮上来，一边呼气。这非常消耗体力，但能和鲨鱼们日复一日地相处让人十分兴奋。

回到帐篷后，我们穿过沙滩去找三兄弟，他们已经把捕来的鲨鱼分成几堆了。此刻，他们正迅速高效地把当天捕获的鲨鱼切成片。我用量尺测量了每条鲨鱼从鼻尖到尾尖的长度。这种方法叫作测量"全长"。然后我把卡尺的两个测量脚一个放在鳍脚顶端，另一个移到鳍脚底端来测量长度。雄鲨的性成熟程度是这样确定的：在坐标轴上，我把鳍脚长度设为 $x$，鲨鱼全长设为 $y$，由此画出了一个坐标图。图上的点显示了不同长度双髻鲨的鳍脚的大小。这些点成组成了一条上升的斜线，也就是说，鳍脚长度会随着鲨鱼体型的增长而增长。但是这些点又不完全与画出的斜线重合，有的点甚至在斜线上方，这表明在某一阶段，鳍脚的生长速度要比身体生长速度快些。这与女性的青春期有些相似，乳房的发育速度要快于身高的增长。鳍脚软骨的硬化伴随着雄鲨鳍脚的迅速生长。最能证明生殖成熟的是精囊的形成，它是一个装有精子的囊状体，位于连接两个鳍脚中部的管状中。我查看了雄鲨身上所有代表生殖成熟的标志，发现雄性双髻鲨生长至170 厘米，即 5 英尺 7 英寸时，才开始达到生殖成熟。

用来判断雌性鲨鱼性成熟度（reproductive readiness）的方法要容易一些。我在沙滩上把每一条雌鲨的子宫（uteru）取出来，以便测量其中的卵子（ovum 或 egg）的大小。成熟的雌鲨排出的卵大小各异。我移动游标卡尺的两个量爪，使其贴近每个卵的顶部和底部。然后我像之前对雄鲨做过的分析那样，以卵的长度为横坐标、雌鲨的体长为纵坐标作图。体形较小的雌鲨的卵径也较小，横坐标轴起始处有一些散点，这意味着有些雌鲨达到生殖成熟时，体形仍较小，但大多数体形都较大。我发现，当雌鲨生长至 214 厘米，即 7 英尺时，才开始达到生殖成熟。这产生了一件让人十分好奇的事情：在达到生殖成熟时，雌鲨比雄鲨大约长 1.5 英尺。我开始思考为什么会出现这样的情况。

海上天气不好的时候，我们就待在帐篷里分析照片。这个时候，史蒂夫和斯科特会用显微镜观察照片，设置好比率后，把一个类似镜面的设备——像片转绘仪（camera lucida）放在照片上方来观察。两张照片中，双髻鲨的位置有所不同，当你不停切换两张照片时，这种区别尤为明显。拍摄时，如果不用取景器取景，那么拍出来的照片上双髻鲨的鼻子会偏向一侧。测量时，在投影描绘器上叠加一个刻度可以更准确地测出这一小段距离，而这个距离等于两台照相机之间 50 厘米的距离。然后他们在显微镜下量出照片中双髻鲨从鼻子到尾巴的长度，并进一步用刚刚得到的两张照片中鲨鱼的鼻子位置之差计算出照片上整条鲨鱼的长度，再以 50 厘米为基准计算出鲨鱼的实际长度。

例如，我们测量过的鲨群中最大的一条鲨鱼是这个基准的 7 倍。这是游过戈尔达海山（El Bajo Gorda）（距离巴哈半岛不远的教堂处，外形似塔尖）的鲨鱼群中体形颇为庞大的一条雌鲨。这条雌鲨身长 3.5 米，即 50 厘米的 7 倍。事实上，我们后来对它眼睛的轴线处做了些微聚合处理，结果它的总长度又增加了，变成了 371 厘米，即 12 英尺 2 英寸，达到了我身高的两倍。真是条庞然大物啊！

　　然而体形这么大的双髻鲨在鲨群中并不常见。根据我们的测量结果，3/4 的雌鲨体长都小于 219 厘米或 7 英尺。当雌鲨长到这个大小时便已经达到生殖成熟了。鲨群中多数雌鲨都未达到生殖成熟，这与我们之前推断的鲨鱼聚集在此是为了交配的推测大相径庭。

　　雌鲨在鲨群中更为常见。我曾经连续三年潜入更深的海底观察鲨群的性别分布。我快速地穿过鲨群游到它们下方，然后一边绷直双腿慢慢往上浮，一边观察鲨鱼腹部是否有鳍脚。有几次我带了一个小型气瓶下水，以便延长在水下的时间，游到更深的地方去观察。有了这个气瓶以后，我不需要深吸一口气再下水，而是可以在水中换气，毕竟游得更深，海水压力就越大，肺里的空气被进一步压缩，肺部也会更加难受。海底是一片广阔的海底高原，有 120 英尺深。海山从海底高原一直向上延伸，山顶几乎接近海面。我开始向上游动，经过鲨群的时候，我缓缓呼出一口气。

　　第一年（1979 年）考察这座海山附近的双髻鲨时，我和唐纳德·纳尔逊一共数了 155 条雌鲨，55 条雄鲨。到了第二年和第三年（1980 年和 1981 年）的时候，我通过抽查分别观测到 72 条雌鲨，13 条雄鲨，以及 120 条雌鲨和 20 条雄鲨。这个数据让我开始思考，可能这样一个性别比例差异悬殊且雌鲨大多数未达到生殖成熟的鲨群聚集在此，并不是为了繁衍后代。也许是雌鲨为了少数的雄鲨而相互竞争。在雌鲨数量众多的鲨群中，它们要如何吸引雄鲨的注意呢？

　　在帕底托岛的营地里，斯科特和史蒂夫在默默记录着拍下的鲨鱼尺寸，而我则看了好几小时关于鲨鱼行为的视频。或许这些视频能让我们更深入地了解鲨群的功能。通过视频，我发现，鲨群的内部一点都不平静。首先，许多雌鲨头部砂纸般的皮肤上都有被磨掉的地方，形成了椭圆形的擦伤。这些伤痕一开始是白色的，等到慢慢愈合时就变成了黑色。在其他雌鲨鼻子下侧靠近嘴部的地方也能看到明显的类似伤痕。这些伤痕恐怕不是交配时雄性爱的啃咬。有 3/4 带有此类伤痕的雌鲨身长都未达到生殖成熟的标准——7 英尺，所以雄鲨们还不至于去弄伤这些仍处于生长期的雌鲨。

　　我注意到，有时雌鲨会突然用下颌从侧面撞击身旁的鲨鱼，或是用背鳍向前撞击。或许是这种行为导致了伤疤的出现，我推测做出此类行为的都是鲨群中体形较大且富有攻击力的雌鲨。但是这一点很难验证，因为这些行为都是瞬间的，下一秒鲨群就游到别处去了。鲨鱼间也会互相交流，尤其是表演某种螺旋式"杂技"后，这些擦痕便会产生。一条双髻鲨可能会突然沿着环形轨迹游动并扭转躯干，然后用鼻子下部撞击它下方的鲨鱼，留下撞痕，以此作为交流方式。视频是个很有效的工具，我可以一遍一遍慢速回放观察。它们的这些行为与游泳比赛中跳台跳水运动员展示的反身翻转（reverse somersault）和转体一周有些相似。通过视频，我发现鲨鱼经常这样与其他成员交流，并观察每一条鲨鱼是否有鳍脚以确定它们的性别。通过观察，我可以确定，大部分做了"螺旋回转"和"身体撞击"这两个动作的双髻鲨都是雌性。

　　每当有雌鲨做这两个动作时，她身旁的其余雌鲨都会朝着不同方向迅速游开。我把这个行为称作"加速前进"（acceleration），即爆发式的突然游动，同时迅速地摆动头部。更远一些的雌鲨则会做"摇头"（head shake）动作，即连续快速地大幅度来回摆头，然后猛地加速向前游动。

　　我给这一系列动作画了一个流程图。然后工程师会根据这张图在电脑上做出连续的动画。流程图中，两个动作间箭头的宽度代表两个动作连续发生的频率。或许这个方法能够解释双髻鲨在鲨群中的行为。

　　我们很快便找到了答案。我们发现，每当有双髻鲨"撞击"身旁的鲨鱼，它身旁的这些鲨鱼便会"加速前进"，有时还会"摇头"，然后四散而去。如果有鲨鱼做"螺旋回转"这个动作，它身旁的鲨鱼也会"摇头"和"加速前进"，但频率会小一些。我推测"螺旋回转"是一个信号，它和"身体撞击"的相同之处是，这个动作迫使身旁的其余鲨鱼离开了自己所处的舒适带——鲨群中心，但不同的是，"螺旋回转"避免了身体接触以及可能带来的损伤。每当有鲨鱼做"螺旋回转"后，"加速前进"离开的鲨鱼都是较之体形较小的，而"摇头"离开的鲨鱼与做"螺旋回转"的鲨鱼在体形上差别没那么大。通过行为分析，头鲨也可能对这种攻击—逃跑行为做出反应（迎击或是游走）。当头鲨无法确认发起进攻的鲨鱼的体形大小时，便会做出回应。当有体形较大的鲨鱼游到鲨群边缘时，头鲨会朝着这个攻击者游过去（进攻倾向），或是游到别处（逃跑倾向），这两种行为交替发生。

图 6　双髻鲨在鲨群中的行为流程图

这条雄性双髻鲨展示了它的"躯干推力"（torso thrust）的动作，包括向左右两侧扭曲腹部，同时转动鳍脚以吸引鲨群中占主导地位的雌鲨的注意。如果雄鲨成功吸引了雌鲨的注意，雌鲨便会与雄鲨一起离开鲨群，去其他地方完成交配。（感谢布莱克维尔出版社的支持）

　　我们发现，鲨群中的雌性似乎是为了争夺鲨群的中心地位而互相争斗。但是为什么会这样呢？我注意到，雄鲨通常会爆发性地游到鲨群中心，当它进入鲨群后，便把尾巴向一侧甩动，身体甩向另一边。在这样一种不平衡的动作下，雄鲨的身体稍稍倾斜，同时鳍脚转到一边。雄鲨此举难道是为了和鲨群中心占主导地位的雌鲨配对吗？平时作为信号的动作在其他情况下会被夸大以作他用。转动鳍脚能够使虹吸囊充满水分，这个动作是否会成功吸引雌鲨呢？扭动躯体的雄鲨会选中一条雌鲨，在它身边游动，然后一起离开鲨群。但让我不解的是，我从来没看到过任何一对双髻鲨在海山附近交配。但曾有其他生物在此交配过。交配时，雄鲨会加速游到与其配对的雌鲨身边，咬住它的胸鳍，翻身将腹部弯向雌鲨，然后将鳍脚插入雌鲨的生殖孔。当雄鲨插入鳍脚后，这对双髻鲨便会停止游动，慢慢地沉到海底。

　　如果鲨鱼之间互相争斗是为了在鲨群中获得有利位置，而争斗的成功与否取决于这些"战士们"的体形大小，那么一旦获胜就意味着能够接近鲨群中心那些体形更大的鲨鱼了（体形最大的鲨鱼往往处在鲨群的中央位置）。同时，获胜的那一方还会得到跻身鲨群"统治阶级"的资格。我要如何确认这一点呢？立体相机能帮我解答这个问题。通过对照片进行一些额外的测量，我可以确定照片上的任意一个点在以相机为中心的三轴坐标系中的位置。三线轴由 $x$ 轴、$y$ 轴和 $z$ 轴构成。$x$ 轴和 $y$ 轴位于摄像头中心的水平平面上，互相垂直，$z$ 轴与两轴相交，垂直于水体。

我们有必要弄清楚鲨群顶端的鲨鱼体形是否要比内部的个体要小，或者鲨群边缘的鲨鱼是否要比靠近鲨群中心的鲨鱼体形要小。首先，我游到鲨群顶部，从上往下朝中部拍摄了一组立体照片，然后我游到鲨群旁边，朝着鲨群中心直接拍摄了一组照片。我们在照片中选取了一条处在最外围的鲨鱼作为参照，利用这条鲨鱼与其他任意一条鲨鱼的距离来推断所观测的鲨鱼在鲨群中的位置。

我们发现，无论是从上往下拍摄还是游到鲨群边水平拍摄，每深入鲨鱼群 1 米，双髻鲨的长度就会增加 16 厘米即 6 英寸。鲨群从外至内，鲨鱼们的体形都有不小的差距：在一个宽达 10 条鲨鱼那么长的鲨群中，处在中心的鲨鱼要比处在边缘的鲨鱼长 2.5 英尺。现在一切似乎都讲得通了，体形较大的雌鲨会赶走体形较小的，在鲨群中心获得一席之地，以便得到雄鲨的垂青。这是一个复杂的求偶仪式。而鲨群存在的意义就在于让体形较大的雌鲨与雄鲨配对。

海山附近，大量的雌鲨形成巨大的鱼群让我觉得匪夷所思。为什么没有更多的雄鲨加入鲨群呢？那些雄鲨又去了哪儿呢？一开始，雌鲨产下的雄性幼鲨和雌性幼鲨，其数量是相等的。渔民们告诉了我们他们撒网捕捉双髻鲨的水深。在距离海面 50 米深的范围内，渔民抓到的大多是雄鲨，而非雌鲨。这说明雄性双髻鲨更喜欢待在靠近海滩的浅水区，或许那里其他种类的大型鲨鱼带来的威胁会少一些。而雌鲨则会选择待在远离海滩的水域，那里的食物更丰富些。

我检查了那三兄弟捕获的双髻鲨的胃部，看看它们吃了什么。这是个脏活。我用小刀切开它们的胃部，将胃里的东西放在一个塑料袋里。接着，我开始辨别胃含物的种类并分别计数，测量每一种的体积，再将分好类的每种胃含物分别放入装着水的刻度烧杯，烧杯中水上升的体积即为胃含物的体积。我们会通过这些指标得到鲨鱼食物的优先级。

我从其他学者的研究中了解到了双髻鲨捕食对象的栖息地。比如，许多乌贼都喜欢晚上到海面游动，而白天则待在深海。渔民们捕获的雌性双髻鲨与海山附近独来独往的较小的双髻鲨体形相似，它们的胃部都是深海乌贼（deepwater squid）。而相同体形的雄鲨胃部则都是底栖鱼，这说明此种体形的雄性双髻鲨多数时间待在海滩附近的区域。更重要的是，渔民们离岸捕获的小型雌双髻鲨的胃部要比雄双髻鲨更鼓胀一些，这说明雌性双髻鲨离岸迁移后比雄双髻鲨更能喂饱自己。

我意识到，雌性双髻鲨离开海岸可能是为了吃得更多，以便长得比雄鲨快。我在前面提到过，雌性双髻鲨达到性成熟的时候比雄性长 1.5 英尺，即雌性 7 英尺，雄性 5 英尺 7 英寸。我的同事弗兰克·施瓦茨（Frank Schwartz）发现，雌鲨比雄鲨长得快。他测量双髻鲨的体长，用脊椎骨上同心环的数量来估算它们的年龄，之后再计算体长和年龄的关系。海水温度的季节性变化决定了每条双髻鲨全年的捕食速度，这导致同心环内的沉积物形成梯度变化。双髻鲨脊椎上的同心环与树的年轮有些相似。

雌鲨迁往不同的栖息地，可能是为了长得比雄鲨更快，因为它们需要比雄性更大才能成功地繁衍后代。胚胎可以占据一条雌鲨 1/3 的体重，因此雌鲨需要更多的能量滋养胚胎，而雄鲨的生殖投入只是提供少许精子。或许这也是性成熟之后雌鲨还要继续长得更大一些，而雄鲨只增长了一点的原因。体形更大的雌鲨有繁殖优势，因为雌鲨产下后代的数量与体重直接相关。最小的雌双髻鲨一次只能产出十多个幼仔，而最大的雌双髻鲨一次能产下四十多个。

我怀疑雌性路易氏双髻鲨与雄鲨分开，是为了生长得更快。这样它们就能达到与大致同龄的雄鲨繁殖所需的更大体形，也能将终生繁殖的后代数量与雄鲨相匹配。与这个理论一致的是，与孕育胚胎相比，产卵的那少数几条鲨鱼生长所需的能量更少，因此产卵时的雌鲨很少与雄鲨分离。路易氏双髻鲨是个特别的种类，雌性双髻鲨在解剖学、生理学和行为学上与雄性双髻鲨有着巨大的差异，它们甚至看起来都不像是同一物种。正如古话所说，雌鲨也许不会"比雄鲨更加致命"，但它确实是解开这一物种集群之谜的关键。

# 7 戈尔达海山拥挤的鲨鱼

从 1980 年 11 月到 1981 年 7 月，我四次到加利福尼亚湾进行季节性考察。每次考察我都会前往 6 个出现过双髻鲨群的地方，分布在洛雷托向南 250 英里的海岸线上，大约相当于从洛雷托到海角圣何塞（San José del Cabo）2/3 的距离，海角圣何塞位于拇指状巴哈半岛的尖端，靠近卡波圣卢卡斯（Cabo San Lucas）。我们的目的地是两座海山——离拉巴斯最近的圣埃斯皮里图海山以及离海角圣何塞最近的戈尔达海山。在我们去过的四个小岛中，丹泽特岛（Danzante）和埃尔索里塔里奥岛（El Solitario）离洛雷托近些，而拉斯阿尼马斯岛与塞拉尔沃岛则离拉巴斯近一些。我乘着小船先后去了几趟洛雷托附近有双髻鲨出没的地方，又在当天返回。然后我们拜访了拉巴斯附近的那些研究基地，坐着拉巴斯海洋研究所海洋科学跨学科中心实验室的小船"胡安·迪奥斯·巴蒂兹"航行了 10 天。

1981 年 5 月 6 日，天气晴朗，但仍有些许凉意。那是我在斯克里普斯大学博士生涯的最后一年，我们去了壮丽的戈尔达海山进行春季考察，去看看那里有没有路易氏双髻鲨。戈尔达海山位于巴哈半岛南端 6 英里处，是我们能看到双髻鲨最南的地方。戈尔达海山位于海面下 120 英尺，从海面很难看到，它形成了一个圆锥状的教堂尖顶似的山体。那天海面很平静，偶尔有半条小船高的圆形海浪拍过海面，缓慢地上下波动。我们的小船"胡安·迪奥斯·巴蒂兹"在隆起的海浪中来回晃动，这些海浪来自遥远南方的某个风暴。这种风暴[或者可怕的飓风，当地称之为丘巴斯科雷雨（chubascos）]在夏末和早秋比较常见，在冬季和早春较为罕见。或许这些来自某处的圆形波浪预示着夏天的到来，也预示着双髻鲨即将到达加利福尼亚湾。

在那之前的一个星期，我们在海湾的最南端，也就是它与东太平洋相接的地方，参观了双髻鲨出现过的另外三个地方。其中最北端的是拉斯阿尼马斯岛，这是一块凸出于海面的巨大巨石，距离圣约瑟岛海岸十多英里。我们绕着圣约瑟岛缓缓游动，仔细寻找双髻鲨的踪影，但一条都没有找到。夏日时分，这片海域会因海豚、海鸟、海鱼以及双髻鲨的到来而变得热闹起来。我们南下之旅的下一站是圣埃斯皮里图海山，我们曾在那里见过几条双髻鲨，都是单独行动或成双成对的。那里的其他生物，也少见踪影，既没有四处成群的绿色鲕鱼、鲳鲹，也没有金枪鱼和笛鲷。

我们去的第三个地方是拉斯阿勒尼塔斯，那是一个岩礁，位于塞拉尔沃岛沿岸几个小沙滩 200 码外的一片岩石旁，礁石靠海的一侧斜倾入海。两年前，我们曾在那第一次看到成群的双髻鲨，但现在，我们只在礁岩外围找到一小群零零散散的椭圆形斑副花鮨。

我们乘着小船"胡安·迪奥斯·巴蒂兹"向南出发，花了一天时间才到达海角圣何塞的长滩。沙滩上遍布着捕鲨人的小船，海水波涛汹涌，小船无法停放在海上。捕鲨人从戈尔达海山满载而归后，是如何将沉甸甸的小船拖到沙滩上的呢？我对此很好奇。当他们靠近岸边时，船长会绷紧舷外发动机的掌舵臂，并扭转节流阀，这样小船的船头会高高昂起并开得更快。小船即将上岸的那一刻，渔民会关掉发动机同时提起舷外挂机，然后小船就会刚好冲上岸并停下。其他的渔民看到有小船上岸后，都慢慢地向小船走去。两三个渔民一起抓住船舷上缘（小船周围扁平的边缘），将小船抬到沙滩上的安全地带。这些捕鲨人会定期在戈尔达海山外围和内围撒网捕猎。海山内围是距离海滩 6 英里，而海山外围则是距离海滩 12 英里。船长把船停泊在海滩附近，我们在那里度过了一晚，计划第二天一早开船前往海山。

我们花了一小时才到达戈尔达海山，一直沿着海岸与对面山体所形成的直线航行。船长沿着两个地标所呈的直线航道航行，到达下一个地标后，又将这个地标与下个地标对齐。在全球定位系统还不发达的年代，这是确定地点的最好方法。我们登上了一艘小船，打开回声测探仪，确定两个地标对齐后，便出发了，等到了下一个地标，又继续与下下个地标对齐。声呐图上的黑线突然向上延伸，又迅速下降，显示出海山的形状。我将一个小锚抛出小船，松开绳子，直到绳子不再向下坠时，我就知道锚触底了，然后迅速系上浮标，扔进海里。有了这个标志物浮在海上，我们就可以定位海山的山顶和可能出现的双髻鲨的位置。

船长将小船开到浮标附近，仔细寻找水流经过浮标时引起的漩涡。洋流的方向和次数可以让我们粗略估计一天中这个时间段洋流的大致方向和速度。他看着许多泡沫随流而去。洋流的速度相当快，大约 1.5 米/秒，已经接近我们逆水游泳的极限了。我们必须被水流推上水面再入水才能漂过海山顶峰，寻找双髻鲨。

海山附近经常出现强洋流。我们稍微细想一下就不会感到奇怪了。海面下大量的水在经过海山与海面之间的小空间时，速度往往会加快。几乎等量的水在海面下流过，但因空间大小的不同，水流的速度也不同。这也解释了为什么山口的风会比较强。空气在经过山脉与大气层间狭小空间时，速度也会变快。

我们戴上面具和呼吸管，潜入海中。几人形成一条直线，与浮筒成直角，并排着向前游去。在戈尔达海山（西班牙语中称为埃尔巴霍戈尔达）附近搜寻双髻鲨是非常艰难且冒险的。首先我们无法从海面上看到这座海山。在看不到海底的情况下潜水会让人感到不舒服，还会迷失方向。这是一次可怕的经历，但我们随着时间的流逝渐渐习惯，克服心中恐惧。

海山岩石下藏着许多发出"咔哒"声的虾，我们通过它们发出的声音来判断海山的所在位置。我们越接近海山，这些声音便越发清晰。声音传播的距离越短，损耗的能量就越小，所以听起来就更清晰。但是，虽然有迹可循，我们依旧和海山失之交臂。戈尔达海山山峰耸然直立，有两万到三万英尺高，附近水流十分湍急，所以我们在潜水之前就担心被水冲到别处。果然，现在我们被海山附近的湍流冲到了下游，无缘见到双髻鲨了。

戈尔达海山附近时常出现涡流，正如我们那天看到的那样。在戈尔达海山和圣埃斯皮里图海山，我最担心的就是有人会被急流冲走，失去踪迹。因为向南数千英里内都没有陆地。每次出发前往海山寻找双髻鲨时，我都不厌其烦地向所有人强调入水后大家待在一起的重要性。留在船上的船长的职责是在水面之上追踪我们的踪迹，大部分的时间他都要紧盯水里的人。

那天，我们几人轮流当船长，关注水下动向，大家都很疲惫。刚潜下水时，船上的人还能看见，但是马上就看不到他们的踪影了。最后，我们每人都随身携带一个哨子，片刻走失的时候，就吹响哨子，告诉船上的人自己的位置。今天我们在海山漂流了 6 次，但都没有什么发现。去年夏末，这里聚集了成群的双髻鲨，但这一次，我们却找不到它们半点踪迹。

我们的下一个目标是在海山上方进行水肺潜水寻找鲨鱼。从浮标周围的漩涡可以看出水流速度已经慢了下来，我们中的两个人，带上调压器和气瓶跳进浮标旁的水中，咬住气嘴，慢慢往下潜，直到距离水底 20 英尺时才停下。"噢，海山周围的水可真冷"，我想着。我们现在在海底 120 英尺下，与前方不远处的海山山顶几乎平齐。我们开始快速打腿，逆流而上。我们本来打算越过底部，但因为水流流速太快，我们游动十分吃力。我们的计划是先游过离我们不远的峰顶，然后再漂回海山，希望能看到峰顶附近双髻鲨的身影。

我看向我的搭档鲍勃·巴特勒（Bob Butler），发现他游得比我快些。"哎呀"，我想，"明天来的时候我最好把我备用的长脚蹼借给他"，这样他就能在强劲的湍流之下更好地控制自己。他身体强健，而且经验丰富，是我们一行人当中的两大潜水能手之一。事实上，他已经在圣迭戈有过上千次的潜水经历了，还帮助我在斯克里普斯的同事米亚·泰格纳（Mia Tegner）进行海藻生态的研究。

当我们到达海山的峰顶时，他突然离开我并快速朝水面游去。这让我很吃惊，因为我们彼此都知道，随身携带的氧气足够支撑我们更长时间。我向他招手，另一只手指了指海山，让他回来。但他依旧向上游，没有看我。他游的速度可比我要快多了。我担心他这么快的上升速度会造成组织损伤，这可能导致肺栓塞。我追着他游过去，几秒钟后就抓住了他的脚踝。他回过头来，疑惑地看着我。我们又向上游了一段距离，其间环顾左右，寻找双髻鲨的踪迹，这时我还没察觉到他的身体出现了不适。他并没有像我一样四处观察。为了他的健康着想，我觉得我们最好停止潜水游到水面去。我不确定他是否遇到麻烦了，但在这么危险的涌流里潜水还是谨慎些为好。我们又在水下待了 5 分钟，将溶解在身体组织里的氮气缓缓地排出来。他现在看起来好多了，于是我们浮出水面，和船长汇合。

鲍勃一上船就惊叫着说，在涌流中持续地逆流潜水让他变得虚脱，引发了幽闭恐惧症。我们一致认为他是由于血液里溶解的二氧化碳逐渐增多而产生了"隧道视觉"的症状。如果因用力过度导致血液里二氧化碳浓度过高而氧气含量过低，潜水者甚至有可能在水下昏厥。

这起事故虽然很小，但却再一次提醒我们在这个航次潜水时要尽可能做好预防措施，避免事故发生。此外，我觉得我们两个在水下暗中较劲以证明自己潜水实力更胜一筹也是导致这次事故的原因之一。我暗下决心，以后潜水时，尽最大可能不去和同伴做这种意气之争。第二天我们又回到了这座海山附近，却只看到孤零零的一条雌双髻鲨在追逐着一小群黄尾鲕，这种鱼为椭圆形，身体呈银色，尾巴呈黄色。这个夏天之前，这里到处都是游来游去的鱼，而现在却像炎炎日照下的沙漠一样看不到动物了。

我清楚地记得第二次前往戈尔达海山的情形，虽然那已经是二十多年前的事了。那是 5 月 13 日，距离我们第一次前往戈尔达海山只有 7 天。我本来并不打算那么快就再去一趟，但是"胡安·迪奥斯·巴蒂兹"船上的厨师西罗（Ciro）在出发前一天晚上告诉我，双髻鲨群已经回到了戈尔达海山的内围和外围。他住在海角圣何塞的兄弟那天打电话告诉他说，他和其他渔民在戈尔达海山附近捕获了许多双髻鲨，让那个美国来的鲨鱼研究员佩德罗（Pedro）、那个美国来的抓鲨鱼的人（我）、费利佩·加尔万·马加纳，以及海洋研究所海洋科学跨学科中心的其他学生最好快点过去。我们当晚就驾车前往圣约瑟岛，雇了一个渔民和他的儿子开船，让他们第二天早上就带我们去戈尔达海山。我们到的时候，就看见远处地平线上散布着细长的、玻璃纤维外舷的小船，每条船上都有两三个人，在捕捞笛鲷（西班牙语中的 huachinanga）和鲨鱼。这和我们上一次来时的情形真是截然不同！当时戈尔达海山附近还只有小船"胡安·迪奥斯·巴蒂兹"和我的独木舟。

我们雇来的那个渔民也是用我们上一次的方法来确定海山的位置的。他儿子用一条细长的线把一个生了锈的管状扳手和塑料牛奶罐绑在一起，然后扔进水里，这时牛奶罐就浮在水面上。我们平时用的下锚装置是由燕尾锚、尼龙绳和可充气浮筒组成的，现在渔民们用的下锚装置虽然粗糙，却有异曲同工之妙。渔民把小船逆流驶离浮标几百英尺。此时我和费利佩坐在船两侧，已经戴好了防水面罩、呼吸管和穿好了脚蹼，同时向后仰倒，潜入水中。入水后，我被身边密集的鱼群惊呆了。仅在一周前，这里除了水什么也没有。

这场景就好像我们进入了鱼类的火车站高峰期一样。而一周前和现在的区别大概就类似空荡荡的体育馆和挤满了几千名观众为他们的队伍呐喊助威的体育馆一样，对比鲜明。现在，这里到处都是鱼！环绕我身旁的是一群体形较小的双髻鲨，它们4～5英尺长。我数了一下，大概有125条，它们缓缓地绕圈游动。位于鲨群顶部的双髻鲨们已经几乎贴近水面了，以至于水上的人可以用手触碰到它们。鲨群边上有一大群银蓝条纹的鲣鱼。它们每条约有小的橄榄球那么大，跟鲨群比起来，鲣鱼互相之间离得更紧密，也更有序。两条黑边鳍真鲨在我们和鲣鱼群之间来回猛冲，鲣鱼群实在是太大了，一直延伸到了我看不到的地方。那天，戈尔达海域海水如水晶般清澈，我可以看到一百多英尺远的地方。我们下方是一个旋风状的鱼群，那些是带灰色条纹的大个儿的笛鲷，每条大约2英尺长，缓缓地呈旋涡状游动。这里到处是绿色的小鲥鱼和鲳鲹，它们四处游窜，捕食小虾、尾海鞘（larvacean）还有其他浮游生物。

我们漂过浮标时，看到了更大群、更紧密的、红色的笛鲷鱼群。透过它们，我们甚至能看清海山的岩石外层。这里的水真是清澈啊，我们大约能看到120英尺深的地方。靠近水面的地方，有一群银盘状的马鲹（crevalle jack）组成的巨大的圆形鱼群。旁边是一群紧密贴在一起的黄色的鲥鱼群，每条鱼有20～30磅重，一直延伸到了我们看不到的地方。海面上有一条细长的镰状真鲨在来回巡游，而它的下方有一条尾巴很长的巨型鲨鱼在缓缓游动。它有一条长尾鲨（thresher shark）那样的尾巴，但我们无法辨认它是生活在浅海的普通长尾鲨还是深海的大眼长尾鲨（big-eye thresher）。现在，这里因为鱼群而变得生机勃勃。一整个上午我们都在拍摄双髻鲨的立体照片以便计算它们的长度。我又在其中两条双髻鲨身上贴上了面条状的标签，以便将来可以辨认它们。

第二天我们又去了戈尔达海山。双髻鲨群太庞大了，我们没办法数清楚到底有多少条。于是，我看向潜水表的秒针，计算鲨群经过我需要多久。约 120 秒，也就是两分钟后，鲨群才完全经过我。这样估算一下，这个鲨群里面有两百到三百条双髻鲨。海山附近的两个笛鲷鱼群和前一天比起来扩大了一倍。此外，这里又来了一群黄鳍金枪鱼（yellowfin tuna），每条有 40～80 磅重，它们与鲣鱼和鲕鱼群一起组成了一个更大的鱼群。

我们在水肺潜水（scuba dive）①的时候，看见几条黑乎乎的舌状物从海山周围冲上来。于是我们游到了其中的一层黑影附近，发现它其实是上千条小幼鱼组成的，每条还没有小指那么长。这时下方冒出了两条大蝠鲼，它们那两个桨状的附属物从头部两侧向外延伸，卷曲形成一个卷筒，在嘴部下方不停地张开收拢，形成了一个生物漏斗，把更多的浮游生物都吸入口中。这两条蝠鲼在这些仔鱼附近来回慢慢游动，不停地吞食它们。不一会，我们头顶上出现了一条雌性鲸鲨，体呈暗绿色，布满了亮蓝色的荧光斑点。它就在小船下方游动，在我们上方的海面处，看起来有 25～30 英尺长。它的嘴巴大张，因为它是过来和蝠鲼一起享用仔鱼的盛宴。

来这里的第二天我便产生了很多疑问。是不是每一天都有更多的双髻鲨、金枪鱼和笛鲷聚集到这里？我们是不是见证了一次前往加利福尼亚湾的物种洄游？是不是每一个物种都来自不同的、遥远的地方呢？或是，这些物种是来自同一个地方，相互联系、协调一致地洄游而来？这似乎不足以解释为什么这么多物种同时来到这座海山。如果这些物种分别来自地理位置相去甚远的地方，那么它们得协调好各自的出发时间以及在海底的运动速度，以便和其他物种同时到达。这在毫无特征可循的海洋里可不是个简单的任务。而且这些不同地方的物种还需抵御各自所在地的洋流，因为这些洋流可能会使它们偏离预定的航线，从而造成延迟。所以将其仅仅解释为集群性活动则过于简单了。大型物种诸如双髻鲨和蝠鲼千里迢迢来到这似乎还有迹可循，但很难相信像大马鲹和鲯鳅这样的小型鱼类会在洄

① 指潜水员自行携带水下呼吸系统所进行的潜水活动。——译者

游中赶上它们。我们猜测小型物种的存在可能是大型掠食性物种聚集在这里的原因。

所以为什么这些物种都在同一个时间聚集在这里呢？在我们到访的这段时间，戈尔达海山附近海域下起了暴风雨。这是否意味着这场暴风雨将为加利福尼亚湾带来今年第一场暖流？当然，暴风雨过后，我们都感受到了更温暖的水温和更高的清澈度。现在，我们需要当地水温以及暴风雨前、中、后的叶绿素浓度的卫星图像。叶绿素浓度可以告诉我们地表水体中浮游植物密度。我已经迫不及待地想回到斯克里普斯去看最新的卫星图了。我对当时的印象是，我们见证了一场盛事，一场物种大规模洄游进入海湾的盛事。现在，最重要的是去了解为何一年中的这个时间会在海山出现这样的盛况。

我们回到斯克里普斯后，和我一起从事这个研究的研究生史蒂文·巴特勒开始查找那两天卫星设备拍摄的照片。他将工作的时间从白天换到了晚上，以便我们能有更多的时间处理照片。很多个晚上，他都独自坐在电脑前看那些卫星图。

美国国家海洋与大气管理局（National Oceanic and Atmospheric Administration，NOAA），曾发射过一颗卫星，卫星上装载的电子传感器通过记录海洋表层辐射的热量来计算海洋温度。这个传感器叫作先进甚高分辨率辐射仪（advanced very high resolution radiometer，AVHRR）。事实上，它的空间分辨率并没有那么高，检测的是边长稍稍超过半英里的正方形海洋表层辐射出的红外波段电磁波的平均能量。

NOAA 发射的另一颗卫星上也装载了电子传感器，即海岸带水色扫描仪（coastal zone color scanner，CZCS），用于探测海表温度图中绿色区域的波长。海表的浮游植物以及微型藻类的浓度和它们释放的叶绿素是呈比例的。所有的植物，不论海洋生还是陆生，都需要利用这些叶绿素将二氧化碳、一定的无机养料诸如氮和磷、附加成分的水将空气中的能量转化为有机质。浮游植物作为微型植物，位于海洋营养级的最底层。而其他物种的多度，不论是以浮游动物为生的斑副花鲭，还是捕食斑副花鲭的双髻鲨，都和浮游植物的密度有关，即和水中叶绿素的浓度有关。这个关系之所成立，是因为大型掠食者捕食小型掠食者，小型掠食者捕食滤食性动物（如仔鱼、尾海鞘和水母），而滤食性动物又以浮游动物为食。所以，海洋学家将叶绿素浓度作为海洋中某一地点生物多度或者说生产力的指标。

我和史蒂文对鱼群到达前后的海表温度和叶绿素浓度图像的对比印象深刻。我们在戈尔达海山的那几天，云层阻碍了卫星图的拍摄，所以只能使用第一次考察戈尔达海山前一天的卫星图像。卫星图上，不同的颜色代表了不同的温度范围，蓝色代表偏冷，绿色代表凉爽，黄色代表温暖，红色代表偏热。在这个热量图上，戈尔达海山呈绿色新月形，从手指状的巴哈半岛的"指甲"东侧开始，沿着半岛尖端向西延伸，在到达半岛尖端中部时向东弯转，形成新月的形状。此外，我们用深蓝色表示低浓度叶绿素，浅蓝和浅绿色表示中间浓度，黄色和红色表示高浓度。在叶绿素浓度图上，戈尔达海山呈一个浅蓝色的三角形，说明这片海域有大量的浮游植物。从 10 月到来年 4 月，由于北下的季风将下层富有营养的海水吹到表层，十分利于浮游植物生长，因此半岛的顶端部分通常都十分凉爽且分布着大量的浮游生物。

我们现在看的是我们一个星期后再次前往戈尔达海山的卫星照片。在 AVHRR 温度图上，似乎由于北上的暖流的推进，绿色带状的冷水区已经从半岛尖端移动到了尖端北部一点的位置。现在半岛的尖端被黄色包围了，也就是说戈尔达海山现在沐浴在温暖的海水中。此外，CZCS 叶绿素分布图上，海山附近水域呈现出更深的蓝色，这说明浮游生物的密度变低了。卫星图像上显示的当地局部地理环境变化和我们当时再一次前往戈尔达海山时看到的景象是一致的：鱼类大量聚集，海水变暖，水质更清。

难道双髻鲨和其他在此聚集的鱼类是随着南边北上的暖流来到加利福尼亚湾的吗？提出这个假设是因为，在双髻鲨最喜欢聚集的巴哈半岛内部沿岸向外约 250 英里的范围内，秋、冬及早春都很少见到鱼群聚集。在巴哈半岛的更南边以及墨西哥湾的西南海岸，马萨特兰的渔民曾捕获过双髻鲨和镰状真鲨这两种聚集性的鱼类。

1980 年 10 月下旬，我们乘着"胡安·迪奥斯·巴蒂兹"进行秋季考察时，半岛下游的海水仍然温暖，但随着冷锋面南下带来的强风和大浪的影响，海水也逐渐变冷。那个时候，在拉斯阿尼马斯岛、圣埃斯皮里图岛、拉斯阿勒尼塔斯和戈尔达海山附近出现的双髻鲨不过十几条，大马鲹、鲳鲹、成对的蝠鲼以及以浮游生物为生的鲸鲨都不再大量聚集。往日密集成群的金枪鱼和笛鲷也不见踪影。从拉斯阿勒尼塔斯回来的路上，由于海面太过波涛汹涌，我们只得连续三天待在圣埃斯皮里图岛的避风港里，等冷锋过后海面平静下来了，才能继续行动。那三天里，我们每天都想开船去圣埃斯皮里图海山，但每次都被汹涌的海浪挡了回来。强风掀起巨浪，一波接一波地拍向海岸，这对潜水员来说是最可怕的噩梦。更重要的是，这些浪拍到悬崖上时，会向各个方向散开。这些散开的浪花和紧随其后的巨浪互相冲击，使得海面更加不平静。

那次特别的秋季考察让人十分印象深刻，不是因为海湾里屈指可数的鱼类，而是因为"胡安·迪奥斯·巴蒂兹"的船长爱德华多。我们正准备第三次前往圣埃斯皮里图海山的时候，他突然向我们冲过来，用西班牙语快速说了些什么，看得出他很难受也很害怕。他不停地来回指着他的喉咙和他手里的一个塑料牛奶瓶。我立即猜到他应该是喝了瓶子里的有毒液体。我把瓶子从他手里抢过来，凑近鼻子闻了一下。"噢，天哪！"我惊叫了出来，那个气味太强烈了。瓶子里装的是福尔马林，一种由水和甲醛混合后的浓缩液。这种化学制剂毒性极强，与水混合后，能杀死细菌，保存任何浸泡在其中的动物。那天天气很热，船长觉得口渴，于是随手拿了一个墨西哥学生们用来放置福尔马林的、未贴标签的瓶子。他以为里头装的是水，没意识到是有毒的，狠狠地喝了一大口。

那些腐蚀性液体很可能已经一路腐蚀了他的喉咙、胃部和肠道。于是我赶紧冲出去找船上的厨师，跟他要了一箱子鸡蛋。我一个个敲碎，把生的蛋白和蛋黄倒进杯子里给爱德华多喝下去。他吞了 9 个生鸡蛋后，才终于呕吐出来。我们把他扶到小船上去，然后赶往 35 英里外的拉巴斯。路上大部分时间他都在呕吐混合着福尔马林和生鸡蛋的液体。他肯定喝了不少，因为他的呕吐物有一股很强的福尔马林气味，不小心踩到的话，脚会觉得刺痛。我的同事亨克·宁修斯（Henk Nienhuis），是个很冷静的荷兰人，我们到达拉巴斯的时候，他拦下一辆出租车，并告诉司机我们这有一个重病病人，让他载我们到最近的医院去。出租车司机开得飞快，好几次都差点撞上对面开过来的车。从我们停船的皮奇林格到医院这段路上，司机在每个转角都加速行驶。途中，亨克凑过来小声跟我说，再这么加速我们都得进医院。询问过医生后，爱德华多立马觉得好受多了。医生告诉我们，如果爱德华多的呕吐物里没有出现血液的话（这是关键的一点），这就说明福尔马林并没有侵蚀他的胃和肠道，他也就能很快恢复了。接下来的六个月，他都不能吃辣椒等刺激性的食物。那天晚些时候，我们把他送到他家附近，大家都很庆幸他没有事。

1981年1月，在我们的冬季考察期间，加利福尼亚寒流南下到达巴哈半岛西岸并进入加利福尼亚湾，于是加利福尼亚湾的海水也变得冰冷起来。与此同时，一些生活在冷水区的鲨鱼也出现在了这里，比如体形较小的加利福尼亚星鲨、两种虎鲨（得名于它们两个背鳍上的尖刺）以及偶尔出现的长尾鲨。这里冬天的水温对于夏天聚集在这里的亚热带鱼类来说太过冰冷了，因此一到冬天，这些鱼就不见踪影了。在这期间，我们大部分时间都在绘制探测仪探测到的几个双髻鲨聚集地附近的海底地形图。所以跟秋季考察比起来，冬季考察的任务更加繁重。

大概冬季考察期间最让我印象深刻的就是蝠鲼的行为了。蝠鲼是蝠鲼科中体形较小的种类。圣埃斯皮里图海山附近巨大的蝠鲼经常高高跃出水面，就好像比萨店的大厨抛出的比萨那样，在空中旋转一周后才落入水里，水花四溅。我时常想，这种竞技般的"越身击浪"动作用意何在。于是，我和我的同事朱塞佩·诺塔巴尔托洛·德·夏拉（Giuseppe Notarbartolo di Sciara）带上潜水装备，打算游到蝠鲼跳水的地方去一探究竟。朱塞佩对这些蝠鲼很感兴趣，估计是他会对居住在海湾的新物种进行研究以获得斯克里普斯的博士学位。

那里至少有6只小型蝠鲼，翼展3～4英尺，正在靠近海岸的地方反复跳跃。我们游到那里时才发现，周围全是密密麻麻的仔鱼。这些蝠鲼总是用肚皮朝下落进水里，仔鱼的侧线会感知到这种局部的水流移位。每一次蝠鲼跳回水中，这些小小的仔鱼都会游向鱼群中心，这样就将这些仔鱼赶入了更小的空间。仔鱼的这种反应显然让蝠鲼受益更多，它们一次能吃到更多的食物。另一种解释是，蝠鲼击打水面产生的力甚至足以击昏仔鱼，这样一来捕食起来也更容易。

在 1980 年 11 月到 1981 年 7 月期间，在进行了四次考察后，我对加利福尼亚湾的气候和动物群的季节性变化有了更多的想法。晚秋到早春期间，盛行的西北风将湾内的海水吹出湾外，沿着墨西哥西南岸向南前进，然后离岸流去。这时，加利福尼亚寒流沿着巴哈半岛西岸南下，有时还会沿着东岸流入湾内。此时湾内的海水是冰冷的，有 50～60 华氏度，之前活跃的热带鱼类已经找不到踪迹了。而早春到晚秋这段时间，东南盛行风将海水往西北方向吹，温暖的海水有 70～80 华氏度，经过马萨特兰流入加利福尼亚湾，吸引了路易氏双髻鲨和其他生物的到来。一进入湾内，双髻鲨似乎就只待在被暖流包围的海山附近活动，因为丰富的海洋鱼类和鱿鱼这些双髻鲨们最喜欢的食物，可能只有在这段时间才会在海山附近出现。

我们在戈尔达海山附近看到的大型鱼类洄游可能是由于寒流的中止或是加利福尼亚湾南部北上的暖流侵袭导致的。但仅通过洄游前后的卫星图没有办法确定究竟哪一个原因才真正导致了鱼类的洄游。于是，我打算根据一系列海表温度的卫星图像，将群体中多种鱼类的个体间协调反应与水团变化联系起来。此外，我想用一种不同于人眼观察的技术来记录这些聚集的生物，毕竟肉眼观察太依赖海水的透明度了。

我打算再度采用曾在 1980 年夏天第一次使用过的超声波遥感勘测。在 1986 年 7 月的一次考察中，我和唐纳德·纳尔逊在 18 条双髻鲨身上贴上了超声波标记。我们将两个标记检测设备放置在海山后，就乘坐斯克里普斯的大型考察船"罗伯特·戈登·斯普利尔"前往圣埃斯皮里图岛。贴在海山上的标记是为了记录当海洋环境发生变化时，双髻鲨是去还是留。比如，当海山附近出现上升流时，双髻鲨会作何反应？每年这个时候，沿着海岸线吹过的强风将海水吹离海岸，使得下层富有营养的海水升上表层，而这些丰富的营养物质使得浮游生物大量生长。这些来自东太平洋的凉爽且富有叶绿素的海水取代了双髻鲨所喜欢的清澈、温暖的海水。

首要问题是在哪里放置标记探测仪。圣埃斯皮里图海山的山顶离水面不到 120 英尺，沿着西北—东南轴延伸了 1/3 英里。山脊的北端 200 码宽，南端有 100 码宽。山脊上有 3 座尖峰,北部的两座山峰离海面不到 60 英尺,南部的那座离海面不到 80 英尺。

我们用吊车把小船从"罗伯特·戈登·斯普利尔"的船尾吊起来,轻轻地放到加利福尼亚湾平滑如镜的水面上。然后我们开着小船来到海山北部斜坡最北边的一座山头处,并抛下一个绑着浮标的锚。然后我做了一次水肺潜水,将一个橄榄球大小的标记探测器绑在绳子(两头分别绑着浮标和锚)的中部。我们又在中部和最南端的山峰之间抛下另一个锚,将标记探测器和它绑在一起。

下一步就是确定探测器的探测范围。我们将一个水下浮标和水面浮筒连在一起。水面浮筒中部有一条长金属管穿过,金属管和浮筒底部用金属链连接以便浮筒能竖直立在水面。浮筒顶端有一个用于探测的雷达反射器。我们将独木舟驶离浮筒(以及它水下系着的标记探测器),然后在每一个相隔不远的监控站点停留 5 分钟。在每一个监控站,我们都会将浮标下放到和水下的探测器相同的深度,并停留足够长的时间以便它能被浮筒下的探测器感应到。我们会从雷达显示屏幕记录下浮筒和监控站的距离。然后,我们检索了每台探测器,并将其连接到船上的计算机上以检索探测标记的记录。然后,我们检查了停留在两个监测站点时,悬在中层水域浮标的"撞击"记录,每个监控站会离探测器稍远一些。浮标北部 150 码和南部 100 码处的探测器都把这些"偶然发现"记录了下来。双髻鲨往西南方游动经过海山时,会先被北边的探测器检测到;当双髻鲨游出了北部探测器的探测范围时,它又进入了南部探测器的探测范围。

我们的实验进行到一半时,系着信标发射器的绳子突然绷紧,然后又松开,应该是某条鱼拿走它吃下去了。罪魁祸首可能不是双髻鲨而是刺鲅(wahoo,与大西洋的鲬有些相似),这是一种鱼雷状的银色掠食者,体长可达 1 码。两三条刺鲅在海山上方静静地潜伏,然后看准机会猛冲出去捕获一条受惊的大马鲹或者鲳鲹。取这个俗名是因为刺鲅击中鱼饵后会迅速离开,并将渔民放出的钓线扯得远远的,渔民用墨西哥语发出的惊叹声"呀嚯"。

把探测器放置好后,我和唐纳德·纳尔逊开始用标枪给双髻鲨贴标记。

我们第一天开始的时候已经是下午了，有点晚，但还是尽量标记了 5 条。第二天标记了 9 条，几天后又标记了 4 条。我们每天大约中午的时候，查看探测器，以获得检测到标记的记录，并重置探测器。我们急切地查看记录，想知道当天哪条鲨鱼在海山，而哪条不在。

我们发现，双髻鲨会表现出两种不同的"离开—到达"模式。第一种模式，我们通过跟踪研究发现，单独行动的双髻鲨会在黄昏时离开，游到 10 英里外的水域，并在第二天黎明返回海山。第二种模式，成群结队的双髻鲨会在白天离开，几天之后再回来。我们猜测，这种群体性的迁出和迁入是对当地水团特征变化的一种反应。

在我们开始探测的前 3 天，被标记的双髻鲨中有 4/5 都回到了海山附近，但第二个 3 天里，这个数字就减少到了 1/5。第一个 3 天过去后，有 4 群双髻鲨，每一群里面大概有 2～5 条标记过的鲨鱼，离开之后就没再回来。第一个 3 天里，海水还是温暖的，但到了第二个 3 天，海水就转凉了。第 7 天的时候，海水又变得温暖清澈起来。而就在这时，2/3 被标记的双髻鲨又回来了。我们推测，在标记研究的前 3 天，当凉爽上涌的海水取代了温暖的海水时，双髻鲨就会离开。

当我们再次回到斯克里普斯查看卫星发回的海表温度图时，一切就清楚多了。图中用不同的明暗层次表示不同的温度：深灰代表最温暖，而浅灰代表最凉爽。我们看到，在最开始的 3 天里，深灰色从海岸延伸过来，覆盖了海山所在区域。然而从第 4 天开始，海山西部的拉巴斯海湾就呈现出明显的浅灰色，其后两天内，凉爽的海水覆盖了圣埃斯皮里图岛和圣埃斯皮里图海山。浅灰色覆盖了海山的那天，不到 1/5 被标记的双髻鲨回到了海山附近。但是，从第 7 天开始，浅灰色消失了，深灰色重新占据了海山附近的位置，这说明温暖的海水又一次出现了。在那个时候，2/3 被标记的双髻鲨又重新回到了海山。

在第二个 3 天里，我们担心无法检测到双髻鲨身上的标记，因为它们有可能失灵或从鲨鱼身上脱落。我们的担心不是毫无缘由的。前一年考察的时候，我们在双髻鲨身上标记了相同数目的浮标，但只有少部分在海山附近被检测到。前一年（1985 年）我们在样本浮标上画了黄色、橘色和白色的道，以便更容易辨认出来。除了涂颜色，我们还在浮标里侧标了箭头。我注意到，当这些鲨鱼被标记完后，会立马猛冲出去，身上的浮标来回摆动，彩色的标记反射着阳光。这些浮标很像鱼饵，我突然意识到鲨鱼可能会去咬它们。

果然，事实就是这样。我游到鲨群里，给它们标上带颜色的浮标，其中有3条身上是白色道的浮标—这是我们标在双髻鲨身上反射最明显的标记。当我缓缓地浮上水面，发现有一条双髻鲨咬着一个浮标冲出鲨群，那是我不久前才标记上去的，而现在它已经不在鲨鱼身上了。到达海面后，我向我们的小船游去，唐正坐在上面。我爬上船，告诉他刚才发生的一切，唐听完之后，说："这不可能。"但就在他说完这句话，有两个白色浮标的前半段从我们船边浮上来。我立马抓住它们，将上面牙齿咬出的塑料和金属倒钩给唐看，这是浮标从被标记的鲨鱼身上猛地咬下来时造成的。尽管我们很沮丧，但还是大声笑了出来。有多少研究生会在他的博士委员会成员提出质疑时，给出一个肯定的答案呢？唐总是会给出这样的回答，这让我感觉很棒。1986年我们准备乘着"罗伯特·戈登·斯普利尔"进行考察时，我们在浮标上画上了和双髻鲨颜色相近的灰色，并在浮标尾部附上了电子眼，并用于研究上涌的冰冷海水对生活在海山附近的双髻鲨的影响。

1986年，我们成功地将某一物种的个体行动和当地海洋过程——拉巴斯下层冰冷海水的上涌——联系到了一起。这可不是个简单的任务。我们通过固定在海山附近的监控装置来观察被标记的双髻鲨的行动。我们研究的空间尺度是几百米。上升流是由卫星从太空中拍摄的照片描述的，地理范围为几百公里。

但是，如何才能将鱼类的聚集与海洋水里的季节性或年度性的变化联系在一起呢？理想的情况是，我们将复杂的电子标记标在海山附近的各种鱼类身上，并在晚秋时分，鱼类季节性南迁的时候，追踪它们的踪迹。这些被标记的个体是否会和它的同伴一起集群离开，就像双髻鲨群在当地海水上涌时结伴离开时的那样呢？海山附近的这些不同的物种是否是同时离开的？这些物种是否会全部聚在一起组成一个大群体一起南下？它们是否是呈直线式地从一个位置移动到另一个位置，并在每个聚集地点停留一会儿呢？它们的行动是否像我穿过走道到达屋子前门，然后跨过石阶那样？这些聚集的鱼类会从一个海山移动到另一个海山，或是从一个岛屿移动到另一个岛屿，游过一段很长的路程，从温带水域洄游到热带水域。确实，从巴哈半岛南下路上有许多岛屿，比如半岛南部 300 英里外的雷维亚西赫多群岛（Revillagigedo Islands），以及哥斯达黎加海湾（Coast of Costa Rica）外的科科斯岛（Cocos Island），等等。这些岛屿都是洄游路上的"垫脚石"。已有的复杂电子标记能够告诉我们几年内鱼类洄游的路线，这些信息能够帮助我们解答所有的这些问题。

这些复杂电子标记叫作"电子标签"（archival tag），是一个基于微处理器的设备。它配备的感应器能测量目标对象的行为、生理和环境信息，并将这些测量信息或处理过的子样品信息存储在一个可拆卸的电子储存器中。这些手段可以帮助测量者获得被标记鱼类在一天内的地理位置。这种通过物理测量获得目标地理位置的方式叫作"定位"。第一代的定位标签只能通过捕获被标记对象才能进行回收，然后将其与电脑连接，获得测量信息。而最新一代的标记，能够在设定时间从被标记鱼类身上脱落，自动浮到水面，并将所测量的信息发送给卫星，通过卫星传输给地面。

但很明显，由于预算问题，我们没办法在大量个体上标记这种昂贵的标签。或许，我们可以量化出现在海山附近的鱼类。这需要在一年之内多次实地考察，以便推测出每一个物种的丰富度。如果一个物种的许多个体和另一个物种的许多个体同时出现，或是一个物种的少数个体与另一个物种的少数个体同时出现，那么这两个物种可能是相关的。然后我们可以在这群相关物种中选出两个物种，追踪其中的个体轨迹。

为什么要追踪这些鱼类群落呢？因为其中的很多种类具有重要的商业价值，比如旗鱼、鲨鱼、金枪鱼和笛鲷——它们近年来遭到过度捕捞的危害。这些鱼类洄游的距离很远，且不会待在国际水域内。我们需要弄清楚这些鱼类的洄游路线以及沿途所经过的国家，并尽力劝服这些国家齐心协力保护它们。就像我跟我的墨西哥同事所说的那样，鱼类并不像杂烩汤里的食材那样，平均地分布在海洋里，而是更多地聚集在海底的岩石、珊瑚礁和海山附近，就好像西班牙肉丸汤里的碎肉那样。当这些鱼类从一个聚集地洄游到另一个聚集地时，我们应当争取在这些聚集地划出保护区，保证它们的正常洄游。

我清楚地记得鱼群洄游是在 1988 年 8 月的第一个星期。我当时正在水下测量圣埃斯皮里图海山北部的磁场，因为我已经开始研究双髻鲨如何利用海底磁场作为导航工具。那是一个相当乏味的工作。我们将一个磁力计降到 200 米的深度，然后在每隔 25 米深的地方停留半分钟，测量该深度的磁场强度。我们当时在 20 个测量站点的倒数第二个上，我们的目标是画出一份双髻鲨所在深度的磁场图。

我们选这个地方是因为，我们追踪的第一条鲨鱼沿着这条海路游了 10 海里，又在第二天早上突然掉头，沿着原路回到了海山。双髻鲨的游动路线是沿着两条磁力线之间的强梯度移动的，这可能不是巧合，因为那里抵消了西边的强磁化和东边均匀磁化的吸引力。圣埃斯皮里图海山位于海底高原磁场的边缘，那里的磁场强度在西部急剧下降。这给双髻鲨提供了一条理想的洄游路线。

考察船当时正停在距离岸边不到 200 码的地方。"罗伯特·戈登·斯普利尔"的船长路易斯·金恩（Louis Zinn）通过舰桥上的无线电联系我们快点过去。他对鱼类的进化史十分感兴趣，曾经有过一艘游钓船，现在他正等着我们完成这次乏味的磁场勘测。他的声音从无线电那头传来："你一定要过来看看，这太不可思议了。"我们到的时候，看到大量的鲸和鱼类游过我们的船，向着圣埃斯皮里图海山的方向游去。在这个动物队伍最前方的是大约 20 条领航鲸，其后是排成新月状的鲯鳅，后面紧跟着一大群金枪鱼。在它们到达下一个目的地（圣埃斯皮里图海山）之前的这一段洄游，我们是不是唯一的目击者？这些鲸和鱼类有没有利用海底的磁力线行进呢？当然了，我们这次所观察到的现象是不能直接作为证据的，但它令我们在场的所有人都十分印象深刻。它激励着我继续追踪这些鱼类，以便确认它们是否是集体洄游，以及它们是否呈直线式从一个地方洄游到另一个地方。

# 8 海洋领航员双髻鲨

通过 1979～1981 年三个夏天的水下双髻鲨考察，我们弄清楚了鲨鱼集群的功能。鲨群相当于雌鲨组成的"后宫"，它们相互竞争鲨群的中心位置，在那里被雄鲨挑选，继而配对。体形更大的雌鲨能够生下更  多的幼鲨，这样一米鲨群的后代数量就被最大化了。但是，为什么鲨鱼在海山处集群，而不是沿着海岸或是周围大海的开阔海域呢？

在我的博士研究期间，我对双髻鲨白天的活动了解过很多，但对其晚上的活动知之甚少。我们也曾在夜晚潜水至海山附近观察，但没什么收获。晚上的海水黑暗幽深，闪光灯能照亮的地方十分有限，不太可能照亮一条鲨鱼。所以我们需要更好的技术来研究鲨鱼的晚间活动。在 1980 年夏天进行第二次海山考察时，唐纳德·纳尔逊和我一下午将两个超声波信号浮标标在了双髻鲨身上。我们一直在那里待到晚上，等着信号浮标发回信息，看双髻鲨晚上是否还在海山附近。日落后，信号浮标发回的信号立马就变弱了，看来这两条被标记的双髻鲨到了晚上就离开海山游到更深的水域了。我们在日落几小时后也回去了，在无月的夜晚独自待在离岸 10 英里的水域中，实在让我们很没安全感。最后我们还是回到了"胡安·迪奥斯·巴蒂兹"船上。船长不愿意晚上停留在海山附近，所以将船停在了圣埃斯皮里图岛的海湾内。

一年后，1981 年 7 月，我们乘着"唐·约瑟"（Don José）号来到了海山附近，这是一艘更大的船，由一个叫"巴哈探险队"的旅游公司经营。这一次，我们晚上追踪距离海山 10 英里之外的双髻鲨的踪迹，但我们不能一整晚都待在那里。不过，第二天，我们很惊讶地发现这些双髻鲨出现在鲨群里。船上的色标细标签能做到像亲眼观察的那样，彩色标签可以让我们准确地确定双髻鲨连续几天内的踪迹。我然后推测，路易氏双髻鲨能在四处游荡后"回家"，就是说返回白天的所在地。它们对我来说就像海中的信鸽返家。在海洋动物归巢研究中，鲑鱼（salmon）是迄今为止最主要的研究对象，它们洄游至北太平洋的广阔水域 2～5 年后，就会回到它们出生的北美河流中。这些鱼类都是技艺娴熟的航海家，但双髻鲨或许还更胜一筹，因为它们能够在夜晚毫无特征的海水里远游，却又能在第二天早上准确地返回海山。所以双髻鲨或许是研究海洋鱼类长距离游动的理想对象。我们可以通过双髻鲨每日的洄游研究鱼类的归巢行为，这比观察鲑鱼几年才有一次的洄游要方便多了。

1982 年我获得博士学位后，继续以研究生身份在斯克里普斯待了几年。我向美国国家科学基金会（National Science Foundation）提交了申请，希望可以继续研究双髻鲨的归巢行为。我打算在双髻鲨身上安放更复杂的感应发射器，以便记录它们的行为和环境特征。在获得这些宝贵信息后，我会在海面继续追踪这些鲨鱼。美国国家科学基金会素来支持全美的基础研究，在征询了全国研究动物洄游专家的意见后，他们决定为我的研究提供资金支持。1986 年 8 月 16 日，我追踪到了一条双髻鲨在晚上离开海山后的踪迹。这一次，我可以一整晚都在小船上，和我的鲨鱼一起待着，直到第二天清早它返回到海山。

那天晚上，我们三个人都待在小船上进行追踪工作。夜空布满星辰，给漆黑的水域撒上了点点亮光。日落之后，巴哈沙漠迅速降温，但海水还是温暖的，密集的沙漠空气开始向海岸流动。风越来越大，掀起的海浪比船舷还高。船长站在船尾，双腿分开以保持平衡，双手抓住舷外节流阀的铝管将截面拉得更开些。船随着海浪一起摇晃，但是他能很好地处理这个情况。现在我们在离岸 20 英里的海面上，黑暗中无法看到海岸。唯一能隐约看到桅杆发出的微弱白光。"罗伯特·戈登·斯普利尔"现在正停在我们和海山之间。

我们试图跟上一条被标记的双髻鲨，它在水下大约 300 码的地方疾速游动。当天早些时候，我从鲨群里挑出一条体形最大的雌鲨，在它身上放置了一个超声波传感器。现在它身上带着一个小型的追踪仪，大约小型手

电筒那么大，会发出高分贝的短脉冲声波。追踪仪每隔 10 毫秒就会发出
38.4 千赫的声波，而双髻鲨能听到的最大分贝是 1.5 千赫，所以传感器发
出的声音双髻鲨是听不到的。船长熄了引擎，暂时将船停了下来，以便能
更好地追踪双髻鲨的去向。负责追踪的研究生坐在船的前边，他的手伸出
船外，手上竖直拿着一根金属棒，顶端有一个和水面平行的把手。金属棒
底端的听音器被放入水下 6 英尺的地方。听音器接收到信号时会发出"哔
哔哔"的声音，而如果声音来源的方向和金属棒把手所指的方向一致的话，
"哔哔哔"的声音会更大。负责追踪的研究生缓缓地转动仪器，闭上眼睛
认真听仪器发出的哔哔声，确认听到的哔哔声达到最大之后，她看向仪器
指向的方向。然后，告诉船长应该往哪个方向开船。

我坐在小船尾部的木棚里专心地看着面前的电脑屏幕。我关上门，拉
出抽屉里的键盘，开始快速地输入指令，将听音器发出的哔哔声转化为双
髻鲨行为和所处环境的记录。我们利用远程遥感技术——超声波遥测
（ultrasonic telemetry）来探查远在下面、视力不及的深海里双髻鲨的一举
一动。这项技术的名称是由希腊语和拉丁语组成的，"ultra"是指"……
之外"，而"sonic"指的是"声音"。这个名字说明探测器发出的声波已
经超过了人类听力最大值。人类的听力上限为 20 千赫，也就是 20 000 周
期/秒。而探测器发出的声波几乎是它的两倍，38.4 千赫，或者说是 38 400 周
期/秒。"tele"是"传送"的意思，而"metros"是"测量手段"的意思。

突然，在明亮的光线下，屏幕上出现了一系列微小的图形。每张图里
都有一条短平的线，线的两端有数字，上方有一个标题。可辨认的频率一
直不停地发出哔哔的声音。电脑每次会发出 8 个哔哔声，每两声之间的时
间间隔表明了传感器当前的状态。每 8 个哔哔声过后，电脑屏幕的轴线上
就会在 8 张图后生成一条水平线。其中一些图像提供了鲨鱼的行为信息。
比如说，第一张图左边的数字"0"表示海水表面，右边的数字"350"表
示探测器能探测到的最大深度是 350 米。而图像上最后出现的几乎延伸到
轴线最右端的一条线则表明被标记的鲨鱼正在我们下方 320 米处。当双髻
鲨像悠悠球那样重复着上下潜水时，深度图上的条纹就会来回地变长然后
变短。如果条纹一直停在 50 的右边，就说明双髻鲨一直在深于 50 米的地

方游动。从另外一些图中，我们可以看出双髻鲨的游动方向。这种方向图在深度图后面出现，如果一张方向图上的条纹远远超过了 0，位于 270 和 360 之间，这就说明它是朝着西北方向游动的。和深度图上的变化起伏不同，方向图中的数值一般是在同个水平上的，也就是说双髻鲨一直朝着同个方向前进。这真是太不可思议了，这条双髻鲨现在在水下 300 米，距离海底 700 米的地方，根本不可能以星光或是海山脉作为参照游动，但它居然能够像沿着马路中线开车那样，呈完美的直线前进。

　　还有一些图表明了双髻鲨的环境信息。如果条纹停在 10 和 30 之间，那么这意味着双髻鲨所处的海水温度是 20 摄氏度，即 68 华氏度。温度图之后的两张图，描述的是鲨鱼所在地的亮度情况。这里的"亮度"和我们平时说的亮度不同，这里的"亮度"指的是双髻鲨能看到的电磁波谱，而非人眼可见光。鲨鱼对蓝绿色光最为敏感，因为这类色光能穿透海水传播到很深的地方。而人类和其他陆生生物可见的红色光则在进入海水后很快就被吸收了。所以海洋动物都生活在蓝绿色的世界里。但太阳光并不是海底的唯一光源，磷虾（euphausid，类似虾的动物）、鱿鱼还有一些白天在深海活动，晚上游到海面的动物，它们身上都带有发光器官，能发出蓝绿色光谱的光。我们通过两种有细微不同的波谱或波长测量亮度。一种是测量对更高电磁能敏感的眼色素的光谱响应，另一种则是测量对低一些的电磁能敏感的眼色素的光谱响应。人类和鲨鱼一样，在明暗度不同的环境下是由不同的眼色素起作用的。当从亮环境切换到暗一些的环境时（比如关掉卧室的大灯时），我们的眼睛会有一小段时间处于失明状态，而这段时间就是不同眼色素切换的过程。

　　现在我再回看电脑屏幕，这两张（亮度）图上的条纹都很小，这说明双髻鲨所处的环境里的亮度很低。这正验证了我的假设：双髻鲨并不像陆生生物那样依靠星星或太阳前进。而现在，图上已经没有条纹了，也就是说双髻鲨正在一个几乎没有任何光亮的环境里游动。但他依旧沿着完美的直线路径离开了海山。

　　我十分好奇，双髻鲨入夜后会有什么行动。有一天考察的时候，我们白天还能够跟上鲨群，但是太阳下山以后，我发现随着海中亮度降低，鲨群渐渐分散开来。首先，有的双髻鲨离开了紧凑的鲨群，独自打转，几秒钟后又回到鲨群中去。最终它们便不再回来，而是独自或三五成群快速向前游动。现在要跟上这些快速前进的双髻鲨已经很难了，它们比离开海山时的速度还要快。鲨群的一般速度是 1 米/秒左右，相当于人类快速行走的速度。按照这个速度，鲨群很快就会甩掉我们。鲨鱼有两种行进模式：以 1 米/秒的速度游动，然后突然加速至 4 米/秒以上，类似人类走路和跑步。后来我们便没有再继续追踪下去了，天太黑了，完全看不到水下的它们。

双髻鲨的游动渐渐慢下来，我们现在能跟上它了。我们当中负责追踪的成员把追踪器旋转一周后，信号强度几乎没有变化，但当她将追踪器和听音器一同倾斜放入海中中后，信号强度马上就变强了。现在，这条双髻鲨在水下 300 米处，它一直保持在这个深度非常缓慢地前进，而且经常变换方向。我有预感，它不停地变换方向可能是因为见到了鱿鱼发出的光而想去捕捉它。我看向电脑屏幕上显示出的亮度图，果然，两张图上的条纹都变长了。它应该是突然被蓝绿色光照射到了。但是，深海之中怎么会出现这样的光呢？今晚没有月亮，所以在一片漆黑里不可能有光穿过海水照射过去。所以这束光一定来自深海鱿鱼的发光器官。毕竟，我们在被捕获的双髻鲨的胃里发现了好几种带有发光器官的深海鱿鱼。在这个特别的夜晚里，这条双髻鲨展现出了两种截然不同的前进方式，一种是快速有方向的前进，伴随着时不时的上下跃动；另一种是缓慢无方向的游动，其间经常在某个地方停留。看来它已经找到了一群鱿鱼，并且开始大快朵颐了。

午夜刚过，它又开始快速游动起来，但却是朝着相反的方向游回了海山。前方已经能看到考察船桅杆上发出的灯光了。船长正在盯着装在船后座上的雷达显示器，屏幕上有一圈很大的绿色光线轨迹，在我们西南方向 5 英里之外的一个点被点亮了。看到这个光点之后，他说："如果考察船在我们和圣埃斯皮里图海山的中间位置的话，那么我们离海山只有 10 英里远了。"事实上，我们考察船的船长正在利用雷达追踪一个装备了雷达反射器的氢气球的方向和距离。那一周早些时候我们还乘着这个气球去了海山。现在，那条雌鲨正在返回海山的路上，很有可能已经经过了我们的考察船。它似乎是沿着原路返回的，要跟上它可真不容易。当我们跟着它离开海山时，潮汐就已经开始改变方向，这可能会阻碍雌鲨的回程，但事实上并没有，雌鲨依旧按着原路继续前进。而我们要跟上它就有些困难了，因为船是逆着潮汐前进的，海浪不停地拍打着我们的船，溅起了高高的浪花。现在要既保持电脑不被打湿又要注意电脑屏幕，真是不好控制。但是，我们还是尽力跟上了它。早上6点，它终于到达了海山，而这时太阳正从海面升起。

这是我们在1986～1989年四年间追踪的第一条路易氏双髻鲨，它们在夜间游离圣埃斯皮里图海山。双髻鲨游动的方向性如何？我们追踪的第一条鲨鱼在离开海山后一直都是沿着同个方向前进的，游了10英里再掉头沿原路返回海山。并且，它并没有像我推测的那样随着离海山越来越远，游动方向发生偏离，而是依旧保持着原先的准头前进。这一点让我很是惊讶，仿佛它们都在沿着一条预定的轨道前进一样。

到了第二年，一个在双髻鲨身上标了5天的标签有些松动，浮到了海面，这令我们遗憾不已。这个标签是在晚上10点左右脱落的，第二天早上6点左右浮到了海面。在标签松动的这段时间内，负责追踪的人员对双髻鲨展现出的行为十分惊讶。它在海面上缓缓移动，头部不停地变换方向。直到黎明的时候，船长看到了浮在海面上的标签，才意识到发生了什么。

一开始这件事让我们很是挫败，但在我们分析了标签漂流的轨迹后我们就把它当成好事了。最初，这个标签在洋流中缓慢地向西南方向移动，然后在某个地点停留了几小时，最后随着海流的流速加快，标签从海山向东南方向漂移。标签漂浮在水面上，在同一时间内，它漂流的距离还不到第一条双髻鲨游动距离的1/4。并且，标签在脱落后浮上水面，朝着各个方向打转。这跟我们夜间追踪的第一条鲨鱼的行为可不太一样，那条雌鲨一直都是朝着西北方前进的。这个浮标的漂流轨迹告诉我们，双髻鲨在夜晚不顺流的情形下依旧有着如此强大的方向辨认和维持能力。

在追踪了圣埃斯皮里图海山的其他双髻鲨后，我们画出了一条路线。我们追踪到一条雌鲨往返海山7次，另一条往返了6次。加上上一次追踪的那条雌鲨的数据，我们在考察船干燥的实验室里利用绘图程序绘制出了这3条鲨鱼的回家路线图。然后我们利用小船到考察船的方位和距离，以及考察船到越过海山的氢气球的方位和距离绘制了几条路线。我们可以清楚地看到，地图上双髻鲨的行动轨迹从海山向四周发散，就像车轮的辐条。这 3 条双髻鲨，都沿着同一路线向北离开海山，我们把这条路线称为路径 1。此外，还有 5 条路径。不只一条双髻鲨多次在不同的时间沿着这些"路"离开海山。而且，双髻鲨在离开海山后经常沿着同一条路径回来。

路径 6 和其他的路径不同，主路向东，接着出现分岔，一条岔道向北，另一条岔道向西。双髻鲨首先沿着这条路线向东游，然后左转往北，再掉头原路向南，接着继续向西，最后掉头返回海山。这些双髻鲨在洋流的阻碍下还能沿着原路返回真是太不可思议了。根据浮标传回来的信息，在双髻鲨前进的过程中，洋流会改变方向。双髻鲨在回程的路上能够预测到潮汐的变化并巧妙抵消。难道对于双髻鲨来说，在这样有阻力的海里潜行比在海面游动要更轻松吗？双髻鲨在游动时虽然看不到海底，但是在接近海面的地方，仍然能感应到磁场。

对于任何生活在海洋中的鱼类来说，一个最基本的问题就是弄清楚所处位置。你有没有想过，一群以浮游生物为食的鱼如何在珊瑚礁上方的洋流里保持在原地不游动？鱼群离海底和海面都大约 10 英寻[①]，注视着前方漂过的浮游生物，而不是往上或往下看。如果往下或者往上看，还可能从其中找出一些能确定所处位置的特征，以便作为参照停留在原地。对于双髻鲨等洄游性鱼类，要面临的挑战就更大了。以双髻鲨为例，它们从一座海山洄游到另一座海山时，如何利用其他参照物指引路途呢？海底磁场（相当于陆地上的地标）对于指导各种海洋动物的运动非常有用——但这只在远离海底的海表范围内起作用。然而，这是比会改变方向的洋流要好得多的位置参考，海底的洋流会掩盖磁场显现的一些特征，而海洋表面并没有洋流干扰。

为了弄清楚磁场所显现特征的潜在价值，我们需要进一步了解有关地球磁场的知识。地球表面测量到的总磁场是两个磁源——地球内核和外地核的相加。地球内核中导电的金属熔体的流动导致了两极主磁场的产生。

---

① 1 英寻≈1.8 米。——译者

这是非常强的磁场，罗盘上的指针一直指向北就是受主磁场的吸引。

在地球磁场中，地壳中的磁性矿物（铁和钛的氧化物）会对磁场产生轻微的干扰或"反常现象"。这些磁性矿物自身也会形成磁场，在海底十分常见。磁偶极子两极之间间隔1～2英里（像地球的两极，但相距更近），由于其起源是火山，经常出现在海底山脉或海山附近。这些海山中的沉积物是在过去的火山喷发中由含有微小磁性颗粒的熔岩形成的，这些磁性颗粒像微型的罗盘一样沿着地球偶极场的南北轴线排列。在地质时期，地球上的磁场在相当长的一段时期内都是稳定的，然后突然反转极性，接着又保持相当长一段时间不变。在极性反转的时候，火山又一次喷发，于是磁质朝着反方向又连成了一线。所以海山两段的磁质代表了不同的磁极。而它们相吸相斥的特质构成了一个小型的两极磁场。熔岩也有可能在喷发后在海底流动一段距离，冷却后就形成了与地球磁场平行的磁质带。磁强图上的谷或者脊会对地球磁场产生削弱或增强的影响。这些谷和脊就相当于"道路"，双髻鲨会沿着这些道路前往或离开海山。

另一种磁场在海洋盆地里较为多见。这是一种大范围的、细条纹状的强磁化和弱磁化交替带（两极间距50～100英里）。带有磁质的熔岩从地壳漫出后，逐渐在海底堆积，并向两边流去，形成了新的海洋底。当熔岩冷却后，磁质就永久地嵌入岩石中，这些岩石经过数十万年的延展，地球的磁极也在几千年中来回转换。与从前的沉积地壳相比，现在正在延展的地壳中的磁质呈现的是与之前相反的磁极。这种磁场中存在许多磁线陡坡，陡坡中存在的磁质由于两极运动，要么与地球两磁极轴线的方向一致，要么相反。而磁线陡坡和缓坡的边界可以作为另一种地理参考信息——海洋动物可以沿着这条边界，在温带和热带环境中来回洄游。

1984年，我开始研究鲨鱼航行时，就有证据将海洋生物与海底磁场联系到了一起。北美东北海岸和英国海岸的某些地点时常有鲸鱼搁浅，这些搁浅的地点就位于当地地磁起伏的山谷磁场与海岸线的交界处。如果这些鲸鱼利用海洋强弱磁场来前进的话，那么海岸就会阻挡它们前进的路线。

所以，绘制圣埃斯皮里图海山底部地形图及周围磁场图成为了首要任务。绘制出来后，我们就可以将鲨鱼前往海山和离开海山的路径和海底地势及当地磁场的最大值和最小值作比较了。我计划绘制从海山到双髻鲨夜间所到达的最远处这段距离的地图和磁场图。1988 年 7 月，我们在"罗伯特·戈登·斯普利尔"上对海山进行了深度测量和并用磁力计进行勘测。在 4 天内，我们以海山为圆心进行了同心圆式的环绕测量，每次距离圆心 1 米向外测量。回声测深仪和磁力计发回的深度和磁强的震荡轨迹被印在一张连续移动的纸带上。我们定期记录测量结果，这需要一天 24 小时的连续工作，来自美国和墨西哥的科学家三班倒，每班工作 8 小时。我们采用同心圆式勘测线，而不是平行勘测线，因为当我们利用雷达将考察船和氢气球及其装备在海山上方的雷达反射器之间的距离保持在恒定时，我们需要沿着恒定的舵角开船才能有规律地进行勘测。

　　每个地方的磁场强度在一天之内以及一个季节内都是变化的，这使磁场探测变得更加复杂起来。绕着海山测量 12 周，大约需要 4 天的时间。此外，我们还需要测量出某地不同时段，磁场强度变化的范围。我们又载了一个磁力计去了圣埃斯皮里图岛。那儿离海山最近，只有 12 英里。然后，我们还带了一个笨重的仪器和两个大铅蓄电池，去了我们驻扎在岛上沙漠的营地，这样我们的工作人员就可以一边看着水面，一边注视着我们开着小船沿着海山绕更大一个圈进行探测。我们在磁力计旁边搭了一个帐篷，不用查看磁力计的船员就可以在那做饭休息。当我们在某个测量区域进行测量时，磁力计就会每 5 分钟记录一次磁场强度。

　　这个工作很辛苦，大家都不太愿意做。白天的时候，太阳火辣辣地照着，我们就好像被放在烤箱里活烤一样。到了晚上，就会飞来一大群密密麻麻的小虫子，像蚊子一样吸我们的血。在这种环境下，工作 24 小时对谁来说都很难承受，所以大家轮流值守。但是轮班也是个技巧活，比方说换班的船员离开小岛去船上时，得刚刚掐着点到达小船经过小岛的那个地方，不然就赶不上了。

　　我们乘船测量的数据最终会被标准化，把固定位置的磁场强度与晚上 8 点在岛上测量的单一强度之间的细微差别相减或相加。为什么我们要用这个时间的数据作为参照呢？因为，我们之前所提到过的那条雌鲨在这个时间，不管是点对点移动还是遥测，都是方向把握得最准的。所测量到的海底深度和磁场强度及其相应的地理坐标，都会被输进绘图软件，最后绘制出一副海山周边的测深和地理磁强的三维等高图。

我们一群人围着这张大桌子，看着我们完成的海山周围的加利福尼亚湾地图。圣埃斯皮里图海山是水下向北方延伸的山脉的最高峰。海山往东8英里处有一个很深的山谷，将一片海底高原隔离开。我们追踪的其中一条鲨鱼曾经在4个不同的晚上越过这个山谷。它越过山谷时速度很快且方向很明确，但进入海底高原之后速度就慢了下来，漫无目的地来回游动。

磁场图清楚地揭示了双髻鲨夜间往返海山的路线。它离开海山的路径正是沿着海底的强弱磁场的边界线。事实上，另外两条双髻鲨的夜间活动也是沿着这条路径。但是，这两条鲨鱼也经常游到海山东边的海底高原去。它们离开的轨迹与从海山发散出去的磁谷和磁脊相吻合，像车轮上的辐条一样。或许，这些磁谷和磁脊是古代的熔岩硬化后形成的，其中的磁质排列成的方向与现在的地球磁场方向保持一致或相反。

每一条双髻鲨体内都有离子液体（ionic fluid），当游经地球磁场时，自身会产生一个电磁场。这就好比生物版的铜线穿过条形磁铁磁场的实验一样。鲨鱼所感应到的磁场的强度与导体（双髻鲨体内的离子液体）经过当地磁场的速度和方向有关。双髻鲨鼻子下方的电感受器（electric receptor）能够感受到这些感应磁场。那么，双髻鲨头部两侧的感受器能否感知到左右两侧的地磁强度的细微差别呢？答案是肯定的，双髻鲨横向伸长的头部能够放大任何磁场强度梯度，因为两个点之间的距离越大，两者的磁场强度差异就越被更清晰地感知到。进一步，双髻鲨头部两侧有许多电感受器，这使得双髻鲨在感知磁场强度上更为敏锐。

我将这种方向感知力称为地磁"趋位性"（topotaxis），即感知当地磁场最大和最小值的能力。这个词的前缀"topo-"指的是行动和地形的关系。字典里将"topo"定义为"包括地形和所处位置的自然特征在内的地表形态"。后缀"-taxis"是一个科学术语，指的是动物被所处环境的某个特征所吸引。在这种情况下，双髻鲨会根据地磁强度的形态特征，积极地循着磁谷和磁脊前进。

在这里有必要将"趋位性"和方向感区分开来。前者指的是利用日月星辰或者地球磁场保持固定的前进方向。为了更好地区分这两者，我举一个大型飞机和直升机的例子。飞行员在地理位置相距很远的两地之间航行时，会利用起始方向和目的地方向之间的区别，根据罗盘始终指向北方的特点保证飞行航向。回程时，就沿着同一航线反向前进。如果行驶过程中，风速过大或风向与航线垂直，飞机就有可能偏离目的地。这时就需要飞行员根据风速和风向对航向进行一定的调整。所以最终飞机的实际航线同时是略带弧度的。这和有方向感的动物在移动时的路径大致相似。

另一方面，直升机通常根据地面特征来行驶，所以路径会有所不同。直升机驾驶员经常沿着地面某条道路、山谷或山脊行驶，所以最终的路径会比较蜿蜒。直升机的路径是依照地表特征而定的。如果地上的道路是笔直的，那么直升机的航道也是笔直的；如果地上的道路是蜿蜒曲折的，那么直升机的航道也是蜿蜒曲折的。这给双髻鲨离开海山并沿原路返回的举动提供了一个最简单或者说最薄弱的解释。双髻鲨似乎不像人类那样用眼睛探测"道路"，而是通过电感受器。双髻鲨与周围环境的导航联系并不像人类那样是视觉上的，而是地磁感知上的。这在毫无特征的广阔大海里，真是一样了不起的本领。这是非常关键的，鲨鱼在海山某处游移或从栖息地到索饵场洄游时，就不需要非得看见海底了。在浑浊或漆黑的海里，视觉发挥不了多大的作用。

在我们绘制出的磁场图上，双髻鲨的行进路线有时和磁力线（与磁感应强度相切的线）平行，有时则和磁力线相交。这种不一致让我很困惑。我需要有更充分的证据来证明，双髻鲨是沿着磁谷和磁脊离开海山的。当我查看磁力计的记录时，发现双髻鲨的行动路径和磁场强度之间的关系越发明显。在我们的考察船绕着海山打转测量磁场强度时，磁力计测量到的上下波动的磁场强度会被印成黑色，印在一张连续的长条状纸上，每隔 5 分钟我们就在纸上标号，以便记录当时所在的位置。

我将这个长条剪成 10 个片段，每一个片段记录了考察船绕海山一周的磁强。两个片段所代表的测量位置之间的距离都相隔 1 海里，测量时相邻两圈之间的周长大约相差 1 英里。然后我将最短的片段，也就是测量时离海山最近（当时离海山仅 1 英里远）位置的测量结果贴在了实验室一面墙的底部。然后我将与其相邻的片段（测量位置与之前的环形距离1海里）贴在墙的上方。以此类推，我将所有的片段都贴在了墙上，最上方的片段甚至都贴近天花板了。完成之后，我后退几步，看着整面墙的磁强记录。在每一个片段上，你可以看到从海山延伸出去的同一条磁谷和磁脊。接着，我在每一个片段上画上特殊的标记。在片段上，某条鲨鱼洄游到海山以及从海山游出时，都会经过磁力计记录的路径。接着，我上下扫视着每一张片段上的点所连成的表示双髻鲨移动路径的线。结果发现了很令人惊讶的事情：每一条双髻鲨离开海山时，都沿着同一个磁谷和磁脊游动。我找出我们最开始追踪的那条雌鲨的标记——它在最下方（离海山最近）片段的底部。片段上表示磁强的黑线一直缓缓上升，但是在磁高原的边缘，即在海山的所在地，突然下降了。这条边界在所有的片段中都十分明显。代表大型雌鲨前往海山和离开海山的路径的实线圆圈在这个点上也特别明显。实线圆圈所代表的是路径1，即我们最先追踪的那条雌鲨和其他一些双髻鲨在夜间离开海山时的路线。这也是证明双髻鲨能利用地磁趋向性指导航行的更有利的证据。

有何关键性的证据能证明双髻鲨的地磁感知能力呢？仅仅将双髻鲨的行进路线和磁谷磁脊联系起来是不够的，因为可能还有其他的影响因素，只是我们还未发现。我们需要设计一个实验，改变某处的磁场，并观察双髻鲨有没有作出预期的反应。那我们怎样才能反转海山的磁极，或是将其中一条磁脊转移到其他位置去呢？几年前，我曾经打算在海山上缠上3～9道铜线，由两块蓄电池供能，这样就相当于将海山转变为了一个大型的电线圈，反转海山的磁极。这并没有看起来那么不切实际。在战争时期，工程师会对由许多铁磁性金属构成的大型战舰和航空母舰进行消磁，这样在海上作战时就不会引爆海里的磁性水雷。所以，我们为什么不大胆地把海山的偶极场反转过来呢？

1986年的夏天，我们在海山北部给18条双髻鲨进行了超声波编码标记，接着在海山的南北两侧放置探测器，然后记录它们停留在南侧还是北侧。两个感应器相隔300码，各自能探测150码范围内的磁强，因此双髻鲨在经过这两个探测范围的预期时间应该是一样的。但实际上并不是这样：双髻鲨对所处的位置十分挑剔。探测器显示它们在海山北部停留了一整天，一直在北侧探测器的探测范围内游进游出，就像双髻鲨在鲨群里的活动那样，仅有一次一条双髻鲨离开了鲨群前往海山南侧，并被南侧的探测器检测到。对于一晚上能离开海山航行 10 海里的双髻鲨来说，这种停留有些不同寻常。海山北侧一定有什么吸引着双髻鲨。我希望，有一天我能暂时性地把海山的磁极反转，把南边的磁极转化为强极，北边的转化为弱极。这样双髻鲨会不会成群结队地移动到南端去呢？我想，探测仪会告诉我们答案。

1984 年，在开始这个研究之前，我会利用午休时间在斯克里普斯的沙滩上踢足球。那是我的日常活动。一天，沃尔夫冈·伯杰（Wolfgang Berger）向我走了过来。他长得高高瘦瘦的，在斯克里普斯给研究生上海洋地质学的课。他问我拿到博士学位后想做什么研究。我告诉他，我想知道双髻鲨是如何发现海山的。他笑出声来，戏谑地和我说，"发现海山是件很容易的事情"。双髻鲨能像任何优秀的地质学家那样，发现一座海山。科学家们利用梯度仪来寻找目标，测定仪上两个稍稍隔开的磁力计能同时测量磁场强度。所有人都知道强偶极场和海山密切相关。而我却是在四年后，耗了许多心思追踪双髻鲨的行进路线，甚至花了更多精力在地磁勘测上之后，才得出了相同的结论。

双髻鲨为什么要在海山附近成群结队呢？因为海山是双髻鲨活动范围内的一个重要地标，且有许多磁性通道从海山向外延伸到周围广阔水域的诸多捕食场。对于双髻鲨来说，休息时间聚在这里可以让它们进行"社交活动"，等到了晚上便各自沿着之前的路线前去觅食。在某种程度上，双髻鲨和人类的生活方式是相反的——人类白天在城市工作，晚上回到郊区休息，而双髻鲨则是白天在城市休息，晚上则去郊区觅食。

# 9 探寻大白鲨

对于像我这样对动物在各自生存环境里的行为感兴趣的动物行为学家来说,探查"食人鲨"或者说大白鲨的本性实在是一个难以抗拒的挑战。1982 年,在斯克里普斯海洋研究学院完成我的双髻鲨研究并拿到博士学位后,这个挑战成为了我的一个强烈的目标。当然了,我首先得更多地了解大白鲨的生活史,以便在大白鲨的栖息地里找到一处最适合研究的地方。所以,我查找了所有发表过的关于在北美西海岸出现过的大白鲨的科技文献。接着我又参观了加利福尼亚州的海洋实验室、海洋水族馆和自然历史博物馆,并查找了一些未出版的记录。这些记录最早可追溯至 1955 年,包括每一条鲨鱼的捕获日期、位置、大小、重量和胃含物。

怀孕的雌鲨在夏秋时分来到南加利福尼亚州外海的海岛附近分娩。这些雌鲨至少 12 岁,体长超过 15 英尺,体重超过 1 吨。在这些海岛上聚集了大量的北象海豹,大白鲨就是被自己最喜欢的食物吸引过来的。一条雌鲨一胎能产下 5~10 条小鲨鱼,活下来的小鲨鱼出生后就离开母亲,沿着海底峡谷向海滩游去(这些海底峡谷从海岛周围的大陆架一直延伸到加利福尼亚州海岸)。这些新生的大白鲨平均约 5 英尺长,很可能成群行动。证据就在斯克里普斯鱼类博物馆的大白鲨标本的野外记录中。1955 年 10 月,斯克里普斯的一个潜水长吉米·斯图尔特(Jimmy Stewart),在给学生上潜水课时突然看到一小群大白鲨在斯克里普斯码头附近游动。他和学生们放了一根延绳钓线,在两周内捕获了 8 条大白鲨幼鱼,每条 5~6 英尺长(其中 3 条刚好 5 英尺 4 英寸长),都不到一岁——它们的体形说明它们可能来自同一胎。斯克里普斯码头距离拉霍亚海底峡谷(La Jolla Submarine

Canyon）[靠近圣克莱门特岛（San Clemente Island）海岸]不到 0.25 英里。凡土拉海底峡谷（Ventura Submarine Canyon）在北部海峡群岛[Northern Channel Islands，包括阿娜卡帕（Anacapa）、圣克鲁斯、圣罗莎（Santa Rosa）和圣米格尔（San Miguel）]的正东边，那儿经常能抓到大白鲨幼鱼。几年前，一个电视节目组在一架直升飞机上录节目时，拍到一群大白鲨幼鱼在靠近圣莫尼卡海湾[Santa Monica Bay，在南部海峡群岛（Southern Channel Islands）——圣巴巴拉（Santa Barbara）和圣尼古拉斯（San Nicolas）——近岸的圣莫尼卡海底峡谷（Santa Monica Submarine Canyon）附近]海面的地方游动。

这些大白鲨幼鱼已经长出了攫取和吞食猎物的尖牙，这和成年大白鲨用来撕咬鳍足类（pinniped，包括海狮和海豹在内的类群）的三角形锯齿状牙齿有所不同，幼鲨的牙齿用于找出鱼类，吞食鱼类，比如杜父鱼（cabezon，生活在海底附近的岩礁处）。在加利福尼亚州南部的水域里生活两年之后，这些幼鲨会在夏天或秋天沿着海岸北上。等大白鲨成长到 3 岁时，体形大约有 9 英尺长，这时它们就开始捕食海豹和海狮了。这两种猎物在外形上很容易区分：海豹的前鳍很小，但是后鳍十分发达，后鳍用于水下推进，但在陆地上却发挥不了多大的作用。海狮则恰恰相反，它们的后鳍很小，但前鳍很发达，用于水下游动并且支撑它们在陆上蹒跚前进。海豹只局限于在海滩和海岸的平地上活动，因为它们离开了水就不能移动太远；而矮胖的、体态似香肠的海狮则可以在海滩上像尺蠖（inchworm）那样慢慢地爬行。另一方面，海狮喜欢大群大群地聚集在整片海岸高处的岩石上，它们的前鳍能让它们攀爬上这些岩石。成年大白鲨整个秋季都会停留在加利福尼亚湾中部和北部靠近海狮和海豹聚集地的地方。在雷斯岬[Point Reyes Headlands，旧金山北部一个深入法拉隆湾（Gulf of Farallones）的半岛]、年努埃沃岛[Año Nuevo Island，蒙特雷湾（Monterey Bay）北部]以及法拉隆群岛[旧金山湾（San Francisco Bay）湾口以西 30 英里处]的海狮和海豹聚集地附近曾有人捕获过大白鲨。

北象海豹是大白鲨最喜欢的猎物，了解它们的生活史对于探究大白鲨的分布有着重要作用。每年 12 月到次年 1 月，聚集地中的雌性象海豹产下幼崽并给它们哺乳。接着在 1 月中旬，幼崽们开始在近岸的海水里学习游泳和潜水。等到 4 月底的时候，幼崽会离开聚集地去闯荡。虽然我们并不清楚这些小海豹到底去了哪里，但是它们似乎去了很远的地方，因为其他年龄段的海豹曾去过很远的地方。成年的雌海豹曾在北太平洋东部的中间位置漫游过很长距离；而雄性海豹则沿着俄勒冈州（Oregon）和华盛顿州（Washington）的大陆边缘一直觅食，直到到达阿拉斯加湾（Gulf of Alaska）和阿留申群岛（Aleutian Islands）的上游。在海里时，小海豹受到的威胁会比在海面以及在聚集地要小，所以它们 90% 的时间都在水里，并且几乎每一次都会潜到水下 200 码的深度。大白鲨相当发达的眼睛和附属肌肉能让它们锁定并咬中水面上晃动的黑影。所以，当这些小海豹在 9~11 月第一次出海后，留在雷斯岬、阿诺努耶佛岛以及法拉隆群岛的海豹聚集地的这段时间内，它们被大白鲨捕食的概率最大。

所以，在 1983 年的春天，当雷伊斯角鸟类观察站（Point Reyes Bird Observatory）的生物学家大卫·安利（David Ainley），和我讲述法拉隆群岛的大白鲨时，我表现出了浓厚的兴趣。当时，我正在加利福尼亚州中部形形色色的海洋机构流连，以便找到一些当地捕获大白鲨的相关记录。我希望能跟大卫碰面，并且参观雷伊斯角鸟类观察站。那一天凉爽有雾，这是加利福尼亚州中部沿岸很是寻常的气候。大卫正背靠在观测台前方木甲板的栏杆上。那是一个坐落在苍翠树林里的小型观测站，仅有几栋乡村风格的木质建筑，旁边就是波利纳斯潟湖（Bolinas Lagoon）。这里的人都用首字母来称呼这个观察站：PRBO。

大卫是一个大胡子男人，头发乱糟糟的，他站在那里目光炯炯地盯着我看。他讲了一会话，又停顿了很长时间，这让我觉得有点不自在（他以为我会接着话茬继续说，但是我并没有）。令我惊讶的是，他说话如此简洁，这与他发表的许多论文形成了鲜明对比。其实他是一个很博学的人，他写过许多物种的生物学文献，从海豹到鸟类，当然了，还有大白鲨。他两年前曾和其他 PRBO 的生物学家一起发表过大白鲨在法拉隆群岛捕食海豹的文章，我对此十分感兴趣。

东南法拉隆岛是组成南法拉隆群岛的两座岛屿的偏东部的那一座岛屿

[另一座岛屿叫作韦斯滕德岛（West End）]，坐落于旧金山湾以西30英里处。他告诉我，自从1968年起，PRBO就在东南法拉隆岛维持着一所全年运作的研究站。东南法拉隆岛较大，从东到西大约有0.33英里，从南到北约有0.25英里。东南法拉隆岛北面有一座灯塔山，海拔约340英尺。山丘呈金字塔状，顶部有一座旋转式信号灯，向着雾蒙蒙的黑夜散发光芒。旋转的灯光和雾角发出的鼻音似的声音是在提醒附近的船员要绕开岩石，小心行驶。PRBO的设备都放在小岛南面一间维多利亚式的排屋里，面朝南方新月状的海湾。岛的西南边是小一些的韦斯滕德岛，岛之间只隔着一条窄窄的流道，流道最宽的地方也不过12码。韦斯滕德岛的大部分都是山丘，山丘中部有一个主桅楼湾（Maintop Bay），山丘西部沿着海岸有一条高脊，一直向西北延伸。两个岛加起来有半英里宽。

两个生物学家以及几个志愿者（最多的时候有6个）轮流待在观察站里。如果天气允许的话，每天执勤的人就会绕着小岛走一圈，调查岛上鸟类的情况并报告近岸水域的状况。秋天的时候，他们看到以海豹为食的大白鲨在近岸的地方出现过。这里大白鲨大部分的捕猎都在野外观测站前方一个小半岛的海湾处进行，那里聚集了很多象海豹。在过去9年里，大白鲨每年的捕猎次数已经增加到了7次。而且，当越来越多的海豹在岛上聚集时，大白鲨的攻击频率也相应增多了。

大卫说，PRBO想和我一起标记追踪岛边的大白鲨。他让我尽快整理出一份计划并送到国家公园管理局去，那里曾经表示过愿意为南法拉隆群岛的此类研究提供资金。我得首先了解一下在岛上工作的一些事务。这是一个自然保护区，由美国鱼类及野生动植物管理局（United States Fish and Wildlife Service）监管，所以我们要做研究的话，得先取得他们的批准。野外观测站里有一栋两层的房子，供平时的生物学家和志愿者住，我和我的助手可以住在那里。每个星期海洋学会（Oceanic Society，旧金山一个致力于海洋休闲娱乐的组织）会派一艘休闲船过来运送补给物资。岛的东侧有一台大型起重机，站内有一个发电机给它供电。这个起重机能提起我的墨西哥小船，并将它放置在水上25英尺高的站台上。我的小船如果太重的话，海岸边上系着的两个浮筒，我可以把小船和其中一个浮筒绑在一起，然后利用 PRBO 的充气艇在小船和海滨之间来回往返。我得赶紧称量一下小船的重量，看它有没有超过起重机的起重能力 5000 磅。起重机被固定在一个混凝土站台上，那儿有一个混凝土砌块，砌块上的金属吊眼用以定期测量起重机的承重能力。我 9 月和 10 月应该待在这儿，因为这段时间大白鲨最喜欢的食物——小象海豹的数量是最多的。它们吸引了许多鲨鱼来到这里。况且，秋季海风很弱，水面比较平静，很适合驾着小船在附近观察。

第二天早上 5:30，我登上了一艘 36 英尺长的帆船。它原本被安置在旧金山市区 39 号码头。早上 6:00，我乘着它离开码头，开始了长达 5 小时的法拉隆群岛之旅。我的计划是先驶离海湾，然后完成到法拉隆群岛的剩下航程。我们驶离旧金山湾时，海水十分地平静。我望向金门大桥（Golden Gate Bridge），它有 1 英里长，由两座塔桥共同吊起，将市区和北郊[马林（Marin）和索诺玛（Sonoma）]连接起来。此刻，它沐浴在初升的阳光里，耐蚀漆外层呈现出铁锈一般的红色。

我们无意中偏离了航道，开到了浅浅的"土豆块"水域了。随着湾内的水流向浅水区，温和的风从反方向吹来，湍流的速度开始加快了，这使得水面激起了间隔很短的高高波浪。事实上，有的大浪很有杀伤力，如果撞上了可能会翻船。现在的情况有些危险，但是船长竟然让我来掌舵。但其实我在迈阿密大学读书时，有 4 年的帆船驾驶经验。所以，在现在这种危险的情况下掌舵，我也是信心满满的。我们很快离开了这片"土豆块"。行至半程时，我们拉起主帆，向着法拉隆群岛而去。

差不多 2 小时后，我们透过浓浓的白雾看到了法拉隆群岛的影子。我们周围的水呈现出了一种稍带蓝色的灰色，这和在旧金山湾见到的湛蓝的海水截然不同。等到小岛靠近了一点，我们也看得更清楚了。小岛整体上是褐岩石，其中遍布着许多居住在此的鸟类的白色粪便。小岛正中有一座被许多小山丘包围的高丘，高丘的圆形顶部上有一座灯塔。这使得整座岛从侧面看就像一颗不对称的牙齿。我们从东面靠岸，进入了名为"渔人湾"（Fisherman's Bay）的避风港。高丘高矗在港湾的一侧，另一侧几块巨石稀稀落落地散布在水里。离小岛最远的一块巨石看起来就像一条面包，我们把这个巨石叫作"甜面包"（Sugarloaf）石。避风港的中央有一个浮标，"啊，"我想，"这是大卫告诉我的两大浮标之一"。这个避风港应该是我安放小船的一个绝佳场所，因为那儿被西北风、周边的海域以及三面环绕的岩石所包围。我注意到，港湾内部有一条窄窄的航道一直通到沙滩上。沙滩上挤满了海豹，它们纷纷用前鳍支撑起身体，来回地摆动头部看我们。空气中充斥着海豹们犬吠一样的声音："啊嗑，啊嗑，啊嗑。"航道的中间位置有一个扁平的岩架，刚好可以用来展开充气艇，划到绑着小船的浮标那儿去。到时候得快点划到浮标那儿去，不然大白鲨会咬破充气艇，那样的话我们就只能游泳回去了。如果我们游到岸边而不是开船过去的话，大白鲨就会把我们当成可轻易捕获的食物。

我让船长沿着小岛绕了一圈，这样我们就能在大卫给的地图上把地标都标出来。我们从海湾南面的灯塔角（Tower Point）驶过，并经过了苏布里克角（Shubrick Point）。这两个地方都是灯塔山向着海洋延伸出的两条山脊。当我们行驶到小岛东部的时候，我们见到了第二个浮标。这个浮标和海滩之间有一个大型的航道，地图上把这里标记为"加尔巴热冲沟"（Garbage Gulch）。这里通向一个白色的沙滩，那儿遍布趴着的大型雌性象海豹。此外，在海滩前方的海水里也能看到海豹们上下迅速浮动的圆圆的脑袋。这些海豹不停地在打响鼻。我们如果上齿咬住下唇，然后用力向外吹气使得嘴唇振动的话，也能发出类似的声音——这声音听起来就像一个胃气胀的人发出的一样。当然了，海豹打响鼻是为了把鼻子里的空气挤出去。

航道的南边有一个水泥平台，"波士顿捕鲸者号"船停在上面可以保持平衡。船长告诉我，那艘船是用来载人并运送补给船的物资的。现在它正在系泊。"啊，"我想，"可以把我们用来支撑独木舟的木制支船架放在这里"。但是，这儿有足够的空间来停我的船吗？虽然它很窄，只有 7 英尺宽，但是它足足有 23 英尺长呢。这个站台旁边还有一个用来做起重机底座的混凝土台。起重机有一条长的金属提升臂，它由 4 条被横梁固定的主梁组成，向着航道延伸出去。缆线来自站台旁边的一个金属轴，这些缆线跨过悬在主梁的三脚架下方的滑轮和金属臂底端的滑轮，以及悬在水上的金属挂钩连在一起。船长告诉我，当那艘捕鲸船系泊的时候，他就会把补给的东西放在一个木箱子里，然后起重机的挂钩会钩住箱子上的吊眼，把它提到岛上的站台上去。很快，那艘捕鲸船就出现在了"加尔巴热冲沟"的河口，船上站着一个生物学家。我们把机箱补给物资放在木箱子里，然后让起重机提过去。

在进入新月状的避风港之前，我们首先看到的是一块马鞍岩（Saddle Rock）。它看起来像一个巨大的马鞍，一边有一个尖顶，另一边则是一个稍宽些的石峰。它离小岛只有 100 码的距离。我们现在位于象海豹湾（Mirounga Bay）里，这个名字来源于象海豹（*Mirounga*）的属名。许多的象海豹在这里来回往返。透过波浪，我们可以看到一个插入海湾中部大约 25 码长的小型半岛，最宽的地方有 15 码，和海滩之间有一条 5 码长的狭窄的弧形相连。这就是低拱（Low Arch），上面躺着很多海豹幼崽，它们可都是岛屿周围海水里不时出没的大白鲨们最喜欢的食物。在低拱后方的小岛中部的平地上有两座红顶的白房子，相隔不到 100 码。每座房子都有带阶梯的前门，阶梯上覆盖着二级排水装置。门正对着低拱。西边的那座房子被用作 PRBO 的野外观测站，东边的房子还空着。现在，某个生物学家或者志愿者正站在野外观测站前面看着我们。那个时候我正想着，是不是因为这房子正对着低拱，所以能看到更多的鲨鱼捕食场面？当然了，观察者得花更多时间观察野外观测站前方的水域。

在海湾西部和相邻的韦斯滕德岛上，有另一条延伸到海里的山脊。从海湾望过去，这条山脊的轮廓就像一个美国印第安人棱角分明的额头，所以它被称为"印第安之额"（Indian Head）。韦斯滕德岛上没有人居住，也没有屋子。当我们环绕了南岛一圈后，我们沿着韦斯滕德岛的西南海岸前进。这时海浪变得越来越大了。我们逐渐地靠近两岛的西北口岸。该岸通常面临着风大浪急的海，因为风一般从西北部吹来。主桅楼湾是第三个海湾，巨型新月形海岸线从韦斯滕德岛的最西点一直延伸到"甜面包"石的北部末端。我和船长都不打算进入湾内。越靠近海岸，海浪就越高，不断向前击打，拍溅起白色的浪花，发出了震耳欲聋的声响。我们最好离这儿远点。于是我们调转方向，向着旧金山湾驶去。当我们傍晚在 39 号码头靠岸的时候，所有人都已经精疲力竭了。

　　1985 年 9 月，即两年后，我正在博德加海洋实验室（Bodega Marine Laboratory）的考察船"苏珊 K 号"（Susan K）上进行为期 3 天的访问。那时我开始大量地查找关于法拉隆群岛附近大白鲨的相关记录。在那之前，于 1984 年的秋天，我又去了一趟加利福尼亚州北部，并在博德加湾（Bodega Bay，距离旧金山北部 80 英里，一个挨着小海湾的小镇）的一个露营地住了一晚。我们在那儿寻找"博德加石"（Bodega Rock）。这是海湾入口外的一个小岛，栖息着许多海豹和加利福尼亚海狮。那天晚上我们正在搭帐篷的时候，一辆小型皮卡开了过来，一个陌生人把头伸出窗外要问我一些事情。我走了过去，他告诉我他是博德加海洋实验室加利福尼亚大学戴维斯分校博德加海洋实验室的行政主管。他说他在《洛杉矶时报》上看到了我先前发表的关于双髻鲨的研究，并得知我准备探寻加利福尼亚州海岸中部水域的大白鲨。后来他告诉我，他很佩服我为了潜心研究并免受媒体打扰而拒绝透露研究的时间和地点。在我们聊天的时候，车子开了不足 1 英里，这时视线里出现了一群很可爱的建筑，它们依山而起，到访的科学家们可以入住。他继续沿着海湾驾驶，把车开到了下一条车道，那儿离另一群建筑只有半英里远。这些建筑都是实验室，坐落于一片遍布灌木的海台上，远远地能眺望到一个名为马蹄湾（Horseshoe Cove）的新月形沙滩。

　　然后他带我去了市政码头，并把"苏珊 K 号"的船长迪克·纳尔逊（Deke Nelson）介绍给我。"苏珊 K 号"是一艘 41 英尺长的机动船，后来被改造成带有 A 字形金属吊车的考察船。一根缆绳穿过这个 A 形框架，用于拖曳网具和拖网，为实验室采集样品。他们鼓励我用这艘调查船去研究大白鲨。船上有用于烹饪的厨房、餐厅、卧铺，船尾还有一大片空间用来堆放大量的鲨鱼诱饵。于是，这艘船就成为了我考察加利福尼亚州中部水域大白鲨的第一个据点。

　　现在我的主要目的是将一个信标附到一条大白鲨身上并追踪它。我设计了两种标记的方式。如果大白鲨能被引诱到离船帮很近的地方，我会利用一根长杆标枪把标签附到鲨鱼身上。信标被固定在靠近标枪尖端的位置，和一个不锈钢的导引头连在一起。导引头连着一个锋利而尖锐的金属梭镖，安装在标枪的末端。我必须移动到船边，手里握着标枪，标杆底部的橡胶带和我的拇指勾在一起。然后我松开标枪，标枪向前弹出，连着信标的梭镖就会嵌进鲨鱼背部厚厚的肌肉里。

如果鲨鱼距离我们的船太远的话，我就得采用另一个办法了。信标会跟一个三头钩固定在一起。这个电子标签会藏在海豹或其他诱饵的体内，用一根线绑着系在"苏珊 K 号"的后面。当鲨鱼吞下猎物后，信号发射器会通过鲨鱼的喉咙进入它的胃部，而三头钩会顺势钩住胃黏膜固定住。钩子只会给鲨鱼带来很小的不适感，因为在渔民捕获的鲨鱼胃里经常发现过许多海豹的碎骨头。

首先，我们要把一条鲨鱼引诱到船边。因为这个缘故，在我们前往南法拉隆群岛时，"苏珊 K 号"就装载着能吸引大白鲨的诱饵。我们带了一些底栖鱼和血的混合物来吸引鲨鱼，还带了一些绵羊的尸体，可以把信号发射器藏进去。因为在当地海滩上找不到新鲜的海豹尸体，所以我们决定用绵羊的尸体，然后在佩特卢马的家畜拍卖会（Petaluma Livestock Auction）上买了几只羊。当这些羊被剥皮后，看起来就和浮在海面上的海豹的白色尸体差不多了。我们还从圣乔治角渔场（Point St. George Fisheries）买了一打 50 磅袋装的底栖鱼，这个市场为当地渔民提供蟹笼用的底栖鱼。

我们需要大量的血来吸引鲨鱼，所以我们去了当地的屠宰场。在屠宰场里采集动物的血液是一个令人难受的体验。牛被屠宰后，被挂在钩子上，然后推给屠宰师剥皮。她从牛的喉部撕开一条口子，然后叫我用桶接住流出的血。当血流进桶里的时候，我的手都有些发抖了。每当我推开一头牛，我得很小心地避开它们的蹄子以免被踢，因为它们在死后还会因肌肉痉挛而抽搐。此外，我还会往每个 5 加仑的桶里倒 5 杯醋，以免血液凝固。其实对于肉食性的人类来说，屠宰是一个可怕但又必要的过程。许多人都不了解那些被端上餐桌的肉是怎样得来的。我不停地回想智人饲养肉食性动物的明智行为，回想国内产的牛肉是世界上第二受欢迎的产品，希望借此来减轻我的沮丧。仔牛在成年之前被安置在牧场自由活动，等到成年之后很快就会被分去各地的屠宰场。

我们几经波折才拿到底栖鱼和动物血液，因而我开始考虑是否要用化合物来替代这些天然诱饵。在 19 世纪 70 年代晚期，一队研究者比较了许多化合物对鲨鱼的不同吸引力。研究人员在鲨鱼的头上安置了一个连有电子设备的电极，然后在鲨鱼所处的池子里分别倒入不同的化合物，以此观察鲨鱼的脑电变化。研究发现，鲨鱼对甘氨酸（glycine）和甜菜碱（betaine）这两种常见的化合物的脑电波反应最强。所以我弄到了两小瓶以便研究它们吸引鲨鱼的效力。

9 月 15 日早上 6:30，我们从博德加湾出发前往南法拉隆群岛，4 小时后我们抵达了。这是我第二次乘着"苏珊 K 号"出行。一个星期前，我们去了鸟屿（Bird Rock），那是托马利斯湾（Tomales Bay），它是沿着圣安德烈亚斯断层（San Andreas fault）的一个 1 英里宽 20 英里长的浅水河口入口处的一个小岛。鸟屿在博德加湾南部不到 10 英里处，大多数大白鲨袭击人类的事件都发生在鸟屿的西岸，这儿因此"大名鼎鼎"。那儿曾发生过 7 起大白鲨攻击采鲍（一种类似帽贝、肉质鲜美，喜欢附着在岩石上的贝类）潜水员的事件。鲍鱼以海藻为食，海藻在这一带海域很常见。我们将装着动物血和底栖鱼的钻孔桶子和粗麻袋下放到水里，让里面的东西持续渗出。此外，我们还将这两样东西混在了一起，每隔 5 分钟就用一个长柄勺舀一勺倒进水里去。我们在岛上的不同位置分别等待了 23 小时、28 小时和 5 小时，还在船边系了一头绵羊的尸体，里面塞了一个信号发射器，但却没有见到一条鲨鱼被吸引过来。我开始思考，我们没能吸引到鲨鱼是不是因为我们的船将它们吓跑了。还有一个可能就是，我们船上的发动机会每秒振动 60 次，这些声音肯定能被鲨鱼听到并且把它们吓跑。

因为这个原因，我们在到达南法拉隆群岛的第一件事就是在两个地方放置装有电子感应浮标的绵羊尸体。其中一个位置是象海豹湾靠近低拱的地方，那儿遍布着晒太阳的棕色小型象海豹，它们的身体在太阳下显得十分地有光泽。我们能听到它们发出的爆鸣一般的声音，它们的声音甚至盖过了海浪的声响。我们把另一头绵羊尸体放在东海岸附近的马鞍岩旁边。如果鲨鱼不愿接近"苏珊 K 号"的话，它们有可能会接近这两头像似海豹的尸体。海豹尸体在附近水域很常见，像是当地鲨鱼的食物来源之一。

但是有一个问题需要解决：就是如何知道鲨鱼在什么时候带走了浮标。"苏珊 K 号"的船长迪克想出了一个办法。他建议我将尸体和一条短线连在一起，短线上安装一个无线电广播发射器，然后将这条短线和总线用可分离的绳子连接起来，这样绵羊尸体和浮标就都可以待在水下。当鲨鱼带走绵羊尸体时，无线电广播发射器就会浮上水面通知我们。无线电波和超声波不一样，它不能在海水中传播，只能通过空气传播。我们将一个系有浮筒的重锚抛入海底，同时让浮筒浮上水面，连着绵羊的短线和主线用一条可分离的绳索连接在一起。无线电发射器和短线系在一起，置于绵羊的上方。这两个饵站在我们南法拉隆群岛 3 天之行的第一个下午就完成了。

然后我们离开象海豹湾，把船停在了马鞍岩的后方。我们把无线电接收器的天线夹在船顶，并把天线和放在船上厨房里的接收器连接起来。我们在两个接收器之间不停地切换扫描，热切地希望能听到代表着鲨鱼咬走绵羊的高音调"哔哔哔"的声音。我们的船边也拴着一头绵羊尸体，里头藏着第三个传感浮标。我们在绵羊周围的水里洒了一些底栖鱼和动物血液的混合物，如果鲨鱼把它叼走的话，我们就能直接看到。

大概一个半小时之后也就是下午 2:13 的时候，我们听到无线电接收器的扬声器里传出了高声的"哔哔哔"的声音。这说明有一个无线电浮筒浮上了水面被检测到了。大家都冲到接收器的控制面板前看是哪个位置的浮筒被触动了。控制面板上显示是"通道 2"，也就是说，马鞍岩附近的浮筒浮了上来。我们看向马鞍岩的方向，岩石的另一面附近有许多海鸥在半空盘旋，发出大声的尖叫。因此大家都明白了，那儿的绵羊被叼走了。

迪克拉起锚，很快地绕着马鞍岩进入了海湾内。这整个过程只用了 7 分钟：现在是下午 2:20。原本绑在绵羊身上的绳子现在浮在了水面上，而鲨鱼已不见踪影。现在，鲨鱼可能在我们下方某处游动，我开始尝试接收鲨鱼腹中的信号浮标传回的信号。我把超声波接收器的耳机拿过来戴在头上。然后把水下听音器的长金属条放在船的一头，接着把方向指示柄放在另一头。再接着我把金属长条放入水中并缓缓地转动指示柄，仔细听着它发出的"哔哔"声。一开始我几乎听不到声音，但是紧接着声音就变得大些了。5 分钟后，它的声音还是不怎么强，当我将指示柄转动一整圈后，信号的强度却没有变化：这说明鲨鱼就在我们的正下方。这时，迪克叫出声来："它游上来了，在水面上！"我立马看向他所指的方向，一条巨大的鲨鱼快速摆动着尾部，张开大嘴向前咬住了绑在锚上装着动物血的 2 加仑的塑料壶。接着它又转头向锚的方向游过去，咬住并吞下装着底栖鱼的麻布袋。不一会，鲨鱼又沉入水中不见了。这时听音器并没有发出声音，这让我很失望。这很不寻常，正常情况下鲨鱼不可能在这么短的时间内游到 1 英里之外的地方去（听音器的探测范围是 1 英里）。会不会是因为声波信号在穿过鲨鱼身体时减弱了，或是（更有可能）被鲨鱼胃里的海豹的脂肪吸收了呢？直到几年后我才找到一个看似更合理的解释：鲨鱼并没有吞下绵羊尸体，而是让它随着水流漂离了小岛，这样探测器就接收不到它发回的信号了。但是，我依旧不太相信鲨鱼不吃绵羊——毕竟在纪录片里它们可是什么都吃的，不管是生物还是非生物。

我们在海湾附近绕了两圈，定时停下来将听音器放入水里，试图捕捉浮标发出的信号。可是不一会儿，风变强了，海浪也越来越高，重重地拍击在岩石上，我们只得在马鞍岩北面抛锚。这种情况下，我们只得等到第二天才能继续搜寻那条鲨鱼了。第二天，我们绕着海湾巡了两圈，却没有探测到任何超声波信号。然后我们回到了原先被咬走尸体的饵站，在那儿撒下底栖鱼和动物血的混合物，希望能把那条鲨鱼再度吸引过来。我们在那儿撒了 8 小时，却没有等到它回来。到了晚上，海浪又变得汹涌起来，我们只好再次在马鞍岩后方抛锚。1985 年 9 月 18 日，即次日早上，我们回到了博德加湾。

不到一周后，9 月 24 日，我们又乘着"苏珊 K 号"去了一次南法拉隆群岛。我们把船停在象海豹湾内靠近马鞍岩的地方，继续撒了 8 小时的混合物，希望能把上次那条鲨鱼吸引过来。在我们离开前，我们缓缓地绕着小岛巡航，每经过一个海湾都停下来搜寻信号。但是我们找不到任何证据证明那条鲨鱼还在法拉隆群岛的范围内。

1985 年秋天，我们又登上"苏珊 K 号"做了一个 3 天的航次。我们乘船去了大象岩，一个星期之前曾经有一个潜水者在那里采鲍的时候被一条鲨鱼攻击了。我们用了和之前相同的步骤，先将一头藏有标记的绵羊尸体拴在船边，然后往水里撒底栖鱼和动物血的混合物。我们在那撒了 20 小时，然后启程前往雷斯岬——博德加湾和旧金山之间一个巨大的岩石半岛，那里的海滩上栖息着许多海豹。我们在雷斯岬同样撒了差不多 20 小时的诱饵，但没什么收获。

到目前为止，我们一共进行了 4 个为期 3 天的航次去探寻大白鲨的习性，但没有一条鲨鱼被吸引过来靠近"苏珊 K 号"。我们也像其他研究者在南非和澳大利亚做的实验那样撒出了大量的底栖鱼和动物血混合物，依旧没有什么效果。我不禁问自己："到底哪里出了问题？"这一次，我还是把原因归咎于鲨鱼忌惮"苏珊 K 号"而不愿意靠近。可能是由于"苏珊 K 号"的体形太大，或是发动机发出的震动声，这些都会被鲨鱼感知到。进一步讲，驾驶着"苏珊 K 号"去这些偏僻的地方都不是件容易的事情了，更不用说停在原地几天，然后再长时间追踪某条被标记的鲨鱼。

我打算从现在开始乘着我的 23 英尺长的舷外小艇去寻找鲨鱼，它体形比较小，不太可能会惊吓到鲨鱼。我把我的计划告诉迪克，他听完之后耸了耸肩，用他一贯的幽默口吻提醒我在电影《大白鲨》里大白鲨都对拖网船做了些什么。实际上我几乎不担心大白鲨会弄沉我的小艇，它和迄今捕获的最大的大白鲨一样长。就算遇到那么大的鲨鱼，可能也会觉得我们是竞争者，而不是猎物。鲨鱼可能会做出一些非接触性的攻击动作来试图吓退我们，以免受到攻击。所以在法拉隆群岛进行这项实验也是说得通的，并且在那里找到鲨鱼的概率也最大。会不会在那儿也引诱不到大白鲨呢？我和一个助手可以待在岛上的野外观测站里，每天乘着小船出去寻找鲨鱼的踪迹。如果我们成功地标记了一条鲨鱼的话，就可以开着"苏珊 K 号"，用这条大船去追踪了。最后一点就是，小岛比陆地的海岸更能给我提供庇护。如果海上风浪太大，我可以把船开到岛的另一面去躲避。

1985 年 10 月 18 日，迪克开着"苏珊 K 号"，载着我和大卫·斯皮内利去了法拉隆群岛。大卫刚从加利福尼亚大学戴维斯分校毕业，是个很聪明的人，而且曾担任过橄榄球队的前锋，身体很强健。我正需要这样的人和我一起完成这项曲折辛苦的工作。"苏珊 K 号"上装满了科学仪器和吸引鲨鱼的诱饵。我来给你列个清单，看看装了哪些鲨鱼诱饵。"苏珊 K 号"的冷柜里挤着 1 个装满了动物血的 5 加仑的桶、6 块 50 磅重的底栖鱼厚片，以及 2 头绵羊尸体。船的两头各有 2 个 5 英尺长的冰箱，每个里面都装着

1桶动物血、2大块底栖鱼片和1麻袋鲭鱼。在船尾的冰柜之间还有7个55加仑的塑料垃圾桶，每个垃圾桶里面有1桶动物血和3大块鱼饵。放在船中部的是最珍贵的东西——1只350磅重的冷冻海豹，它被装在篷布里绑在一个担架上。那只海豹1个月前死于疾病，加利福尼亚州海洋哺乳动物中心的兽医把它捐给我们用于研究。我们之前把它放在博德加湾的一家餐厅的小型冰库里。

当我们到达法拉隆群岛的时候，那儿的生物学家之一彼得·派尔飞快地开着小型捕鲸船来到了我们跟前。彼得·派尔身高中等，留着黑发，脖子上用皮条挂着一副双筒望远镜。他用望远镜来识别附近水域中的鸟类。在接下来的几年里，他会成为和我一起研究法拉隆群岛大白鲨的合作者。他给了我们一个木箱子，让我们把补给都放在了里面，然后他掉头回到了岛上，准备用起重机把木箱子吊上去。于是我和大卫把设备放进木箱子里，把船开到窄航道的起重机旁边，然后让大卫把它吊上去。我们来回跑了好几次才把全部的物资搬上岸。

彼得·派尔担心吊车吊不起小船，所以我们决定把它和小岛西面渔夫湾的浮筒绑在一起。他提醒我们可以乘着那边海滩上的充气艇去到小船上。把我的小船绑在浮筒上后，我们就开着彼得·派尔的10英尺长的小船去了东岸，我坐在一张"椅子"上被提上了岸，而他则是和船一起被提了上去。我坐的那个东西很有意思：它是帆布底，由四五条锁链吊着，这些锁链在顶部和一个钩子固定在一起，然后被起重机提到岸上。它和吊椅的功能有些相似。坐在这样的椅子上，双手抓住铁链，然后被提起25英尺高，俯瞰周围的峭壁，最后被放到了混凝土地面上，整个过程让我觉得很愉快。那天晚上吃饭的时候，彼得·派尔告诉大卫，一个星期前在离马鞍岩不到100码的地方，有一条鲨鱼攻击了一只海豹，那只海豹的体形和我们船上带的那只差不多。

第二天，彼得·派尔给我和大卫示范了怎么在渔夫湾南面的流道里的平岩上启动一只充气艇。接着我们就开着充气艇去了小船，发动引擎，从小道的东岸开到了南面。彼得·派尔已经在那儿等我们了，他站在起重机的控制器旁边，开始把补给物资下放到我们的船上。最后我们往冰柜里装了一桶动物血，一些底栖鱼的厚块还有两套抛锚的装置（包括锚、绳子和浮筒），以及我们最珍贵的东西——成年海豹的尸体。日头过了一半的时候，我们把两个饵站都布置好了，一个在马鞍岩西部25码的地方，那儿绑了半头羊的尸体，另一个在马鞍岩东部差不多25码的地方，我们把海豹的尸体绑在那儿。然后我们把船开到海豹的尸体附近，往周围的海水中撒鱼饵和动物血的混合物。

我们开工的时候是下午1:30，仅仅两小时后大卫就告诉我们船下方有某种庞然大物出现了。他本来以为那是只海豹，不过，海豹会有10英尺长吗？但他没法看清楚那只生物的全貌。于是我走到船首看向绑着的海豹尸体，当时北加利福尼亚州的海水很清澈，我能依稀看见水底斑驳的灰色岩石。接着，在我们正下方，闯进我视线的是一条巨鲨身体的一部分，它直直地朝我的方向游过来。我盯着它看了5秒，其间它发狂似的向我游过来，等到它到达我所在的船首时，它张开嘴，露出了锋利的牙齿。它看向船，或者说看向我，然后才转头游到船首前方水面浮着的海豹尸体那儿去。它浮在水面朝海豹尸体游过去，看了一会，然后就游开了。我很吃惊，它为什么不吃呢？是因为它来之前已经吃饱了吗？还是它喜欢新鲜的食物？

在法拉隆群岛的第二天，我有了一个观察鲨鱼捕食策略的绝好机会，我将站在被捕食的一方来观察，但在这儿我却不会受到任何伤害。我暗暗地思考鲨鱼的行动是如何恰到好处地袭击它的猎物。当鲨鱼在靠近底部的水里游动时，它黑色的背部让它看起来跟环境融为一体，很难察觉。只有当它从水里冲出，攻击猎物时，我们才能看清它。它冲出水面的速度实在太快了，在短短5秒钟之内，好像我从未真正看清楚过。最后，它迎面冲向猎物并咬住，它3英尺宽的横截面比它长6倍的整个身体的横截面看起来更要凶狠。几年之后，在危礁附近拍摄大白鲨的纪录片时，我看到有两条鲨鱼不停地反复冲出海面，接近我们施放诱饵的船。

我赶紧拿起了接收器，戴上耳机，并把水下听声器放到水里，慢慢转动，看能不能捕捉到一个月前标记的那头鲨鱼的信号。但是没过多久我就失望了，耳机里并没有传来"哔哔"声。不过，这一次开着小船出来还是让我了解到了这个物种的更多特点。此外，我们往海里撒诱饵仅仅两小时之后，就有鲨鱼出现了，这比上一次乘着"苏珊K号"出来节约了许多材料。是不是真的因为船的体形而影响了鲨鱼的靠近，但诱饵的存在与否其实是无关紧要的呢？是不是仅仅因为看见了海面上的一只海豹或海狮才引得大白鲨冲到海面去抓它呢？确实需要大马哈鱼或猎物的气息来吸引远处的鲨鱼前去鳍足类的栖息地。然而，一旦有鲨鱼出现在鳍足类的领地，它会藏在水底，向上观察并锁定某一只正在水面换气的海豹。我们将两个饵站的诱饵收回来，然后开着小船回到小岛的北面码头，把小船系在浮筒上，开着充气艇上了岸。

我们对第二天的行程充满信心。我们在象海豹湾西侧绑了一头绵羊尸体后，就在马鞍岩的附近抛了锚，然后往周围的海水里撒诱饵。但是，当我们到达象海豹湾的时候，海水已变得波涛汹涌，整个湾内的海水都掀起了大浪，一波一波地向海岸涌来。海浪越掀越大，拍在沙滩上溅起越来越大的水花，甚至都快要溅到我们身上来了。仅仅开工一个半小时之后，我们在中午就不得不停下手头的活，快速拉起锚，然后开船越过海湾，小心地避开那些大浪，前往小岛另一面平静的渔夫湾里避风。到下午4:00的时候，海面上狂风呼啸，波涛大作，西北大风已经来临了，我们不得不回到岛上去。狂风直到午夜才平息，其间每隔两小时，我们其中一人就会走出去看我们的小船是不是还好好地浮在水面，是不是还绑在渔夫湾的浮标上。西北风掀起的巨浪重重地拍击在"甜面包"石上，发出了轰鸣般的声响。清早的时候，风突然停了，就像它突然刮起来那样，风暴已经过了法拉隆群岛，向着旧金山去了，它会继续穿过圣华金河谷（San Joaquin Valley），最后到达内华达山脉。

直到第二天（10月21日）下午早些时候，大海才从暴风雨中平静下来。不用说，那个时候我和大卫都已经迫不及待地去象海豹湾寻找大白鲨了。大卫用一根绳子把充气艇和小船的船头连在一起，使得充气艇维持在朝着海浪奔涌的方向，然后我跳上充气艇，看着相反的方向，启动了发动机。他很耐心地等着发动机启动，然后跳上来，和我一起驶向了迎面而来的波涛中的流道。这时，一个大浪（比风暴过境后的余浪还要大得多）突然出现在我们面前，把充气艇掀了起来，并且越掀越高，最后充气艇朝下掉了下来，被掀翻了。我和引擎都被掀了起来，然后掉进了汹涌的海水中。我的长筒靴里都进了水，波浪一股一股地把我推离海岸。我拼尽全力游回了岸上。我浑身湿透地出现在彼得·派尔面前，因弄翻了他们的充气艇而向他致歉。我脱口说道，他的充气艇虽然被掀翻了，但是没有沉下去，只是船外发动机因为有些松动掉进了水里。彼得·派尔对我们的遭遇很同情——毕竟他很了解北部码头那些巨浪的威力。

我们得赶紧把船外发动机找回来，不然我们的大白鲨探索之旅就只能草草结束了。我冲到自己楼上的房间，穿上那件湿漉漉的外衣，一把抓起潜水面具和呼吸管。我们要去把那发动机拿回来！我们穿过小岛向着北部码头跑去的时候，彼得·派尔和两个志愿者加入了我们。我在腰上绑了一根绳子，然后跳进了水里，开始寻找沉下去的发动机。一波又一波的浪头让我在水里前后摇摆不定，浪花击起的白沫使得我在水下几乎看不清东西。大卫·斯皮内利用尽全力拉住绳子的那一头。现在我几乎看不清 1 码之内的东西，如果现在旁边有一条鲨鱼可能我也没办法觉察到！过了 30~45 分钟，我终于瞥到了发动机，于是我把绳子系到发动机的螺旋轴上，再让岸上的所有人一起使劲把它拉了上去。接着我们把发动机送到加利福尼亚州节能公司的一队工作人员的工头那儿去（它们现在暂时住在岛上）。他把发动机拆开，清洁了里面的部件，看着它重新运转起来我们十分高兴。

第二天的时候，我们成功地发动了充气艇，但是苏布里克角的风浪太大了，我们没办法开船到马鞍岩去。直到第三天的时候，我们才成功地到马鞍岩抛锚，然后开始往水中撒诱饵。我站在小船中部，手里拿着一支带有信标的杆枪，等着鲨鱼靠近就给它做标记。船尾有一根可分离的线连着水里的诱饵——一麻袋鱼饵、一壶动物血、一个钻过孔的装有甜菜碱和甘氨酸的容器以及一具装有信号浮标的绵羊尸体。用绳索把绵羊和小船系在一起是为了鲨鱼在咬下绵羊时不损坏船体。我一边和大卫聊天，一边不时地注意着诱饵的情况。这时小船突然向后倾斜了一下，我坐的椅子也向后倒了，于是我整个人摔倒在了船上。我站起来的时候就看到原本绑在绵羊上的绳子已经漂到 30 英尺外去了。一条大白鲨冲出水面，咬着绵羊游了大约 20 英尺远后又放开了它。

　　人们都认为大白鲨不挑食，所以这样的行为似乎不合常理。我非常好奇："这条鲨鱼为什么不吃绵羊呢？"难道是小船把这条鲨鱼吓跑了？还是因为绵羊身上绑着线它就不吃了？事实上鲨鱼把线拖得很远，和绑在船尾的那条可分离的绳索分得远远的。大卫放出锚缆，我把船划得离那条鲨鱼更近一点。它现在正在水面游动，它的背鳍和尾部击打出水花。我们只能停在鲨鱼 5 码外观察。不多久它就潜进水里，游到我们的船下去了。现在它距离船底有 8 英尺远，已经不可能用杆枪在它身上标记了。无法标记鲨鱼，这个现状让我很沮丧：鲨鱼们似乎都不愿意靠近我们的船。

　　之前，这条鲨鱼游到船边的时候，大卫数了数船沿的刻度数，估计这条鲨鱼背鳍到尾巴的长度在 14～15 英尺。这个长度小于已知的鲨鱼长度的一半。船沿上每隔 1 米贴上一截电工胶带，每 0.25 米的地方贴上细胶带，整条船就可以用来当做测量的工具了。

　　第二天，我们往船上放物资的时候，大卫受伤了。小船突然向下坠了一下，并被一个浪头拍向前去，起重机上吊着的冰柜便拍在了他的胸膛，使他向后退了几步，这时船中部的椅子又绊倒了他，使得他背朝下倒在了船上。他的后背疼痛难忍，于是我和彼得·派尔商量着请海岸警卫队把他送到直升机上去看病。但是大卫和他做医生的父亲谈过之后，认为他现在是肌肉撞伤，应该在岛上休息一段时间。那个星期剩下的几天里他都在休养，但病情却加重了。我很担心他的健康，于是我问彼得·派尔有没有方法可以最快送大卫离开海岛。彼得·派尔联系了海岸警卫队，他们在隔天就派了一艘浮标清洁船"布莱克霍"（Blackhaw）过来，清掉海岸浮标的同时把我和大卫接上了船。"布莱克霍"把我们送到了旧金山后，我立刻送大卫前去诊治。事实上，大卫是肌肉拉伤，接下来的背部 X 光检测也证明了这一点。万幸的是，他背上虽然很疼，但伤得不重。

　　不到一周后，我乘着摩托艇并带着新助手吉姆·维策尔（Jim Wetzel）回到了法拉隆群岛。他是博德加湾的潜水爱好者，对鲨鱼的行为十分感兴趣。在回来后的第二次出海期间，我们在象海豹湾遇到了一条小的、12 英尺长的大白鲨。它在我们的船底下游过 3 次，但是每一次的深度都让我们刚好够不着它。我俯身出去，使劲伸长手用标杆标记它，可惜总是够不到。

而且，它虽然靠近了挂在船下的绵羊，但却不肯吃它。难道是这些羊有什么问题吗？

回到岛上的时候，我请哈里·卡特（Harry Carter，岛上的另一位生物学家，在我们离开的那一周里暂时接替了大卫的工作）帮我把我的小船放置在东部码头的吊艇架上。我担心鲨鱼会咬沉我们的充气艇，那样的话我们便会掉进水里再游上岸。此外，如果我们没有戴着潜水面具和呼吸管的话，鲨鱼很容易攻击我们，而我们却看不到鲨鱼。基于这个原因，我给我和吉姆两个人都准备了潜水面具和呼吸管。

那天晚上，我们回到渔夫湾时，哈里正坐在他的船上，手里拖着部分沉进水里的充气艇，上面的发动机已完全没入水中了。下午 1:15 的时候，一名志愿者正在做鸟类的调查，她看到充气艇时还是浮在水面的，等到下午 3:45 时，哈里看到充气艇沉了下去。所以在下午 1:15 到下午 3:45，一条鲨鱼咬破了充气艇。哈里指了指充气艇后部右侧的两个被鲨鱼上颌齿咬出来的约 1.5 英寸长的新月形裂缝。"噢，那条鲨鱼一定很大"，我说。这两个咬痕之间有 18 英寸宽，如果一条鲨鱼把嘴张开这么大的话，都能吞下一个体形较小的人类了。而且，这两个咬痕的位置刚好就是我们昨天坐的地方，真是好险！

除了上颌咬出来的齿印，充气艇底部也有两个下颌咬出的新月形齿印。这两个位置的齿印说明鲨鱼是直直地冲向沙滩的。而两组齿痕也说明，鲨鱼在极短的时间内进行了两次攻击，而第二次攻击的时候头部稍移开了一些。

那天晚上我们试着"抢救"了一下发动机。我们用清水冲洗了发动机后，把部件放在油里浸泡，然后用吹头发的吹风机吹干点火系统，最后把气缸里的盐水冲洗干净。虽然我们尽力了，但是我们还是没有办法启动它。第二年的时候，公园管理局很体贴地为我提供了额外的资金来赔偿坏掉的充气艇和发动机。现在，那个带着鲨鱼齿印的充气艇还挂在南法拉隆群岛野外观测站的某一面墙上。

第二天，我测量了两个最大的齿痕之间的宽度，发现它们之间相距 45.8 厘米（18 英寸）。这样我们就可以根据鲨鱼某一身体部位的长度，比如颌宽，来估计鲨鱼的体长了——成年鲨鱼身体特定部分的大小和整个身体的长度的比例是一定的。为了用这种方法估算鲨鱼的大小，你首先要知道那个部位的长度——这里是上颌的宽度——以及被捕获且被测量过的大白鲨的长度。这些数据通常可以在鱼类野外调查的记录中找到。然后把这些鲨鱼的颌宽（上颌两侧的距离）和全长（鼻子到尾巴的距离）放进一张图表中，计算出这些点分布的回归方程，接着再把我们测量到的数据导入方程就可以得到那条鲨鱼的大致长度了。当然了，不是所有的部位之长和全长都一定符合这个公式。此外，因为我测量到的是两个齿痕之间的宽度而不是颌宽，所以那条鲨鱼的实际长度要比计算出来的长度稍短一些。计算结果表明，颌宽 45.8 厘米的大白鲨体长从 13 英尺 8 英寸到 22 英尺不等，平均体长为 17 英尺 1 英寸。这条鲨鱼可能比鱼类学家在古巴外海准确测量过的最大的大白鲨（21 英尺）还要长。在古巴之后，又有渔民报道了两条体形更大的大白鲨：一条是在地中海马耳他岛外海 23 英尺长的大白鲨，另一条稍大些的是在南澳大利亚的袋鼠岛外海抓到的。

　　无论咬沉充气艇的鲨鱼是 17 英尺还是 22 英尺，可以确定的是那是一条体形很大的鲨鱼。而这样的事情也并非偶然：只有大型掠食者才会冒险去攻击一个 10 英尺长的充气艇。充气艇在海面上随波起伏，撞向浮标后又被弹开，看起来就像是一个大型的诱饵。

　　三天后，我们又有了一次标记一条大白鲨的机会。它先在距离船边的一段距离范围内打转，然后它靠近了一点，进入了可标记范围内。当我将杆枪伸进水里并准备发射信标的时候，杆枪的底部戳到了吉姆，没有办法再调整方向了，这时鲨鱼突然迅速游开了，而且它也没吃绵羊。出于某种原因，鲨鱼并没有吃绵羊的尸体，而当装有饵料鱼的麻布袋被鲨鱼拖动独独不碰绵羊时，更说明了这一点。两天后，我又拿到了另一具绵羊的尸体，它身上有几处咬痕，但整体上还是完好的。我们把它系出去，发现鲨鱼在它周围绕了绕，又轻轻地咬了一下，然后就离开了。似乎绵羊的某个部位让它觉得没有食欲。这个时候，船没有靠近鲨鱼，说明可能不是船的原因。来回几次都无法标记到鲨鱼让我觉得很丧气。

　　11 月 14 日那天，我终于成功了。那天我们把设备和诱饵都放到了船上，这是很危险的一件事情。东南风在"加尔巴热冲沟"掀起了很大的浪头，而我们正要在那里装备补给。起重机缓缓地下放了一个装满诱饵的沉重冰柜，周围的浪花使得小船前前后后地晃动，我们在保持平衡的同时还得小心那个正在下方的冰柜免得被砸了脚。然后我们开着小船去了我们最喜欢的地方，象海豹湾的马鞍岩。然后，在那里设置饵站，开始往海水里撒诱饵。3小时后，即上午10点，一条小型鲨鱼慢慢地靠近了我们的船，游向船后系着的绵羊尸体，看了看但没有咬，而是转向了装着饵料鱼的袋子和盛着动物血和化学诱剂的坛子。当这条鲨鱼和船的艉板齐平时，鲨鱼的鼻子正好在第四条粗线外的第一条细线旁：也就是说，它的长度是4.25米，即14英尺。

这条鲨鱼在1小时之后回来了，在船边慢慢游着。它的背鳍伸出水面，刚好和船沿齐平。我把左手放在鲨鱼温暖的身体上，以便找到一个柔软的、适合安置信标的地方。我回头去看吉姆，让他帮我拿杆枪过来，却看到他抱头躺在船上。当鲨鱼像机车一样从旁边经过——这是件恐怖的事——每个人都会止不住地害怕。所有我们从书上和电影里看到的东西都告诉我们，鲨鱼是多么可怕的掠食者。他快速地爬了起来，抓过杆枪递给我。我把杆枪的尖头对准鲨鱼背上较软的部位，然后放出杆枪，使得上面的橡胶弹簧收缩再弹出去，接着杆枪尖头上带有信标的飞镖便刺进了鲨鱼身上。做完之后，我深吸一口气，大喊道："我标记了一条鲨鱼！"后来彼得·派尔跟我说，他们在岛上都听到我的声音了，当时他们用双筒望远镜注意着这边的情况。鲨鱼被标记后，还是照着原来的速度游动，这说明飞镖和信标并没有给它带来什么痛意。我和吉姆极其兴奋地看着这条鲨鱼缓缓地游开，我们惊讶于它的尺寸和力量，它只游过了我们几英尺外，我们入迷地盯着它，目光随它而动。

当这条鲨鱼沉下水时，第二条体形更大的鲨鱼在绵羊附近出现了。我们目测这条鲨鱼有5米（16英尺5英寸）长。这条鲨鱼的背鳍上有一条很宽的被摩托艇推进器划开的新月形裂缝伤疤，很好辨认。此外，我和吉姆还很清楚地看到它尾鳍下方两个很大的器官，那是鳍脚。这说明，它是一条雄鲨。它直直地向绵羊游去，咬住游了几秒钟之后，又吐了出来。接着，这条雄鲨就沉下去不见了。我再一次被这样的情形弄糊涂了，是不是鲨鱼不喜欢那根绑在绵羊和船之间的线？我们把船开近了些，并将绵羊身上绑着的绳子解开，这样绵羊就彻底和船分开了。那么，这样的话，鲨鱼会不会来吃呢？

突然，第三条鲨鱼浮出了水面。它大约有 18 英尺 10 英寸（约 5.75 米）长，几乎是一条船的长度了。这条鲨鱼游向绵羊，咬住它，但又吐了出来，接着沉下水去了。1 分钟之后，这条鲨鱼又浮了起来，它 2/3 的身体都呈 45 度立在水面上，就像一枚正要从潜水艇里发射的弹道导弹。对我们来说，它露出水面的身体仿佛不朽的存在，过不了多久，它又重重地沉了下去，溅起了 20～30 英尺高的水花。大部分的水都落在我们船上，我和吉姆目瞪口呆，完全被这个巨大的生物以及它的举动所震惊了。接着我便意识到，这条鲨鱼这样做或许是为了吓退其他的掠食者，让它们离开它的猎物。

现在海面已经波涛汹涌了，我们只得回到岛上的东部码头。吉姆将这具藏有新标的绵羊尸体绑在浮筒附近，或许还会有别的鲨鱼会晚上过来吃它。我们都没有放弃继续用绵羊做诱饵的想法。

第二天，我们围着岛绕了一圈，在 20 多个地方探测之前标记的那条鲨鱼的信号。我们去了象海豹湾、"印第安之额"、主桅楼湾、渔夫湾。第三天，一个职业渔民用他的拖网渔船载我们去了中法拉隆岛（Middle Farallon Island）——一个在南法拉隆群岛北部的一块圆形的大型岩石，我们还去了北法拉隆群岛（North Farallon Islands）——一块地处南法拉隆群岛更北的巨石。但是在这些地方我们都没有任何收获。

三天后，"苏珊 K 号"过来接我们去博德加海洋实验室，我妻子帕特也在船上，离开家两个多月后在这里见到她，我很高兴。在离开之前，我带着彼得·派尔在岛上转了一圈，告诉他怎么在这六个地方使用水下听音器来探测被标记的鲨鱼。我离开之后，他在不停地搜寻那条鲨鱼的信号，但是两个星期过去了，却什么都没有找到。

我们离开的路上，一条小的大白鲨靠近了我们的船。它身上的颜色很有意思：浅灰和深灰的斑点交错密布。我觉得"白鲨"这个常用名有些用词不当。虽然被捕获的鲨鱼被拖上渔船时会露出它们白色的肚皮，但从生态学角度看，"黑鲨"这个名字似乎更适合。一条在海底游动的鲨鱼很难被海豹所察觉，因为它们带着黑色斑点的背部几乎和黑暗的、岩石遍布的海底融为了一体。

我试图用带状信标标记它，但是它一直和我们的船保持一段距离。有些鲨鱼会采取这样的行为策略：先围着船和诱饵游一圈来了解化学引诱剂的来源，然后它们会沉下水去继续沿着小船周边游，游到诱饵的正下方，接着冲上来咬住水面的诱饵。佩特和一个做志愿者的年轻女子也在我们的船上。但是所有人都没有害怕这条鲨鱼，反而对标记它、进一步了解它这些行为而感到十分兴奋。一旦人们和这个物种有所交流，恐惧就会变为好奇。没有哪个时候比现在更让我决心去了解大白鲨的行为了，我想让科学界和大众更清晰完整地了解这种神奇的掠食者。

# 10　大白鲨在法拉隆群岛捕食

1988 年 10 月 24 日，我们站在东南法拉隆岛北面的
灯塔山上。那是一座金字塔形的山丘，海拔有 340 英尺，
是岛上观察周边水域大白鲨捕食海豹的最好观测点。这
时，彼得·派尔指着"甜面包"石（渔夫湾北岸一块像长
面包的岩石）附近一滩染血的漩涡喊了出来："那里有袭
击！看那边！那边！"他又低头看了看表，大声说道："现在是上午 8:04。"
我们那时正架起设备，我们每个秋天都会这么做，以便记录下接下来四年
里大白鲨捕食海豹和海狮的情景。

　　灯塔山是一个绝佳的观测位置。首先，它的山顶有一个 6 英尺宽、环
绕着圆锥形灯塔的椭圆形走道，走道的东西两侧各有一个大型的平台，我
们可以在那儿安放观测设备。晚上设备不用的时候，放在灯塔里也很安全。
走道有金属护栏围着，在走道上走动和观察下方鲨鱼的动静都很容易。在
这里，我们可以直接往下看到渔夫湾北部，那儿是加利福尼亚海狮的大型
聚集地。往东是苏布里克角，更远处是金门大桥，我们经常能隐约看到大
桥的影子。傍晚时分，成群的海狮会像海豚那样在水面上下游动，借此快
速离开周围汹涌的海水，进而离开小岛去到临近水域觅食。海狮的这种行
为让我觉得，它们这样做似乎是为了避开鲨鱼的追捕——群体行动意味着
有许多双眼睛同时盯着四周，而上下起伏的动作则使得它们不容易被鲨鱼
咬中。山丘南面有一片广阔的平地，PRBO 的野外观测站就在那里。平地
前方就是象海豹湾，这是一个新月形的、岛上最大的海湾。每到秋天，湾
内凸出的小型半岛附近就会遍布圆圆的、富有光泽的小海豹。往西南侧望
去就能看到南法拉隆群岛中较小的岛屿韦斯滕德岛。

　　除了小半岛附近，"印第安之额"正下方的象海豹湾西侧是海豹们的另

一个聚集点。平地的西面是横跨两个岛的另一个大型海湾——主桅楼湾，那儿由于时常吹来西北风的缘故，总是波涛汹涌。在主桅楼湾南端和韦斯滕德岛岩石山脊北端之间有一块大型的沙地贝壳海滩（Shell Beach），那儿也是秋天象海豹聚集的一个地点；而海狮，则成群聚集在整个海岸边高处的岩石上。

在灯塔山这个高位上，我们往东可以看到南法拉隆群岛整个岩石遍布的东南海岸，往西则可以看到韦斯滕德岛的海岸。现在山上可冷得很，那时的天气是一年中那个季节里典型的寒冷雾天，我和彼得·派尔在岛上住了好几年，所以知道该穿什么出来，他穿了一件厚厚的棉衬衫，一件长袖罩衫，还戴了一顶遮阳的棒球帽。而我因为过去两次来法拉隆群岛的经验，所以穿了一件隔热的羊毛衫，外罩一件滑雪衫，头戴一顶羊毛帽。

我们跑上了环绕灯塔的混凝土走道的西侧，那里是观察渔夫湾的最佳位置。彼得·派尔握住三脚架上用来观测远处物体的观测望远镜，并将镜筒对准被搅出来的漩涡。我抓过装有 1 英尺长伸缩镜头的摄像机，把镜头对准漩涡，同时徒然地在取景器里寻找"甜面包"石的边缘。我抬起头看了看那些岩石，发现摄像机的镜头偏右了，我就把它往左挪了一点点。"啊，"我又看向取景器，突然想到，"这里是岩石的边缘，我应该把镜头往右移一点点的"。于是我又轻轻地推了推镜头，现在取景器正中是一片荡起的珊瑚色圆形波浪。接着我转了转镜头，放大焦距，使得整个取景器上的画面都是这一片染血的圆波。

就在几秒钟之前，一条鲨鱼抓住了一只在水下游泳的海豹，海豹身上的血流出来使得周边的海水都被染红了。海豹的体液也随之渗了出来，现在海水表面浮了一层薄薄的油，这些油增大了海水表面的黏度，也减轻了海面波浪的幅度。这些沾了血的油层现在正漂向海湾中部，我想，"啊，那条鲨鱼现在肯定正一边咬着海豹，一边在水面下游动"。彼得·派尔好像读出了我心里的想法那样，他转过身来说："鲨鱼们通常带着猎物潜到水下，在它们的身上咬出口子，然后让猎物慢慢浮上水面。"我们等海豹尸体浮上来的这段时间——30 秒——似乎特别地漫长，但很奇怪的是，那只海豹的尸体并没有流很多血！这让我觉得难以理解，毕竟在动物的王国里，海豹在同体形动物中拥有的血量是最大的。海豹身体组织中的血中含有的氧气能让它们一次连续潜水 20 分钟。

彼得·派尔不停地用大嗓门描述这次攻击，告诉我们海豹浮上来了，鲨鱼也浮了上来。我意识到我们新的摄像机的一个优点就是，它会把时间显示在屏幕上，这样我们就不需要一直看表，然后报告时间，而是可以专心地观察鲨鱼捕食的过程了。当海豹浮上水面的时候，我们看到它的头已经被咬掉了。这很不寻常！我开始思考，这条鲨鱼要多靠近海豹，才能在不被海豹察觉的情况下，咬下海豹的头？如果海豹看到了鲨鱼的话，它一定有时间去躲开鲨鱼从下往上的攻击。或许，这只海豹刚好把头伸出水面换气，而鲨鱼正是抓住这个机会潜在水下，等海豹换完气重新低头潜水时咬住了海豹。这只海豹全长在 5.5～6 英尺，体重应该接近 200 磅了。这时，彼得·派尔打断了我的思绪，说："那是一只港海豹（harbor seal），你看它的皮毛上的斑点。"

我让乔斯林·艾克里格（Jocelyn Aycrigg，那天帮我观察的志愿者）拿着摄像机把镜头对准海豹。我叮嘱她要把摄影机一直保持在打开的状态，取景器下方的绿灯也要一直亮着：这表明摄像机正在拍摄。她看着取景器然后告诉彼得·派尔，海豹的尸体上站着一只海鸥。而彼得·派尔这个博学的鸟类学家则问乔斯林有没有看到一只飞过海豹尸体的、少见的蓝绿色海鸥。乔斯林说没有看到，但是会留意一下。

查清楚海豹最开始被攻击的位置很重要。我拿起放在第二个三脚架上的望远镜，它的中部有一个圆柱形的突起。这个装置就是经纬仪，用来确定海豹位置和方向。这个月早些时候，我开车去了一趟旧金山南部的门洛帕克（Menlo Park）的美国地质调查局（United States Geological Survey），跟那里的一个科学家借了两台经纬仪。然后，在这个星期早些时候，我把这两台仪器都放置在了灯塔山的顶部。我慢慢地沿着蜿蜒的小路走上去，先是往左走了约 100 英尺，然后又向右拐，再往右走了约 100 英尺后又重新向左，直到走到了陡峭的山丘旁。我们需要两台经纬仪，分别放置在山顶走道的东西两侧，以便完整地记录下两岛沿岸水域鲨鱼袭击海豹的方位和范围。

我将望远镜推进经纬仪中固定住，然后调整角度，直到靠近我眼睛的镜筒底部的尖锥正好位于镜筒另一端的两个圆锥中的刻痕中央。调好仪器后，出现在我眼前的就是一片染血的海水。我把眼睛贴在目镜上，同时用手把镜筒另一端稍稍拉下一点，直到我看清楚那片珊瑚色的海水。这不太好把控，因为我通过经纬仪看到的图像是倒置的。我拿了一个镜子过来，这样就可以把阳光反射进镜筒里。然后我把眼睛移开，看向另一个测定血液源头位置的目镜。首先，我快速地转动把手，直到把手表面的直线呈水平，这说明仪器正处于罗盘方位模式。接着慢慢地转动另一个小转钮，使两个刻度居中对齐，然后读出鲨鱼攻击海豹的方向。我大声说："003 度，18 分 41.2 秒。"然后我把这个水平刻度的读数写在一个挂在三脚架的剪贴板上，又转动把手直到把手表面的直线呈竖直状态，接着通过目镜读出鲨鱼攻击海豹的竖直角度值。这个数值就是镜头位于水平面与倒置时那一片海水的角度。得出最后的数值后，我们会用中学的三角法来计算我们和那片海水的距离。

那只海豹的尸体在海面漂浮了将近 3 分钟。2 分半钟后彼得·派尔说："好了，它又浮上来了。"鲨鱼浮上了水面，慢慢地绕着海豹的尸体游了差不多 20 秒，然后张嘴咬住了它。鲨鱼咬着海豹约 40 秒，其间大力地摆动尾巴游动，随后又咬了一口，海面上的血又明显地多了一些。现在距离鲨鱼攻击海豹已经过去了 3 分 40 秒。40 秒后，彼得·派尔一边观察一边说道："还有一小片海豹尸体漂在水面。"又过了 10 秒后，那条鲨鱼最后一次浮上水面。它慢慢地游到残骸处，咬住剩下的一小块海豹尸体，放出更多的血，咬着它游了 20 秒后，把它吞了下去。我将经纬仪对准鲨鱼最后沉下去的位置，记录下水平和竖直角的数值。现在看来，那条鲨鱼一共用了 5 分多钟的时间（其间咬了 3 口），直到吞下了一整只海豹。

像这样全天注视着鲨鱼的动静，其实是件很乏味的事情。天没亮我就得起床，然后走上 1/3 英里长的斜坡到达灯塔山的山顶。接着，我得赶在日出前用最快速度把混凝土走道两头的摄像机和经纬仪打开，两台设备相隔约 30 英尺。站在这里，我可以毫无阻碍地一览东南法拉隆岛和韦斯滕德岛的大部分海岸。但是，在一整天里，我只能在一小块地方来回踱步，所以也只能看到很小一部分的海岸和水域。穿过这条走道只需要 1 分钟的时间，在这 1 分钟里，我必须不停地用经纬仪旁边的望远镜搜寻任何鲨鱼攻击的痕迹。

鲨鱼捕食过程中，通常伴随着一系列事件的发生。鲨鱼刚抓住鳍足类——海豹或海狮——的时候，水花四溅，发出雷鸣般的声响，抑或突然出现海水被海豹或海狮的鲜血染红。之后不久，攻击呈迅猛之势。鲨鱼挥舞着背鳍和尾鳍沿着海面移动，又或者鳍足类在水面浮着一动不动。后来，海鸥从遥远的西边飞来，跨越两座岛屿，聚集在这片水域。它们一边高空盘旋，一边"嗷—嗷—嗷"地高声鸣叫着，有的则往下飞落海面，掠食鳍足类残留的尸骸。

这时，我们立即冲向经纬仪，把视线聚焦于攻击开始的位置。然后调节旁边的摄像机，开始记录鲨鱼及其猎物的一举一动。鲨鱼停止攻击的这段时间，我们要观察经纬仪外的水平方向与垂直方向，然后拿摄像机记录下鲨鱼及其猎物的行为。攻击停止时，顺其结束的方向调节经纬仪，捕捉双方的动作。一般来说，这一连串跟拍只需不到 10 分钟的时间。要想一整天保持高度警惕，敏捷地察觉到攻击，并在结束前圆满完成拍摄，确实是件难事。每隔 2 小时，我们会细数划分海岛海岸线的 24 个区域里每个区域的象海豹，唯有此时，单调乏味的沉闷才会被打破。我们希望通过调查验证：是否海豹越多的海滩，攻击行为发生就越频繁？抑或是攻击信号大肆散布在各个区域，迫使海豹不得不逃离该水域，寻求安全的栖息地。若我们发现海豹或海狮游离海岸，就会马上拿出经纬仪设备，并记录其行为。我们围绕着灯塔散步一整天，直至落日渐沉于地平线下。灯光太微弱了，水花的轻溅和水中血液的颜色我们都无法看清。

观察鲨鱼的过程不断随时间变化。1985 年秋，我第一次来到法拉隆群岛。之后彼得·派尔让我绘制一张数据表，并说明当攻击发生时，如何记录鲨鱼及其猎物的一举一动。第二年秋天，当他和当地的生物学家们绕岛行走调查鸟类和鳍足类时，亲眼目睹了 11 场捕食生物的攻击。他们详细地描述了每一次的攻击，并提供了每次攻击发生的时间。

观察志愿者们尝试着用便携指南针获取各个攻击的具体位置，然而没能成功。如此看来，一个指南针是不够用的，需要用两个指南针来记录发生在遥遥相望的孤岛上的攻击行为。两个方向的交叉处，或者说这些线的位置，暗示了攻击的位置。彼得·派尔和志愿者很少能赶在攻击结束前，到达那个相距甚远的地方。我意识到：对于远距离的物体，使用经纬仪定位和定向或许会更好。我的同事贝内德·翁实（Berned Würsig），在阿根廷韦德岛（Valdez Pensinsula）险峻的悬崖峭壁上安装了一个光学仪器，用来观测海豚和鲸鱼沿海岸迁徙的方位。

直到 1987 年秋，一个刚从大学毕业的年轻人斯科特·安德松（Scot Anderson），经过自己的不懈努力和敏锐的观察，才进一步改进了鲨鱼观测器。他前往该岛屿，做了一整个季节的志愿生物学家。10 月 3 日，彼得·派尔给我来信说："斯科特大大地促进了我们对提伯伦（Tiburon，一条大白鲨）的了解。他在猎鹰峰顶坐了 3～4 天，俯瞰着象海豹湾和主桅楼湾，搜寻捕食事件。他每天至少看见了 1 次或 2 次攻击。他在渔船上工作，学会了如何观测鸟类和大海。他根据线索发现了'甜面包'石北部的鲨鱼攻击事件。当时他只看到了两只海鸥往同一方向飞去。于是，他跑到了一个能看见海鸥飞行方向的地方，在那发现了鲨鱼。"

彼得·派尔在信中继续说道，很显然，我们环岛徒步行走时，偶遇的攻击远不够，只要我们主动去寻找，就会发现更多。他提议，明年委派一个人 24 小时执行此项任务。斯科特详细填写了表格。在数字轴上，10 分钟为一个单位，每个单位配一幅鲨鱼和海豹的行为图。我打无线电话到岛上和斯科特聊了这起鲨鱼攻击事件。对我来说，我们现在需要一个更好的办法来记录鲨鱼的攻击。我告诉他我会马上给他寄一个口述记录仪。在攻击发生时，他就可以用这个口述记录仪来记录攻击发生的时间，然后描述攻击期间所发生的事。然而，我们真正需要的是一个高能望远镜，这样既可以记录观察者的声音，又可以记录鲨鱼及其猎物的行动。此外，我知道我们还必须设法找到一个测距经纬仪，以获取攻击的精确位置。

第二年夏天，我拥有了一个摄像机和一台测经纬仪。1988 年 10 月，我把它们带上了岛。那时斯科特也在岛上，所以我可以为他展示摄像机和测经纬仪的使用方法。接下来四年的每个秋季，观察者们每天都会观察着法拉隆群岛周围水域的鲨鱼攻击事件。在 1986～1991 这 6 年时间里，他们用笔记录了 310 次捕食攻击，用录像记录了 131 次。每个秋末，我会把数据表和录像材料收集起来，然后第二年再投入大量的时间分析它们。

唯有实地考察和实验分析相结合，我们才能揭开法拉隆群岛鲨鱼攻击的神秘面纱。

接下来，我会在博德加海洋实验室——我的生物遥测实验室里，处理这些繁杂的数据。记录分析之始是描绘攻击事件的开始与结束的位置。第一步是找出一张法拉隆群岛的精确地图。土地管理局（BLM）制作的地形图标注最细致，不仅显示了涨潮时的海岸线，还显示了退潮期间所显露的潮间带。该地图还标明了海拔起伏的等高线，因此我可以准确地找到灯塔山上的测经纬仪。我将地图放在数字转换器上，小心翼翼地用数码笔沿海岸线和等高线的痕迹，画出该岛的电子图。这也成为了电子草图程序的第一层。接着我会给其他层添加信息，这些分层均能体现在地图上。但土地管理局的地图有个很大不足之处：岛屿周围的海深未能用等高线表示出来。后来我发现了一张 NOAA 的航海图，尽管该地图只对岛屿海岸线作了粗略描绘，但是它显示了 6 英寻、10 英寻、20 英寻的等深线。我将该地图置于数字化仪器上，把该地图同比例缩小到另一幅地图的大小，检查海岸线沿岸的地标，以便让两幅地图相匹配，然后复制其海岛周围的等深线。接着，我在这份电脑文件里的不同的层上绘制出每年的掠食攻击事件所发生的地点。

大白鲨的攻击有时被认为是随机的、难以解释的现象，更有无稽之谈认为大白鲨是疯狂的、不挑食的、残忍的捕食者。然而在南法拉隆群岛的观察表明，鲨鱼的攻击在时间和地点上都遵循一定的模式。

首先，尽管我们相信大多数大白鲨的生活远离海港，但不可否认的是，鲨鱼捕食海豹和海狮的行为经常围绕近海进行。鳍足类更多时候会离开水面，逗留在自己陆上的地盘里，如果鲨鱼停留在这些地方附近，那么它们便可以扩大捕食猎物的机会，这很合理。象海豹一旦离开自己的海岸聚集地，就会在太平洋进行远距离洄游，它们经常因太平洋的距离远而彼此分隔。象海豹正是从几个岛上的避难处来来往往，才让自己成为了目标，以致自己容易受到如鲨鱼这样的捕食者的攻击。在南法拉隆群岛所见的掠食攻击里，超过 4/5 发生在海岸 25～450 米（27～492 码）的区域。岛上的志愿者在更远的距离都可以区分与鲨鱼尺寸相似的海豚，因此，该区域的外围对志愿者的视线没影响。

该区域内，掠食攻击常常发生在象海豹和海狮的入水处和出水处。而且，攻击地点沿着小岛呈几条线状分散开去。比如，在北聚居地的一些象海豹，进入和迁离"印第安之额"的韦斯滕德岛水域时，形成了一条东南延伸的线，在该线上发生了 18 次攻击。在能辨别猎物的 6 次攻击中，有 5 次攻击以象海豹为猎物。主桅楼湾中央的低拱桥近海，延伸着一条直线，该线上发生了 8 次攻击，而主桅楼湾南部沿岸的贝壳海滩发生了大概 20 次捕食事件。这些地点都是大型象海豹通往聚集地的必经之处。苏布里克海岸——加利福尼亚海狮夜间迁出觅食的地方，也发生了近 20 次攻击。

捕食的时间把握也遵循了一些模式。拂晓过后的上午，南法拉隆群岛的捕食率达到顶峰，随之缓慢降低直至黄昏降临。由于观察不能在黑暗中进行，因此我们不能断定鲨鱼是否在夜间觅食。鲨鱼眼睛里的视网膜（retina）中央含有浓密的椎体接收器（cone receptor）（用于白天看东西）。鲨鱼的视杆外段细胞（rod segment）（用于夜间观察）数量较少，这个解剖细节支持鲨鱼白天捕食这个说法。而海豹和海狮也都是在白天活跃于海岛沿岸。

捕食攻击接连几天发生在同一时间，这也得到了证实。斯科特认为，攻击每日定时发生，与该事件有关联：连续几天都在白天的同一时刻涨潮，以致北象海豹离开海岸游入水中。我们发现高潮出现时攻击次数更多，因为这时海豹被迫迁离安全的海岸，而此时的鲨鱼正在绕岛巡游。

途经高危地带时，海豹和海狮也会尽量避免受到攻击。鲨鱼通常在海面附近发起攻击，象海豹经过这片危险区域时，几乎不浮出水面。海狮则排列紧密，如海豚般跃水，快速地越过这个区域。这种杂耍行为可能是逃脱策略，列队游泳是鳍足类表达亲昵的方式。

海豹和海狮都是法拉隆群岛随处可见的动物。我注意到，它们受鲨鱼攻击的方式有所不同。这在情理之中，因为这两种被鲨鱼偏爱的猎物行动是截然不同的。法拉隆群岛上普遍生活着两种海豹——体形巨大的北象海豹和体形较小的港海豹。海豹的后鳍高度发达，可以推动自己的身体向前游动。它们为了避免被潜于水底的鲨鱼吃掉，只在靠近小岛底部的地方游动。当海豹经过聚集地附近的高危地带时，鲨鱼经常捕捉 1～2 岁大的海豹为食。洄游到小岛的途中，海豹几乎不会浮出水面呼吸，形单影只的海豹最容易受到攻击。

　　海狮用硕大的前鳍推动着自己在水里前行，就像鸟在空中飞翔。它们经常成群结队地在岛屿周围游来游去，像海豚一样在水里跳跃。岛上存在着两个海狮物种——加利福尼亚海狮和大型的北海狮（Steller sea lion）。加利福尼亚海狮被鲨鱼攻击的概率远低于北象海豹，而大型的北海狮则几乎不会受到攻击，这大概是因为它们体积庞大，能撕咬鲨鱼，用锋利的爪子划伤鲨鱼头部。潜伏水底的鲨鱼鼻口处通常留有伤口或疤痕。如果鲨鱼试图吞食擒住的巨型加利福尼亚海狮或北海狮，那么鲨鱼就会有受伤的风险。即使大型的北象海豹在鲨鱼的嘴中，它们也可能咬伤鲨鱼。因此，频频有成年的北象海豹在攻击下存活下来，带着鲨鱼所咬的伤，在年努埃沃岛游上岸。

　　我们下一步将描述鲨鱼捕食海豹和海狮的行为技巧。我们已用录像带清楚记录下海豹或海狮 131 次攻击表现，现在需就每种行为模式进行分析。我之前做过这个工作，制作了路易氏双髻鲨（行为模式序列）行为谱，描述加利福尼亚湾海山周围鲨群中的个体。

　　其次，我需要发明一种书面符号，记录攻击发生过程中捕食者及其猎物的行为系列。我的需求和音乐家的需求一样。音乐家创作一篇乐谱，必须在多条平行线构成的五线谱上，画上标注音调的环形，每一平行线上或两线之间需标明不同音高，这样其他音乐家可以看着乐谱进行演奏。我也需要一种符号形式，在纸上科学地为其他人呈现攻击活动的顺序，而非借助录像呈现。这点类似于音乐家为听众提供乐谱而非亲自弹奏音乐。

　　我决定用"事件"（event）或"状态"（state）两种方式之一来代表鲨鱼或其猎物的每个行为。有一些动作离散、持续时间短，最好将这种动作描述为事件。你可以想象鲨鱼突然从水下用颌捉住海豹这一幕。我在大白鲨行为谱上把这个动作称为"垂直撕咬"，并将其定义为"事件"。

　　"垂直撕咬"（V 事件）：鲨鱼隐蔽于猎物底下缓缓往前移动游至海平面就张开大嘴噙住猎物，它的身体与海平面形成 60～90 度不等的夹角。

也有一些其他的循环往复、持续时间较长的动作。这些动作中最常见的是移动运动，例如鲨鱼用宽大的尾巴不断拍打，在海面游动。我在鲨鱼行为谱上将其归为"状态"，并称之为"夸张式游泳"。

"夸张式游泳"（SWX 状态）：鲨鱼边游边来回甩动尾巴，每重重地拍打一下，就水花四溅。以这种方式移动的鲨鱼，口中一定噙着海豹或海狮等鳍足类。携带体积如此庞大猎物的情况下，鲨鱼只能通过夸张地拍打尾部来保证前进的速度。

攻击的整个过程需要用一个时间量度来描述。我利用电子绘图程序设计了一个时间轴。时间轴上设有平衡线，每间隔 10 秒高低变换。每 1 分钟间隔处设有短垂线。水平轴的上面和下面分别用来记录鲨鱼及其猎物的行动。我缓慢拉动录像带，直至看到攻击行为，例如"垂直撕咬"出现在镜头里，再在相应地方画一条细细的直线，并用字母对此行为做记号。"夸张式游泳"则用一条起始延伸的水平线表示。把每段捕食摄像转为这类图表虽然耗时，但十分重要。

起初观看鲨鱼猛烈袭击海豹、海狮的录像时，我内心很难过。或许因为海豹、海狮等鳍足类同人类一样都是哺乳动物，它们被捕时的绝望孤独让我感同身受。然而不久之后，我开始不带入个人情感地去观看录像带，借助另一更小的分类单元，比如蜘蛛，来描述一次捕食。蜘蛛用网缠住苍蝇时，先用嘴咬住苍蝇，将毒液一点点注入其体内，再慢慢地享用。鲨鱼简直和蜘蛛一样变态。

大白鲨攻击海豹的过程中，动作发生的先后顺序往往相同。1989 年 10 月 15 日下午 3:08，该攻击发生在东南方向 350 米远的伽贝基峡谷，地图上显示的位置为 182 英里处的南法拉隆群岛。首次攻击时，海洋表面一块小小的鲜红区域的出现引起了我的注意，于是，我在图表时间轴的零上方标记"B"，代表"血迹斑斓的水域"。鲨鱼最有力的攻击就是最开始那强而有力的一咬，但这个动作是在水下捕食时进行的，很少能亲眼所见。我缓缓转动着投影分析仪的旋钮，慢慢拉进摄像带。这时，鲨鱼夸张地甩动尾巴，向海平面游去。我再次提醒自己：吞食了如此体形巨大的海豹的鲨鱼，只能通过有力地摆尾来获得前进的动力。我瞄了一眼时刻表，血迹水域出现后，又过去了 30 秒。我用鼠标在时间轴的记号上添了一根交叉阴影线，表示 30 秒时长，并延长至 40 秒，表明鲨鱼进行了夸张式游动 10 秒。水面斑驳的血迹朝一个方向蔓延。一分半钟后，海豹浮出水面，一动不动，血液也不再流淌。此时的海豹距离初次被袭的地点只隔着一片血迹斑斑的水域。我点击鼠标，再次在时间轴下面画上一根清晰的线条，表明海豹"死一般漂浮"的行为。漂浮的海豹精疲力竭，失血过多，恰好验证了一个原理：在一次次攻击中，大白鲨都是先让猎物血流不止，失血过多而死的。鲨鱼把猎物紧紧含在口里，等血液停止流动，再一口咬下去，大块地撕扯。我对着监控，又一次快进录像。猎物仅在水面停留了 10 秒，又再次被鲨鱼抓住浸入水中。1 分钟后，猎物再次被咬，少量血从鲨鱼头部附近溅出。我停下来看时刻表，计算从攻击开始历经的时长，并用鼠标在捕食图表上添加一条表示此行为的细线。SA 表示"起初的流血"，B 表示"血迹斑斑的水域"。随后，我又一次缓缓拖动录像，同时用鼠标在图表上画 4 个 V 标记，表明猎物 4 次遭受鲨鱼攻击，若猎物为象海豹攻击甚至高达 8 次。

　　1988 年 11 月 13 日上午 8:45，在主桅楼海礁以北 400 米远处，加利福尼亚海狮遭受了一次典型的攻击，此过程也在录像中记录了下来。站在灯塔山的观察者敏锐地察觉到剧烈的水花飞溅下隐藏的攻击。海狮迅速浮出水面，拖着沉重的身体，摇摇晃晃地四处游窜。它的斜腹部被鲨鱼啃掉一大块，受严重创伤，因此行动困难。10 秒后，海狮一头栽入水中，接着浮出海面，再次徒然地往海岸游去。猛然间大白鲨冲出了水面，用嘴紧紧咬住海狮，然后尾巴不停地拍打水面，再一头栽进水里，瞬间激起层层巨浪。站在灯塔山作记录的斯科特·安德松，看到这惊人的一幕，也被深深地震撼了。他惊奇地喊道："猎物在游动，它居然还活着！噢，鲨鱼追来了，抓住了它！快看！快看！它从底下长驱直入，突然狠狠地咬了猎物一口。天呐，这实在太扣人心弦了！"之后海狮再也没露过面。

　　与海豹不同的是，海狮在被咬伤后通常还能游动。不过，鲨鱼很快便会再次咬住海狮，潜于水下，等到血流停止再继续撕咬。就这样，死掉的海狮一直浮在水面，直至鲨鱼返回将之享用完毕。

尽管能用图表说明观察到的鲨鱼的行为，其捕捉猎物的一系列过程却各有不同。紧接着，我开始着手观察各类型的攻击，建立一个相应的模型和概括性的描述。透过录像我们观察到有 55 只海豹，13 只海狮。在所有对海豹、海狮的攻击活动中，我依照动作序列 1～6，记录了每个行为的"事件"和"状态"的相应频率。我选取了前 6 个"活动性"攻击行为，因为这些行为在攻击事件里最为重要。我制作了两份图表，一份记录了鲨鱼和海豹的互动，另一份记录了鲨鱼和海狮的互动。根据图表量化分析结果，我可以作量化对比，例如，77%的海豹攻击以 B（bloodstained water）开始，即 "水域血迹斑驳"，此行为在海狮攻击中仅占 22%；54%的海狮攻击开始于 S（explosive splash），即"惊涛骇浪"，此行为在海豹攻击中仅占 8%。

据此信息，我构思了一个概念模型，描述鲨鱼攻击海豹或海狮过程中行为最常见的先后次序。虽然任选一个场面都能还原攻击的实际过程，但鲨鱼每一次捕食的行为顺序可能会有所不同。另外，模型不一定涵盖所有的攻击里的每个事件，但模型最大可能地代表了相互接连的动作次序。

看完众多鲨鱼捕食海豹、海狮的录像之后，我算是了解了鲨鱼一般的掠食行为。但是，在一些影像中，鲨鱼的表现却实在异常不已。就拿拍摄于 1991 年 9 月 10 日的照片来说，此次攻击让我怀疑，鲨鱼十分地挑剔，并非像电影里没头没脑地捕食。当天，高涨的潮水把一头海象的尸骸强势冲离海岸，最终漂浮在主桅楼湾鲨鱼出没的高位水域。其尸体能漂浮如此之久，是因为腐烂过程中产生的气体充满了尸体。乍看到这一幕，彼得·派尔便惊呼："一点食欲都没有啊！"通常情况下，大白鲨会大快朵颐刚死的新鲜海狮，它们会用牙齿紧紧咬住猎物，在水里拖一会，再撕咬两三口。海狮腐烂的尸体在岛屿的附近漂浮了 132 分钟，鲨鱼对它一点兴趣都没有。当有鲨鱼浮出海面时，就挑剔地打量着海狮，似乎认同了彼得·派尔对海狮腐烂情况的鉴定。鲨鱼绕着腐烂的尸体缓缓游动，仔细端量。然后潜入水里一会，从下面张大嘴咬住海狮腐尸浮出水面，一会便放开了，一口也不吃。在 7 分钟内，鲨鱼重复了此动作 7 次——悄悄从侧面潜入，不紧不慢地咬上一口，然后又扔下腐尸，飘飘忽忽地游离了海岸，最终离开了视线。"鲨鱼的摄食方式实在很特别。从始至终，它仅从水中探出头部，用嘴咬住猎物，却没动一口。它还真是个挑剔的觅食者！"

同样地，大白鲨袭击人类的方式也十分出乎意料。那是 1989 年 9 月 9 日下午 2:00，职业潜水员马克·蒂塞兰德在主桅楼海礁西部 250 米处潜完水后，鲨鱼用双颌咬住了他。不一会他浮出水面，游向了装满鲍鱼的船，这些鲍鱼是潜水时从海底收集的。因沿海岸山丘的遮挡，我们未能清楚记录下鲨鱼和马克的行为。不过，通过与马克的电话交流和鲍勃·李（Bob Lea）的札记，我绘制了一个攻击图表。鲍勃·李在加利福尼亚州渔猎局（California Department of Fish and Game），负责采访和记录马克在北美西海岸受鲨鱼攻击的经历。

攻击伊始，鲨鱼就跟捕食海狮时表现一样。马克回忆"鲨鱼从水底游上来了"，于是我在图表上标记 V（vertical bite，垂直撕咬），描述鲨鱼一开始的行为。鲍勃写道"流了好多血"，我将猎物最初的反应标记为 B（blood，血液）。马克说"鲨鱼抓着我在水下游动了 5～7 秒"，我又在图示上画一杠，表示持续 7 秒的"噙住"阶段。"噙住"指的是：鲨鱼嘴里边咬住一个不能动弹或奋力挣扎的鳍足类（或人类），边游动。据目前观察，鲨鱼对人类的攻击与通常对海豹、海狮的攻击，行为是相似的。但是，此次的攻击与捕食海狮、海豹的攻击又有所不同。鲍勃说马克用枪柄击打了鲨鱼。此种行为在其他捕食场面从未目睹过，我将之取名为"实物反击"。据马克回忆，"突然，鲨鱼就把我放下，游走了"，我添上字母 R（release，放开）完成最后的图标。这是我在搜集数据过程中，唯一一次记录下来的鲨鱼对人类的攻击，之前只记录过两次，鲨鱼放掉了海狮等好不容易到手的猎物。在这两例情况里，鲨鱼并非死死咬住海狮的躯体不放，这就是为何海狮后来仍能血流不止地游向海岸。

事实上，马克用金属棒对鲨鱼沉重地一击，可能致使鲨鱼放开他。鲨鱼头部的感应机制，或微压感应器，对接触到的任何尖锐物都十分敏感，其电子感应器也很容易察觉水下金属产生的电场。但马克所提到的——被捕捉然后被释放的行为模式——是加利福尼亚州海岸外大白鲨遇到人类的一个典型例子（他手里有武器）。有些被袭击的人手里没有可击打的武器，但是鲨鱼仍旧会完好无损地放掉他们。

马克是因为用东西袭击了鲨鱼才得以逃脱？还是另有原因？通过浏览攻击图表，我找到了例子，一个伤得左摇右晃的动物竟没被鲨鱼吞食。这是一场对鹈鹕的攻击，发生于 1998 年 9 月 6 日，苏布里克角北部 150 米处。鹈鹕刚飞落水面，正准备悄悄地掠过这片被鲨鱼捕食的高危地带登陆海岛。此时，灯塔的观察者恰好发现了雷鸣般的巨浪迎面而来。鲨鱼抓住了鹈鹕，不一会儿又立刻放下了。在攻击图示上，这只鹈鹕被标注为"挥动的肢体"，指动物垂死的一种状态，"以背部或腹部漂浮，无力地上下挥动肢体"。它已然残疾，再也经受不住进一步的攻击。接下来的 2 分钟，鹈鹕悄无声息地漂浮在血液浸染的水域。鲨鱼露出水面，从鹈鹕身边游过，这次却瞧都没瞧一眼这只唾手可得的猎物。

最后，鲨鱼的这种古怪行为还表现在了袭击海獭时。1983 年春的某天，加利福尼亚州渔猎局的生物学家杰克·埃姆斯（Jack Ames）把我领到了一个房间，桌子中央躺着一只死掉的海獭，他把它背部的新月形疤痕指给我看。他手拿镊子，从这巨大的伤口里取出一块白色的碎片，置于显微镜下观察。透过显微镜，我看到这光泽透亮的坚固物表面，有一层类似于牛排刀面的锯齿。海獭遭遇了大白鲨的攻击！这是鲨鱼用嘴咬住海獭时脱落的牙齿！大白鲨及其他食肉性鲨鱼利齿多达十几排，可以成块成块地咬下猎物。当鲨鱼进食时，牙齿脱落掉入海底，或如这次一样，牙齿嵌在猎物的肉里。杰克在蒙特雷湾附近发现的伤口里留有大白鲨牙齿碎片的海獭，不止这一只。1988 年 3 月 17 日，我在笔记本上记录："或许，这些负伤的海獭是大白鲨放过的。但是，在大白鲨的胃里还没发现过海獭。"于是，我十分疑惑：海獭营养价值明显极高，为什么鲨鱼不吃呢？

鲨鱼如此挑剔的原因是什么？直至我读到密歇根大学人类学家约翰·斯佩思（John Septh）1993 年在科学报道杂志上刊登的一篇史前北美人狩猎的文章，才终于得到了一个合理的解释。在新墨西哥州东南部，约翰·斯佩思发掘出了一堆史前的沉积物，里面含有约 1450 年前被屠杀的北美野牛的骨骸。基于此，他描述了早期捕猎者的饮食习惯。但残余物的发现让斯佩思很困惑：雌性被捕猎物被扔置于屠杀地直至腐烂，而雄性猎物却被尽可能地带走。这就说明捕食者会选择性地进行捕食。难道是母牛有什么问题？他很纳闷。其实就是因为缺乏脂肪。他写道："关于野生动物的著作里曾说，观察表明，待产和哺乳的母牛一到春天压力空前大。捕食开始后，它们仍得照顾稚嫩的成年小牛或喂养刚出生的胎儿。最终，它们不得不消耗储存的脂肪来维持生命。"

文章进一步阐述，在寒冷干燥的季节，当它们开始挨饿时，体内的脂肪减少到体重的百分之几，这点脂肪甚至少于最精瘦的牛排的脂肪含量。几乎由纯蛋白质所组成的饮食，卡路里的含量极少，并且会导致蛋白质中毒。这就解释了捕食者为什么不吃脂肪含量极低的母牛。

斯佩思讲述了一军官在美国怀俄明州（Wyoming）西南部弹尽粮绝的经历。那是一个冬天，军官率领士兵行军至新墨西哥的圣达非（Santa Fe），寻求食物来源。军官在日记里讲述，"我们吃过马和骡子，它们全是饥肠辘辘的状态，一点也不鲜嫩，且没有营养。尽管平均每人每天消耗多达5～6磅的肉，我们仍然体弱无力，身形消瘦。12天的服役期满期间，我们虽然能战斗，却孱弱无力，一直渴望吃到肥美的肉"。

读完此文章，我很疑惑，难道大白鲨也偏爱多脂食物？不错，这同样解释了鲨鱼对某些生物所表现出来的类似行为。被放开的鸟、海獭、人类，主要是由肌肉构成，而海豹、海狮等鲨鱼吞食的动物，脂肪含量相当丰富。每克脂肪含8千卡[①]能量，几乎是肌肉里蛋白质所含能量值的2倍——每克3.9～4.5千卡。难道鲨鱼仅用牙齿咬住猎物，就能测出这些？毫无疑问，比起咬身体强壮结实的马克，鲨鱼的利齿能更轻松地嵌入海豹柔软多脂的皮层。

大白鲨对待浮动在旧金山湾入海口的鲸鱼死尸的方式也遵循这个原理。"苏珊 K 号"船长迪克·纳尔逊给我展示了一段影片"插曲"。鲨鱼来回甩动着尾巴，推动自己前进，来到死鲸的位置，张大嘴巴。它上颌微低，用牙齿嵌入肥硕的鲸脂皮层（outer blubber），再摆动尾部，使其身体后半部向后弯曲。它死死地拖咬住鲸鱼尸体，借助水的阻力撕掉一大块脂肪。我观察鲸鱼的全身，留意到仅外层的脂肪被咬掉了。难道鲨鱼更喜好

---

① 1千卡≈4.19千焦。——译者

海豹、海狮和鲸鱼等能量丰富的海生哺乳动物，而非其他能量相对贫乏的生物？未成年的象海豹的能量值尤其高，体内近乎一半是脂肪。这些象海豹实质上也成了鲨鱼的能量来源。

我暗自思索，捕食者与猎物关系的进化史，绝对有些讽刺的意味。海豹通过进化形成厚厚的脂肪层，成功地移居到了温带冷水和北极地区。大白鲨与其他习惯生活在暖水中的大多数鲨鱼不一样，它能追踪海豹进入到冷水中，因为它从海豹身上掠食了能释放出高能量的脂肪隔层。

为什么鲨鱼偏好多脂生物呢？或许是因为鲨鱼需要多余的能量来维持体温。当鲨鱼像大型火车头沿船游动时，我摸了一下它的后背。比起加利福尼亚州中部冰冷的水温，它的身体暖和多了。随后这点得到进一步确认。我在一条大型雌性大白鲨"三角痕"（Top Notch）的胃里安置了超声波传感器，据记录其体温平均达 75 华氏度，而它搜寻海豹的年努埃沃岛，附近的水温仅 50 华氏度。我们早前发现，大白鲨身体中的脂肪层和血管，能保持脑部和肌肉组织的温度，提高二氧化碳到组织的转移，加快鲨鱼栖息在冷水中时神经系统的反应时间。获取高能量的食物，可能有助于鲨鱼维持温暖体温，甚至促进其快速成长。成年大白鲨的体形每年增加 5%，这个生长速度是生活在相似寒温带水域、同一个科的、以鱼为食的鼠鲨的 2 倍，更是同一个科的、生活在热带暖水中的、以鱼为食的尖吻鲭鲨的 3 倍。

我很好奇，能否从我的研究笔记中发现些准实验的证据来说明大白鲨的捕食偏好？证明这个推论的一个方式，是分别利用肥硕和精瘦的猎物来引诱鲨鱼。多年前，我对大白鲨不吃羊十分不理解。这也成了 20 世纪 80 年代中期，我在法拉隆群岛追踪观察大白鲨的主要障碍。1985 年 11 月 4 日，我写道："为什么大白鲨不吃羊呢？"两天后，我画了一幅羊背的示意图，鲨鱼两次捕捉并释放了它，仅留下两个小小的咬痕和牙印。11 月 4 日，我又记录到："两条鲨鱼已经把羊咬在嘴里游离开去，却还是放掉了。可能它有自己的底线吧！"

我、斯科特·安德松以及旧金山州立大学（San Francisco State University）当时的研究生肯·高德曼（Ken Goldman）亲眼见证了鲨鱼对绵羊的肌肉表现得毫无兴趣，但却对海豹的脂肪兴趣盎然。1998 年，我诱导一条名字叫"三角痕"的鲨鱼吞食了生活在年努埃沃岛、体内藏有传感器的海豹和肥鲸。最终，肯和斯科特成功地追踪大白鲨至法拉隆群岛。他们在水面拖着冲浪板。每当鲨鱼从四个不同方位浮出来查看冲浪板，他俩就往水里扔一大块带着隐藏信号浮标的肥肉。每次，鲨鱼都会吞下这块肉。给鲨鱼一块去除脂肪的象海豹胸腔肉，此时鲨鱼的反应更值得注意。肯和斯科特通过书信告诉我："鲨鱼试过攻击这块肉，但最终还是离开了。我撤回了线以及未被撕咬的诱饵。"在寒冷水域的大白鲨确实有捕食多脂动物的偏好。我不由得想到了北极地区的人们依靠高脂肪的饮食而生活。生命在不断地寻求能量——这是生存的关键。

# 11 用尾巴交流

1993 年 3 月 6 日，星期六上午 9:30，即我 46 岁生日的前一天，我站在博德加海洋实验室课室里的木质讲台后，旁边挂了个大屏幕。我一如既往地穿着蓝色牛仔裤和印有鲨鱼图案的 T 恤。但鉴于场合正式，我多穿上了一件藏青色的短上衣。除了我身后被幻灯片放映机照亮得耀眼的屏幕，整个房间光线微暗。

环视四周，我认出了来自世界各地的科学家熟悉的面孔，他们之前来过博德加海洋实验室分享他们所知道的关于大白鲨的知识。1983 年，雷伊斯角鸟类观察站的生物学家大卫·安利曾鼓励我前往法拉隆群岛。于是，我组织了一个为期 4 天的关于鲨鱼行为方式的座谈会，就物种的演变过程、生理机能、行为方式、生态学、种群生物学以及与人类的相互作用，进行了多次的会谈。

坐在后排的来自达帕莱巴联邦大学（Universidade Federal da Paráiba）的生物学家奥托·加丁（Otto Gadig），曾做过巴西海岸里约热内卢（Rio de Janeiro）大白鲨的相关报告。离他不远处，坐着一位来自新西兰的渔业科学家马尔科姆·弗朗西斯（Malcolm Francis），这位渔业科学家之前描述过南岛大白鲨的求爱行为：一条鲨鱼咬向另一条鲨鱼，最终它们一动不动，一条在另一条下面，然后又翻了个身，腹部相对地平躺着。坐在我附近的是森中内田（Senzo Uchida）——冲绳世博水族馆（Okinawa Expo Aquarium）的管理人。他阐述了大白鲨中的卵生（oviphagy）或子宫同类相食（uterine cannibalism）现象——将母体腹中的胎儿吃掉的习性。锥齿鲨（sand tiger shark）是一种与大白鲨有亲缘关系的动物，属于鼠鲨目（Lamnoid），每胎仅生产两条小鲨鱼，即每个子宫各一条，因为这两条小鲨鱼吞食了子宫内的所有其他的受精卵和小型胚胎。坐得离我更近一点的是澳大利亚渔业局（CSIRO）的巴里·布鲁斯（Barry Bruce）。他提醒我们，位于危礁水域和南澳大利亚斯宾塞湾（Spencer Gulf）海神岛（Neptune Islands）的大白鲨数量正在减少。过道中间坐着的是南非纳塔尔鲨鱼委员会（Natal Sharks Board）成员热勒米·克利夫（Geremy Cliff），他估算了南非附近水域活动的大白鲨数目。坐在第一排的是我的老朋友莱恩·孔帕尼奥（Len Compagno），他是一位美国科学家，在大家高涨的呼声中详尽地描述了鲨鱼骨骼中的软骨质成分，给人留下了深刻的印象。他还是《世界鲨鱼概要》一书的作者，现任南非开普敦市自然史博物馆的渔业馆馆长。站在旁边的是我开始研究鲨鱼行为时就成为了我导师兼朋友的唐纳德·纳尔逊，他也是此次特别会议的主席，他重点讲述了鲨鱼的行为，并向大家介绍了我："接下来克利姆利博士将会描述大白鲨的"拍尾""攻击"两种行为方式及内部斗争。该论文的合著者还有彼得·派尔和斯科特·安德松。"他俩坐在中间，和美国研究代表团在一起。

我开始语速缓慢地读着自己的笔记。我说，迄今为止，我们科学家们仍致力于研究鲨鱼的嘴和颌部。稍作停顿后，我继续说道，但今天我的主题是鲨鱼的尾巴。在之前的谈话中我提醒过大家，我们已经描述过单条鲨鱼的捕食行为，现在是时候描述一下鲨鱼个体间的种内竞争了。这点主要基于我们对频繁出没于东南法拉隆岛的鲨鱼之间的竞争活动的反复观察。当属于同一种的两个甚至多个个体，对有限的资源例如富含能量的海豹，同时有需求时，就会发生种内竞争。在动物中常常可以见到这种通过攻击性行为来获取资源的现象，但动物很少以直接斗争的方式来获取资源，取而代之的是，它们会展示动作。一些醒目夸张的姿势和身体动作表明，当有竞争者存在时动物会感到不安，这些姿势和身体动作是在表达，如果这个对手留下来，自己有能力伤害对手。如果信号接收者留意到发出的信息，撤退了，那么信号发出者就获得了优势。你曾经有过紧握拳头、咬牙切齿地面对班上想抢你东西的恶霸吗？紧握拳头、咬牙切齿就是人的展示动作。

那么想象一下，现在有两条大白鲨试图攻击同一只海豹。如果用撕咬和伤害来阻止对手，这是非常不明智的选择。因为伤害都是相互的，这次你攻击别人，下次就会被别人攻击。这种损伤，将会影响双方以后捕食海豹的能力。因此，克制住攻击的本性对大白鲨很有益处。在交配和捕食期间，避免种内斗争受伤，这恰好解释了大多数物种的进化威胁学说。

我的最初目标是描述大白鲨们竞争进食时被一击毙命漂浮在海面上的海豹，依次概述威胁性展示——"拍尾"——的动作要素，以及该竞争进食事件所发生的社会环境。如大屏幕上的幻灯片所示，大白鲨高高翘起尾巴，随时准备拍击海平面。我向大家说道："1988～1991年所记录的131场肉食性攻击中，类似图98的"拍尾"就有26场。其中，23场观察到的攻击对象均为北象海豹。鲨鱼的尾巴高抬于海平面上空，做好随时准备降落的姿势，然后猛地落下，与水面形成重重一击，通常伴着无数水花向另一条大白鲨的方向飞溅开去。"

此时，屏幕的另一张幻灯片上，有十几个画面展示了鲨鱼"拍尾"时尾鳍的位置。我解释道，这些运动模式可以分解为以下几步。刚开始在水面游动，鲨鱼只是侧着身子旋转。然后把身子弯曲至吻部距离尾鳍尖端约2/3的位置，将尾巴高抬于水面上空。随着体重逐渐上升至最大值，其尾部与海平面形成30～90度不等的夹角。角度大小与鲨鱼身躯的倾斜程度有关：若它仅微微倾斜，角度会很小；若几乎完全翻转过来，角度就很大。从鲨鱼最开始甩出尾巴高高举起，到放下尾鳍击打水面的时间间隔仅0.6秒。

我简要描绘了"拍尾"动作过程中鲨鱼表现的三种攻击形式，目的是说明此行为变化的复杂性。第一个例子中，一条鲨鱼朝另一条所在方向拍击了2次。第二组彼此靠近的两条鲨鱼接二连三地做出了十分壮观的"拍尾"动作。第三组的动作更为复杂：两条大白鲨沿着相反的方向不断来回游动，每次擦身而过，都朝对方激起层层浪花。

屏幕上也展示了鲨鱼的代表性攻击。矩形内的一条轴线标记攻击发生过程中的时间流逝，上下线条和节点注明了鲨鱼和猎物的"活动性"和"状态性"行为的字母缩写。我手拿一根木质指示棒，指向标注"SL"的线，即活动性行为"浮油镇浪"（oil slick）：油从猎物体内流出，削弱小波浪的阻力，使水面变得平滑。我继续说道，灯塔山鲨鱼观测队敏锐地察觉到了发生在西海岸西北部数百米处的攻击现场，也呈现出"浮油镇浪"

现象，中央还有一小块血迹。停留了 2 分 20 秒后，大白鲨又缓缓地游动在浮油的海面，然后开始来回大幅度剧烈地甩动尾巴，推动身体前行。我说，仔细看看鲨鱼的尾巴，就会发现其实它是完好无损的，而且尾叶上部清晰可见。这条尾部完好的鲨鱼，很可能用嘴咬住了猎物。接着我们可以观察到，它虽然潜于水下，却间歇性地在水面活动，直至 12 分钟过后，才开始了攻击。就在此时，另一条鲨鱼浮现出来，用尾部拍击了水面两次。之所以这么容易辨认出两条鲨鱼，是因为第二条鲨鱼失去了尾叶上部，我们不妨将其取名为"断尾"。两次"拍尾"后，尾巴完好的鲨鱼藏匿在水下面，再也没出来过。断尾的鲨鱼反而继续在海面游动，最后咬食猎物。我放了一段捕食场面的录像带，并分别指出这两次"拍尾"行为。每次呈现有代表性的攻击时，除了费劲地图解攻击行为之外，播放录像带也是很有必要的。即使是最严肃的科学家，他们看到鲨鱼这种惊人的表现时，也不由自主地大吃一惊。

我对着屏幕上的图示，快速阐释了第二种情况下鲨鱼的互动。5 天后我们发现，这对鲨鱼再次出现在沿海的同一个地方。血染的海面让观察者注意到了韦斯滕德岛的攻击。1 分 40 秒后，海面浮出一条未成年的象海豹。它的上腹部被咬了一大块，奄奄一息地躺在血水里。1 分 20 秒后，尾巴完好的鲨鱼露出水面，咬住了海豹。这次，尾巴完好的鲨鱼把尾巴高抬至垂直于海平面的位置，接着两度拍下，激起水花四溅。然后断尾鲨鱼也上下甩动尾巴，更是引起水花飞溅。眨眼间，尾巴完好的鲨鱼和断尾鲨鱼分别做出了第二和第三次"拍尾"动作。五次"拍尾"以迅雷不及掩耳之势相继发生，仅用时 2.84 秒。两条鲨鱼速度惊人地相似，它们甚至可能在变换动作时伤到彼此。之后，仅断尾鲨鱼从水面咬住了海豹的尸体，尾巴完好的鲨鱼被赶跑了。随后，我播放了一段录像：鲨鱼快速连击"拍尾"，水花四处飞溅。不少观众发出了惊叹声。

接下来是一个复杂的过程，在这个过程里，两条鲨鱼都展示了示威性动作。这是一年后我们所观察到的第三场涉及"拍尾"的捕食性活动。这次，断尾鲨鱼和另一条鲨鱼（尺寸类似于那条尾巴完整的鲨鱼）在海面并排游动。我用指示棒指着"SS"（"并排游动"的缩写形式）。等到第二、三次擦身而过，两条鲨鱼均轻轻卷起尾部，向上抬起，然后又放下，往对方所在的方向溅起层层水花。之后又立即转身，再次从彼此身边经过，惊起无数浪花。这样的动作重复了三次。为了不让海豹被断尾的鲨鱼吃掉，尾巴完好的鲨鱼横在断尾鲨鱼和海豹之间。而后的第三次冲突期间，尾巴完好的鲨鱼终于浮出了水面，吞食了猎物。

紧接着，我用证据说明了此行为的普遍性。据观察，大量的鲨鱼在捕食时都会"拍尾"。在26场出现了两条以上的鲨鱼捕食场景里，有17场中的鲨鱼出现了"拍尾"动作。在另外9场捕食里，有4场捕食中的两条鲨鱼的"拍尾"动作要么提前发生了，要么就紧随着攻击而出现。虽然两条鲨鱼"拍尾"的动作很可能在其他场捕食里出现，但是灯塔山的观察者可能没看到第二条鲨鱼。如果是多条鲨鱼进行争夺食物，在"拍尾"期间，多条鲨鱼会比单条鲨鱼更经常地浮出海面，并在海面上停留更长的时间——因为投入必要的额外时间，可以阻止对手抢夺猎物。接着我对自己的发言作了总结，鲨鱼在这些场景里的动作证实了一个推论，即"拍尾"动作是鲨鱼种内威胁的手段。鲨鱼会多次用尾巴拍打水面，朝对方激起大量水花。此外，为不让食物被吃掉，鲨鱼总是置身于猎物和对手之间。第二条鲨鱼一般会对第一条鲨鱼的"拍尾"做出回应。它们要么撤离捕食区，把猎物留给强势的竞争者，要么朝对方发起"拍尾"攻击。从后一种情况来看，鲨鱼间捕食的较量，最终取胜凭借的是凶猛频繁的"拍尾"，而非各自体形大小。

唐纳德·纳尔逊走向讲台，询问在座各位是否还有疑问。坐在第一排的莱恩·孔帕尼奥立刻站起，激动地说道："我们只看过鲨鱼奋力挣脱绳子末端的诱饵时的水花四溅，并未见过这样的惊涛骇浪。同样是争夺食物，鲨鱼并未朝我们拍打过水面。"接着，唐疑惑地大声说道："死掉的海豹去哪儿了呢？鲨鱼有可能只是伺机寻找一个更好的攻击部位吗？"第二个问题进一步质疑了鲨鱼在互动这一说法。"这种行为会不会只是鲨鱼在海面上爆发能量的一个典型情况，在这种典型情况里，鲨鱼的尾巴无处安放，只能跃于空中？我曾经在水箱里见过这种情况，当时鲨鱼正在进食。"

我思索了一会儿后，回答了最后一个问题："确实有这个可能。好几次鲨鱼抓住猎物，试图把猎物扑倒，但猎物的抵抗迫使鲨鱼把尾部甩出了水面。但我不认为这可以解释屏幕上所展示的东西。"我回放着幻灯片，观察到两条鲨鱼在经过彼此时抬起尾巴，朝对方溅起水花的举动。然后拿指示棒指着猎物的尸骸说："瞧，鲨鱼夹在海豹的尸体和对手中间，就为了不让其残骸被吃掉。我的某些推断或许错了，但它们之间存在互动的可能性还是很大的。你的说法只针对个别的拍尾，但对幻灯片上的许多拍尾来说，是解释不通的。这就是我要向你展示鲨鱼在攻击中逐渐复杂化的行为的原因。"

并非在场的所有人都相信"拍尾"是一种示威行为。但我们当晚开了个非正式会议谈论大白鲨的捕食策略，使得这个观点更加清晰明了了。我简要地评论了猎物捕食的"吞吐"理论（"bite and spit" theory）。根据该理论，鲨鱼抓住一只海豹或海狮，仅留下伤口，并未撕咬便放开了。然后在附近徘徊，直到受伤的猎物不能动弹，才毫无顾忌地去享用。但该假设仅是基于"鲨鱼攻击人类，然后无损地放走人类"的记录所提出来的，并非基于"鲨鱼捕食海豹"的实际观察。因此，我提出了一种更普遍的让猎物丧失能力的观点——让捕捉到的猎物失血而亡。大家都同意"吞吐"和"流血至死"的假设，但是对"拍尾"示威这一说法还有诸多疑问。

莫斯兰丁海洋实验室（Moss Landing Marine Laboratories）鱼类生态学专家格雷格·卡耶（Greg Cailliet）由始至终都不认为鲨鱼拍尾是为了交流，他觉得拍尾的动机并非我解释的那样复杂。或许，他的观点是他从自己确定鱼类生长速率的专业知识里所得出来的。在紫外光线照射下，仔细观察鲨鱼的脊椎部，可见染色般的环状物，颜色一深一浅，通过计算鲨鱼脊椎上的这些交替环状物的数目，便可以精确确定这些生长速率。他强调："你需要关注的是鲨鱼嘴里的东西，因为拍尾可能是鲨鱼把猎物往下推时造成的。"我答道："可是当鲨鱼拍击尾部时，猎物通常浮在水面，并没有被鲨鱼咬在嘴里。鲨鱼的尾鳍立在空中翻腾着朝对手拍打水花。鲨鱼口里含有猎物的话，难以做出这种动作。"格雷格还是感到疑惑："鲨鱼这么做（立起尾巴），也可能是另有原因。你并没有排除其他可能的解释！"格雷格的态度体现了精简的规则——当我们评价一个简单而另一个较为复杂的两种假说时，较简单的假说往往是正确的。

随后，大会的记录人乔治·巴洛（George Barlow）作了会议总结和内容概要。他是加利福尼亚大学伯克利分校（University of California，Berkeley）的动物行为学家和鱼类生态学家。作为一名杰出的动物行为学家，他担任了《动物行为》（Animal Behaviour）学术期刊的主编，发表了好几篇鱼类活动的文章。突然间，他起身走上前，手拿粉笔，边简洁动情地说着鱼类的互动，边在黑板上描绘。"两条互相挑衅迎面相撞的鲨鱼，就像两辆相互较量的汽车，在最后一刻转换方向盘，彼此平行，向相反反向驶去。你能在两只狗身上看到同样的情况。在操场上玩耍的学生也重复了这种做法。鲨鱼们正在做的是自我定位，以便自己可以转向对手或逃离对手。它们在攻击和逃离中感受着这场冲突。鲨鱼冲突中常见的是，鲨鱼相互用尾巴拍击，每条鲨鱼都把水拍向对方。为了阻止自己往前移动，鲨鱼展开胸鳍，反向施展压力，但如果鲨鱼此时要做拍尾的动作，那么胸鳍是难以阻止自身向前移动的。但是，如果鲨鱼的尾巴末端完全露出水面，鲨鱼只能从中得到一点点的推力，那么鲨鱼便不会往前移动。此外，尾巴通过拍打水面，可以产生声音信号——这点正如我们所知，鲨鱼的听觉灵敏。"

乔治继续说道："鲨鱼之间存在难以交流的问题。像大多数的鱼类一样，鲨鱼不能移动鱼鳍，不能变色，不能发出声音。鲨鱼的交流方式有限。在海平面交流时，'拍尾'是鲨鱼为数不多的选择之一。因此，在我看来，如果有数据说明拍尾是朝着另一条鲨鱼进行的，那么彼得·派尔便初步得到了证据，证明'拍尾'这个动作是发生在交流过程中的。那些观点不一致的人，有必要提出另一假说，以便更好地解释拍尾的动作，例如，拍尾是为了转向逃离对手。但是，你们所提出的其他假说必须立场坚定，而不只是申明自己的怀疑。"说完，乔治走下讲台，回到了原来的位置。

到现在为止，我们就拍尾的原因持续讨论了一个多小时。加利福尼亚州渔猎局里，管理鲨鱼攻击档案的鲍勃·李站起来说道，此次会议非常地有趣，再持续一个多小时也不难。我们何不更随意一点，比如边讨论边悠闲地喝点酒？于是，这场交织着反对和支持之声的激烈讨论就这样结束了。

走出教室后我就想，要改变那些反对我对"拍尾"行为解释的同行们的想法，绝对得倾尽我作为行为学家的全部知识。这个任务的实施会变得更加困难，因为我认为大白鲨是能交流的十分聪明的动物。我的观点与普遍的认知相反，大多数人只认为大白鲨是愚蠢的独居物种，靠着简单的本能反应生存。我决定将这份囊括我们结论的手稿，发给熟悉动物交流观的动物行为学家们过目一遍，但也可能发到喧嚷的批评者手中，这些批评者受其他思想的影响，对动物交流观表示怀疑。我面临的挑战是解决这些批评者以及行为学家们所关注的问题。

这场关于大白鲨拍尾现象的激烈辩论一直持续到夜晚。有时，我的一些同行想模仿我这般科学的呈现方式，我在此无意中教了他们一下。作为会议进程的推进者，我给每人发了一份自己所写的关于鲨鱼拍尾的缩写版文章。

我的同行们发表了一篇题目为"大白鲨拍尾行为的进化意义：备择假设"的文章。除了题目，这篇文章的格式和我的文章是一模一样的。这篇文章包括了科学的论文的基本部分：摘要、导论、材料与方法、结果、讨论以及参考文献。摘要里解释了模仿创作的目的。他们写道，克利姆利等人对大白鲨拍尾重要性的强调促使该行为再次受到了检验。他们提供了两种备择假设来解释鲨鱼程式化斗争中的行为。一种假设认为，鲨鱼上尾叶间的尾巴会轻轻地拍打着（而非猛拍），以示庆祝成功捕食到鳍足类；另一假设则认为，"拍尾"是程式化的"替换活动"（displacement behavior）的一部分，该动作与一对雄鲨向一条雌鲨的求偶相关。但"替换活动"似乎与情境无关。动物常常在以冲突为特征的情况下进行"替换活动"，如：人在紧张时眼皮会跳动，或打响指。我的同行们声称他们的假设是最正确的。

文章的起源在材料与方法这部分有所提及。他们写道，其中一个备择假设是在傍晚的活动中发展出来的，题目为"大白鲨的捕食技巧"，并宣称该假设在会议的委员会所发起的庆祝活动期间，逐步地得到了完善。同行们也像我一样，采用缩写法描述大白鲨的捕食和互动。并提到他们经历了近三小时的紧张激烈的讨论，充分利用液体感官刺激（liquid sensory stimuli）之类的。讨论过程中，许多观点相互碰撞，但他们在自己的科学论文里将要报道的假设仍未得到验证。

他们把鲨鱼甩尾以示胜利的动作称为"拍尾"。然而，包括我在内的很多人，都无法理解此图解中所标注的"活动性"和"状态性"行为。他们用字母缩写来形容受伤程度，比如 SM（serious maiming）表示"重创"，MP（major pain）表示"剧痛"；状态描述中，他们选择了 LBS（laid-back swimming）来表明"悠然游动"，SLH（swimming like hell）则是"痛苦地游动"，BIG（basking in glory）即"凯旋"。当然，字母 TF（tail flap）则代表了"拍尾"。动作"拍尾"在北美用 HF（high five）来表示，意为一种胜利的方式；而在巴西文学中，则用了 OC（oi-cino）来表示，代表着"荣誉"。（我现在才知道我的巴西籍同行奥托也参加了此次创作。）文中第一幅图上，画了一对鲨鱼的素描，它们的尾巴高高竖立于水面，用"拍尾"或鲨鱼特有的"互击"方式互相攻击。

该文章的第三幅图解，展示了他们的主张中鲨鱼及其猎物在攻击全过程中的动作特征。他们用 PDG 来代表"大白鲨"，抑或是称作"相当不错的鲨鱼"（"pretty darn good" shark）。图中细致地描绘了大白鲨捕食鳍足类时比较常见的动作过程，他们用 FNS（fairly normal sequence）来表示该过程。海豹数目众多，通常来说，两条雄性大白鲨会组队，采用"吞吐"或"失血而亡"的攻击模式（两种模式听起来都相当不错，所以鲨鱼不会厚此薄彼）来重伤或猎杀可怜的海豹。此处作者用了 HS（huggable seal）来表示海豹。接下来的两个行为在图上画线标上了 SM（seriously maim）和 DP（dead pinniped），即"严重伤残"和"鳍足类死亡"的缩写。他们继续写道，"鲨鱼最先发现潜在目标的行为"即 ELS（early lunch sighted）"看见食物"，在图表上进行了画线标注。鳍足类发现鲨鱼，则用 FL（fear and loathing）"恐惧和憎恶"来表示。"严重伤残"、"剧痛"以及"鳍足类死亡"都意味着鲨鱼攻击的成功。海豹"悠然游动"的方式转变成了"痛苦游动"，而两条鲨鱼则交换着"拍尾"以示"凯旋"。占优势的雄鲨总是比未成熟的雄鲨"拍尾"更为频繁。占优势的雄鲨标记为 HW（hard wangers），指"强硬如一"；未成熟的雄鲨则用 SW（soft wangers）来表示，指"温和如一"。[最后一句参考了韦斯·普拉特（Wes Pratt）在座谈会上的讲话。基于鲨鱼两鳍脚的硬度，即插入雌鲨体内使其怀孕的射精器，他对雄鲨进行了成熟与未成熟的区分。雄性大白鲨长到 13 英尺 2 英寸时，达到性成熟状态，此时它们开始形成坚硬的鳍脚。]

当年晚些时候，我的论文编辑大卫·安利把我们的文章发给了 4 位审稿人，其中一位审稿员还曾在研究大白鲨捕食技巧的全体会议上，直言不讳地批判该文章。结合评论者的观点，他们认为要想使人信服"拍尾"是用于交流的，就必须解决以下三个问题。第一，我们要证实鲨鱼尾巴不只是单纯地破水而出，因为鲨鱼重新分配自身的重量，把海豹的大型躯体往水下推。这个尝试旨在使我们遵循简约性规则——除非有力的证据否决了这个假说，否则人们应该接受用较简单的两个假设解释一个现象。第二，重要的是，要提供证据证明"拍尾"所产生的大量动作，比鲨鱼嘴里咬着猎物时的"夸张式游泳"更剧烈。最后，审稿人希望我们能解释，成功吞食海豹尸体的鲨鱼比失败的鲨鱼示威动作强度更大这一现象。听完 4 位审稿人与大卫的见解，我震惊了。要付出多少艰辛才能解决这些问题啊！我坐在办公室想备选方案，好几小时后才终于总结出能应对这些挑战性问题的措施，记录在实验笔记本上。

我的第一个目标是说明鲨鱼不只是简单地把尾巴抬出水面，以便分配身体重量，把嘴里浮力十足的海豹推下水。我得知道，第一，鲨鱼是否在拍尾之前就已经捕获猎物。第二，接下来鲨鱼是否潜入水中。我坐在电脑前，打开第一个全年性的肉食性动物攻击文档（文档记录始于 1989 年），开始浏览有拍尾动作的攻击图表。

分析图表的第一步就是立马看线段前面所指向的"拍尾"处，寻找鲨鱼捕捉猎物的证据。排列组合起鲨鱼的动作可以知道，虽然鲨鱼试图把猎物推下水，但是鲨鱼"拍尾"后没有潜入水。

我数了一下，鲨鱼有 33 次没捉住鳍足动物，做出了"拍尾"动作，并且仍浮在水面。这 33 次中的 28 次里，两条鲨鱼在"拍尾"期间出现在水面；另外 5 次例子里，鲨鱼攻击期间，稍迟才能观察到另一条鲨鱼。这反映出鲨鱼的交流方式。如果当对手在水面，鲨鱼才更倾向于击水，那么对手预计会看到鲨鱼尾巴高举空中或感觉到水溅在身上。相比之下，仅有 3 例情况鲨鱼捉住猎物后，做出了"拍尾"动作，然后潜入水里。在这几个案例，当鲨鱼重新分配自身的重量把猎物推下水，鲨鱼的尾巴可能已经露出了水面。但这些场面十分罕见。同样，也有很多例子中鲨鱼捉到猎物，"拍尾"，并保持浮在海面。这让我很纳闷，把猎物含在嘴里是否是鲨鱼示威行为不可或缺的一部分，这样可以使得自身把尾巴更高地抬出水面，让水花溅得更远。"拍尾"的交流本质是毋庸置疑的。我们只在出现两条鲨鱼的攻击期间记录到"拍尾"动作。但随机抽取同样数目的单条鲨鱼的攻击场景时，我们从未记录到"拍尾"动作。

接下来要讨论的问题是，鲨鱼尾部拍击这个动作实际上是否是一个夸张的动作。这就需要从不同的层面斟酌鲨鱼的示威动作。我选择斟酌以下四部分：鲨鱼身体露出水面的高度、尾巴露出水面的持续时长、尾巴与海面接触时水浪溅起的距离，以及水花在空中停留的时间。这些都能说明示威鲨鱼向对手所显示的自身实力。大多数行为构成我们都能在"夸张式游泳"和"慢游"这两种模式里看到。第一种模式下，鲨鱼尾巴大幅度横扫水面，因为鲨鱼口咬猎物，所以它需要这样做才能推动身体前行。而当鲨鱼嘴里不咬着猎物游动时，则采取"慢游"模式，尾巴摆动幅度变小。

尾巴抬升和水花溅起的持续时间不难测量。我可以简要地数录像带里（图像）的帧数，再用它乘以每帧所经历的时长。但是，计算出鲨鱼身体露出水面的面积或尾巴拍击水面激起的水花距离，是一项相当艰巨的任务，于是我借助了实验室的影像分析系统。结果表明，不管鲨鱼是否嘴里咬着猎物，拍尾的动作幅度远比游动时的动作幅度夸张。例如，63 次"拍尾"中，鲨鱼尾巴平均高出水平面（实际上是中数）100 厘米；31 次"夸张式游泳"中，鲨鱼尾巴平均高出水平面 70 厘米；而 43 次"慢游"中，鲨鱼尾巴平均高出水平面 60 厘米。在"拍尾"动作中，鲨鱼的身体被提升的高度高达 180 厘米（接近 6 尺）。"拍尾"所产生的水花，溅出的距离中数是 3.5 米；"夸张式游泳"所产生的水花，溅出的距离的中数是 2.5 米；而"慢游"所产生的水花，溅出的距离的中数仅 1 米。在其中一个案例里，鲨鱼"拍尾"所推动的水浪，远达 9 米。这个距离比我 23 英尺的研究小帆船巴拿马独木舟还要长。

证实鲨鱼拍尾的目的是进行交流的三个前提条件之一，最大的挑战便是说明鲨鱼的拍尾竞争中，胜利者的动作幅度是大于失败者的。我需要计算出在示威中鲨鱼动作强度的精确值。只是简单地比较两鲨鱼的"拍尾"数目就宣布"拍尾"数目多的一方为竞争中的胜利者还远远不够。我们已经得知鲨鱼在拍尾时，其身体露出水面的高度。该高度的变化范围是 70～185 厘米。185 厘米接近了鲨鱼半个身体的长度；而 70 厘米只相当于鲨鱼尾巴的上面部分的长度。令我震惊的是，鲨鱼能从每次拍尾攻击的强势程度，判断出竞争对手的实力。当然，身体露出水面越多，鲨鱼越能威风地审视对方；尾部拍击水面的声音越大，往对方溅起的浪花也就越大。和之前记录的一样，水花升至空中的距离变化幅度也相当大，从 1 米到 9 米不等。看来，我们不能把所有拍尾看成是一模一样的。我需要用一种方式，来表达鲨鱼每次拍尾强度的相关信息！

当时，电子天才威尔·芒让（Will Mangen）正在我的实验室研发一种电子标志。这种电子标志可以从水底照明度的相关变化推断日出日落的时间，进而确定太阳（相对于地球）的位置。他读了一本名为《模糊逻辑》（Fuzzy Logic）的书，书中描述了一个技巧，教人如何从大量输入的信息中做出选择。他打算运用该技巧更好地把水下光照变化和太阳在空中的位置联系起来。在他的建议下，我买了这本书，每晚睡前阅读。这本书让我彻夜未眠，想到了鲨鱼在水上拍尾。同样的技巧可以用来获得一个定量指标或一种间接测量法，展示鲨鱼拍尾时的力量。

"模糊"（fuzzy）这个词，指可选择性的方法，把表述和信息划分成了两种简单的状态，例如，对或错，是或否，1 或 0。测量的一个属性是给定一个强度值，其范围在 0～1 变化，0 是最小值，1 是最大值。下面举一个常见的例子，说明如何把这个逻辑运用到问题上。"模糊"智能洗衣机能基于一些输入信息自动确定清洗程序。首先，感应器与装衣物的滚筒相连，能测出衣物的重量或数量。基于所测到的不同衣物的重量值，感应器进行调节，最重的衣物值为 1，最轻的为 0，中等的为 0.5。其次，从发光电子管投射到光电管的光照，穿透水面，能检测出衣服的污渍含量。水里的光照投射与溶于水的污渍量成反比，到达光感器的光照越少，水中脏污越多。接着，感应器会进行校准，使得光线传送的最小值为 1，最大值为 0。"模糊"智能洗衣机将根据这些感应器得出的总数值，选择特定的清洗程序。

我用了相似的方法观察、分析拍尾的四个构成要素——露出水面的全长、身体向上的持续时间、水花泼溅的距离和时长。经测量，83 次拍尾中，鲨鱼的尾巴有 63 次伸出水面。尾巴露出水面的长度在 64.5～183.3 厘米，最小值为 64.5 厘米，最大值为 183.3 厘米。我们可以算出每次尾巴向上的信号强度（术语 SS）的无量纲指标（nondimensional index），其范围变化值为 0～1。

另一条经常在岛屿附近徘徊的鲨鱼"断尾"（Cut Dorsal），没有顶鳍尖。在 1989 年 9 月 30 日的一场攻击中，"断尾"在第一和第二次拍尾期间，身体分别伸出水面 170.2 米和 181.6 米高，指数值为 0.874 和 0.969，累计指数为 1.843。而"断尾"的对手仅浮出水面一次，指数值仅为 0.616。两条鲨鱼中任意一条鲨鱼的尾升持续时长、水花泼溅距离和持续时间，也采用类似的指数值衡量。每个动作要素都计算出相加值，以显示彼此的攻击力。"断尾"两次拍尾的攻击力累计值为 5.855，远远超过其对手单次拍尾的累计值 1.838。因此，"断尾"是胜者！

此外，我提出了一个"进食成功"指数，因为不可能每次都确切地看到哪条鲨鱼在攻击性的交战后进食海豹。除了撕咬猎物，我还记录了另外两个表示进食成功的指标——鲨鱼在猎物附近水平面滞留的时间和浮出水面的频率。我们以同样方式计算出了每条鲨鱼竞争者成功率的无量纲指标。拍尾更剧烈的个体在 16 场捕食攻击中有 14 次赢得了猎物，其衡量指标由信号强度和捕食成功率构成。即使胜利的鲨鱼与其对方的表现值仅有轻微差距，也总是胜利的鲨鱼频繁地出现在水面进食猎物，而失败的鲨鱼则几乎从不出现在水面觅食。最后赢得争斗的，并不总是体形大的鲨鱼，有时体形略逊但表现凶猛的鲨鱼也能成为赢家。比如，在 1990 年 11 月 7 日，图 191 的攻击里，全长 406 厘米尾巴完好的鲨鱼战胜了全长 433 厘米的断尾鲨鱼，虽然尾巴完好的鲨鱼比尾巴部分缺失的鲨鱼短 30 厘米（大约 1 尺）。可能体形差异越小，鲨鱼需要展示拍尾的动作就越频繁。这场攻击中，两条鲨鱼 3 次游经对方，相互溅水。尾巴完整的鲨鱼拍尾 14 次而断尾鲨鱼仅 6 次。

　　说服别人相信你自己观察过而别人没有观察过的某个行为的重要性是相当困难的。当我们那些人独自在法拉隆群岛观察鲨鱼捕食海豹时所展示的"拍尾"动作，其他人早就观察过鲨鱼的"拍尾"了。但他们只是在小船边放诱饵，把鲨鱼吸引过来，观察鲨鱼的"拍尾"。那样，当鲨鱼口里咬着肉又试图潜入水中时，鲨鱼的尾巴便会抬起。此外，鲨鱼展示示威动作可能是因为它把防鲨笼或小船当成了自己的竞争对手。我曾在澳大利亚南部的危礁水域观察过防鲨笼 2 次。防鲨笼漂浮在鲨鱼和绑在船尾的诱饵之间。这 2 次，鲨鱼都把尾巴抬出水面，奋力地把防鲨笼顶端往下压。

　　肯·高德曼和斯科特·安德松也发现过同样的行为。当时，一只小船漂浮在海豹尸体的附近，两条鲨鱼正在进食。他们在小船旁往水里扔下了一块隐藏着传感器的海豹脂肪，目的就是为了让鲨鱼吞下传感器，方便追踪。肯·高德曼在日记里讲述了接下来的情况："当我们赶到时，没有血，没有鲨鱼，只有海鸥。不久后，第一条鲨鱼到达，接着又来了另一条。其中一条鲨鱼在 5～10 秒内咬了引擎 2 次。然后，左船舷被撞了，鲨鱼（2次）拍尾激起的水浪浸入了船里（真的是贯穿整只船），浸透了小船大部分地方。过了一会，大概 10～15 秒，右边的鲨鱼撞击小船，撕咬引擎，尾巴连拍了数次。小船完全湿透了。这真是令人难以置信。接着，又一条鲨鱼出现了。这些鲨鱼太凶猛了，我们只好转向行驶。"斯科特·安德松当时轻描淡写地问了肯·高德曼那个经典的问题："你现在还不相信拍尾么？"

　　正如我后来在我们关于鲨鱼拍尾的文章里面解释的那样，肯·高德曼和斯科特如果当时不是迅速离开，而是选择了另一种办法，那就可以做个实验了。作为信号接受者，他们俩可以用船桨在水面滑动，模仿拍尾，往示威鲨鱼的方向激起水花。我敢肯定，如果肯·高德曼和斯科特的人工拍尾比那两条鲨鱼的拍尾更频繁更凶猛，那么这些鲨鱼就会离开船附近。但是，在那样危险的时刻，还要模仿鲨鱼拍尾的动作做实验的话，这可就超过科学工作本身了！

# 12 国家电视台直播大白鲨幼鱼放生

"彼得，你今天能到海底世界追踪我们的大白鲨宝宝吗？这是海底世界最近放在圣迭戈鲨鱼馆里的第二条大白鲨幼鱼。第一条大约一个月前死去了，而现在这条鲨鱼的身体状态也迅速恶化。这条鲨鱼必须很快被放回自己的生活环境，否则它也会死在水族箱里。我知道这临时通知挺急的，但你能帮帮忙吗？"杰里·戈德史密斯（Jerry Goldsmith）以抱歉的口吻说道。我认真地听着电话，当时我在 400 英里之外——旧金山北部的博德加海洋实验室的办公室里，时间是 1994 年 8 月的第一个星期四上午 9:30。

杰里是个身材高大的中年男子，留着金色的头发。他是一名首席设计师，负责设计美国各地海底世界游乐园里的新展品。他办公室的角落里，挨着办公桌放了一张制图桌，他常常一连好几小时坐在那里，绘画新展品的素描图，这些新展品可能有一天会成为海豚、北极熊（polar bear）、海獭、海豹或鱼类的家园。他和圣迭戈海底世界水族馆的部门主管迈克·肖（Mike Shaw）很有兴趣在他们的海洋公园里把大白鲨饲养得活泼健康，然后作公开展览。其实，并不是只有他们有这样的抱负——这几乎是世界上每个公共水族馆管理人的共同心愿。实现展览大白鲨这个普遍愿望的唯一障碍是要保证大白鲨活着——没人可以在水族馆里饲养大白鲨超过两周的时间。

杰里解释说，我们昨天聊到的释放一周前饲养的一条幼年大白鲨，并对其进行追踪，当时它还像其他鲨鱼一样，正常地在水箱里游泳。但是，一夜之间它的健康状况突然急剧恶化。今天一大早，他们注意到它在游动时尾巴向下弯曲，这使得它的头部不得不朝上，对着水面，就像发射后摇晃的火箭。它环绕水箱游动，似乎游得很吃力。它现在环游时一直在撞击水箱壁。它的吻部白中带红，因为当它和水箱壁接触时，身上的皮质小齿，即像牙齿般的鳞片被刮除了，露出了下面的皮肤。杰里跟迈克想立刻放走它，但又想了解它放生之后的行为。

然后，迈克·肖在电话里告诉我，"我们想把它放回到我们捉它的那个地方——峡谷底北部海岸附近"。他指的是拉霍亚海底峡谷。这个巨大的水底大峡谷长度超过了 15 英里，中央位置深达数百英寻，侧面极为陡峭，从海岸呈西北走向延伸，然后蜿蜒至西南方向。大峡谷靠近海岸，一分为二，一部分起源于斯克里普斯海洋研究学院南部码头 1 英里处，另一部分则在北部码头 0.25 英里处。我对该地方相当熟悉，在斯克里普斯读研期间，我曾在这一带水域游泳，观察早春时节在岩石群外浅水域里峡谷底部附近形成的大群皱唇鲨。随后，迈克问："你有闲置的发射器可以帮助我们了解它的游泳行为和我们放走它后它的去向吗？"

杰里和迈克致力于学习更多小鲨鱼的行为，这让我印象很深刻——因为小鲨鱼行为方面的知识很重要，它可以让小鲨鱼生气勃勃地展示在公众前。我大半辈子都在水族馆里饲养热带鱼，所以我一直都支持许多专业的水族馆管理者饲养大白鲨的想法，但前提是水族馆水箱可以模仿鲨鱼自然栖息地的本质特征。制造一个与大白鲨的海洋栖息地环境完全相同的水箱，显然不太可能。但我们能模仿维持物种健康生存的关键因素，创建一个人工栖息地。水箱应该足够宽，能允许鲨鱼加快速度连击尾巴滑行，而不用改变方向。水温应当与其自然栖息地保持一致。

公共展示的计划必须基于对大白鲨行为和生理机能的充分了解，信息最好来源于对生活在正常环境下大白鲨的观察。我和杰里有很长一段时间致力于说服海底世界资助一项研究，在原生环境里追踪带有超声波发射器的小鲨鱼。安装在发射器中的传感器，能够侦查出鲨鱼的行为特征，例如鲨鱼游动的速度和深度以及水温和光照等环境属性。营造一个对大白鲨友好的展览馆，并使之成为大白鲨的家园，这是我的梦想，也是他们的梦想。公众将不只是依赖于观看电影纪录片来学习鲨鱼这个物种，还能凑近看大白鲨，更好地了解这个令人望而生畏的猎食者的真实面目。

我告诉迈克，我的实验室里有个闲置的发射器，能用米追踪这条鲨鱼。

我们还需要一条装有导航设备的船，这样追踪它的时候，还可以记录它的位置，然后，在连续的位置间确定它的移动速率和角度。但是，我们没法记录它游动的深度和水温，因为设备上没有压力计和热敏电阻。我希望我现在自发加入探索海底世界的这个冒险决定能为将来共同精心策划使用带有复杂感应器的发射器来研究未成年鲨鱼开辟一条道路。目前，信标发射机可以告诉我们一些关于鲨鱼的运动速度、去向以及被释放后是否存活的信息。知道这条鲨鱼是否存活是最重要的一点。公众肯定想知道这个信息。关心被困鲨鱼健康的电台和电视节目记者早就联系了我。

我告诉杰里和迈克我将即刻飞往圣迭戈，所以没有时间在家停留整理衣物。从博德加湾开车到旧金山机场要花两小时，乘飞机飞往圣迭戈又要一小时，然后搭出租车从圣迭戈机场到海底世界要半小时。因此，总共要花三个半小时才到达海底世界。现在是早上十点，我将在下午两点半到达目的地。

乘车去机场并飞往圣迭戈的旅程进展得很顺利。下飞机后，我匆忙地走出航站楼，一只手握着潜水鱼叉，另一只手提着装有接收器的行李箱。我很快走到了路边，那有一辆出租车等着载我去海底世界。车子发动时引起了一阵尖锐的声音，我坐在后座，司机开得那么快，我都不禁有些担心自己能否活着到达海底世界了。抵达目的地后，我从员工通道一路小跑进去。帕梅拉·约克姆（Pamela Yocum）已经在等我了。她是一个非常有能力的人，不仅是研究单位与水族馆的联合体——哈布斯海底世界研究所（Hubbs-Sea World Research Institute）的研究员，还是海底世界的兽医。"啊，"她说道，"您是闻名世界的鲨鱼专家克利姆利博士吧，我们正需要您的指导呢"。这让我感到惊讶不已，我不习惯如此恭维的开场白。她说，"请跟我来，我带您上船。我们将用这船把鲨鱼带到海底峡谷"。

她一边带我穿过海底世界，朝向码头方向走，一边向其他人员介绍我。同我说话的其中一人也是位兽医，他叫汤姆·瑞德森（Tom Reidarson）。两条大白鲨幼鱼放入水族馆前，他曾抽取鲨鱼的血液，在第一条鲨鱼死前和第二条鲨鱼被放走前又抽了一次血。他告诉我，第一条鲨鱼死前，体内的葡萄糖和胰岛素水平相当高——这种高血糖症（hyperglycemia）可能是鲨鱼在水族馆的生活环境里精神紧张的症状。最让我印象深刻（以及为难）的是，人人都对我来博德加湾追踪鲨鱼的行为表示万分的感激。他们似乎都期待我创造个小奇迹，我担心自己的表现是否会满足他们如此高的期望。

当我穿过公展后方的小径，朝停泊着鲨鱼运送船的码头走去，我注意到游乐园的另一边用链状的围栏将一大群人隔离在外，他们中一些人还携带着标语。他们似乎在喊口号。有人告知我，这些是为动物争取权利的积极分子，他们担心另一条大白鲨幼鱼可能也会死于圈养。之前那条大白鲨幼鱼七月期间饲养在海底世界，公展不到两周就死了。他们认为这条小鲨鱼不应该遭受同样的命运。

运送鲨鱼的船尾相当宽敞，有利于圈护鲨鱼。我走进船尾，打开手提箱，开始卸下遥测技术装置。海底世界的专业摄影师站在我身旁，将我所做的一切都录了下来。很显然，这是为了可以将这些报道用于公关。我从箱子里取出听音器和金属棒的其他部分，把二者拧到一起，做成了一条长杆子，一端是听音器，另一端是手柄。弄好后，我又弯下身子，拔出听音器里面的插头，把它插在圆筒形接收器的背面。然后带上耳麦，打开接收器。我专心致志地听，用食指轻扣了两次听音器的橡胶表面，当我听到里面发出"碰克碰克"的声音时，我笑了笑。这说明接收器正在运行。

现在我要确认发射机是否运转。我拿起这个小试管般大小的设备，移开边上捆着的磁铁。我用磁簧开关激活了发射器。这是一个微型玻璃安瓿，两头各有一块金属片向内部延伸，直至二者相接触并轻微重叠。一旦磁铁附在开关上方的发射器上，排斥力会迫使两感光底片彼此分离，从而断开电源。磁铁一去掉，电流流动，设备便会发出尖锐的声响。我把发射器放在金属棒末梢的听音器旁，通过耳机仔细听可证明发射器功效的"砰砰"声。随后，我把磁铁装到发射器上，关掉发射器。接着，我把设备置于靠近潜水鱼叉尾端的一个平坦的塑胶套管上，并绑上橡胶带固定其位置。然后，把连接着发射器的锋利标枪插入鱼叉顶端的槽中。我轻轻地把鱼叉和发射器放在了船的一边。接着，又将接收器和耳机整整齐齐地放在箱子的泡沫隔层间。我准备好出发了！

　　远处出现了一个巨大的矩形箱子，正缓缓朝码头移动，这个箱子悬挂在金属杆上，周边围着穿上了海底世界夹克的人们。这肯定是大白鲨幼鱼的生命保障系统。箱子一靠近船，就慢慢地移向了侧面，下降到了船里。箱子里一条 5 英尺长的漂亮大白鲨宝宝躺在清澈的水中。那是我第一次如此近距离地观看大白鲨宝宝。

　　它的身体上面呈淡灰色，下面呈白色，不像成年大白鲨的青灰色和白色。我想，它白色的下腹部，接触不到阳光，自然会比相对较黑的背部受到的光线照射要少。大白鲨幼鱼在水下全身都呈灰色，很难从一旁分辨其身体的颜色，不像成年大白鲨，背部黑色，下腹部白色，界限分明。这说明，它捕捉猎物的行动很可能在水的中部或底部进行，不像成年大白鲨那样在水面捕猎。另一个引人注目的特征是它的尾柄。尾柄是身体和尾巴之间的肌肉连结，而尾巴包括硕大的上叶和相对较小的下叶。它的尾柄很大，两边都有向外的侧突（keel）。这尾柄的直径肯定将近 15 厘米（6 英寸）——对于一条如此小的大白鲨来说，算得上是肌肉发达了。我暗暗思索着，它不仅在水下难以辨认，还是一位杰出的游泳健将。正是这两个特点的完美结合，使它具备了沿着海底峡谷边缘追踪和捕捉小鱼类的能力。我仔细观察它的嘴巴，看到很多排针尖般锋利的牙齿，一旦追到鱼类，它就可以立马撕咬吞食。幼年大白鲨与成年大白鲨分外不同！鲨鱼深灰色的背侧皮肤或背部与斑驳的灰色岩石底部相匹配，使得它能够沿着水底游到猎物下面。然后猛地冲向水面，伏击毫无防备的海豹或海狮。成年大白鲨拥有巨大的锯齿状三角形牙齿，适用于撕咬成年鳍足类的大块肌肉。事实上，成年大白鲨可以轻易地咬断海豹或海狮致密的脊柱（密度堪比花岗岩）使其致命。这经常是鲨鱼捉住海豹或海狮的第一个动作。

　　迈克的助理向我作了自我介绍，他自称是一流的水族馆管理员。我指着鱼叉尖末端附近的发射器说，放走鲨鱼前，枪尖的标枪会插入鲨鱼背部厚实的肌肉组织。接着，我会把这根末端装了听音器的鱼叉放入水中，通过前后旋转调至信号最强的位置，以确认鲨鱼的方位。然后，我们就乘船紧随鲨鱼后面。他非常自豪地站在水箱前，与大白鲨宝宝在一起，向我指着从大白鲨身下穿过并绑在容器底部两边的管道上的帆布悬带。然后，他和后面的一个人将进入到容器里，抓住悬带的前后，提起重约200磅的鲨鱼，将鲨鱼移出来。接着，他们在船边摆动悬带，把鲨鱼放下水，这样鲨鱼便可以自由地游动了。

解释完后，另一位水族馆部门的工作人员便开始发动船的引擎。我们的队伍离开了码头，开始了海底峡谷之旅。当我们驾驶着船离开海底世界的码头，载满观众的船只从四周蜂拥而来，汇集在我们面前，他们想亲眼见证这条明星大白鲨的释放。船只在我们两边排列着，后面跟着驶离了米申湾的大规模队伍，缓慢地沿着拉霍亚向斯科普利斯栈桥延伸。到达海湾口，我们便听到了一阵巨大而有节奏的"轰轰"声。于是，我们都不约而同地往上看，见到一架直升飞机正在我们上空盘旋。从直升机机舱里走出来的是负责给我们拍摄的当地电视台工作人员。我注视着那位拍摄员，又看了看身旁海底世界的摄影师，感到了一阵不安，希望在所有媒体的关注下，我们放走这条"名鲨"的活动进展顺利。

船队大约花了一小时，才到达距斯科普利斯栈桥0.25英里远的海底峡谷。我立即把发射器安装到鲨鱼身上，然后插上耳机，确认接收器正在运行。我们现在做好放走鲨鱼的准备了。两个水族馆管理员进入矩形容器里，抓住吊索两边的手柄。年长那位水族馆管理员从鲨鱼前面经过时，鲨鱼突然张大嘴巴，露出上颌和下颌，上面竖立着一排排尖锐的牙齿向外凸显，然后狠狠地咬住了他的一只手。"嗷嗷！"他大声呼喊。他忍着疼痛，奋力用另一只手拽住小鲨鱼的吻部，向上抬起，掰开它的嘴巴，然后迅速将手从鲨鱼嘴里抽出来。

随后，他和助手将吊索和鲨鱼往上升起，移至船边，然后把鲨鱼放进水里，直至鲨鱼完全没入水中。忽地，吊索一端溅起了巨大的水花，鲨鱼来回地摆动着尾巴，不断地加速，仿佛冲向大海的鱼雷。它一挣脱吊索就游得不见踪影了，尾巴的摆动充满了活力，完全不像在水族馆那样游得很慢很费力。正常环境下，它显得十分有生机活力。

我迅速拿起听音器，把它放在水里，然后戴好耳机。我将声音检测元件旋转至远离海岸的位置，"碰克碰克"的声音反而更加大了。鲨鱼正游离海岸。我顺时针旋转增益控制装置，提高接收器对信号的灵敏度，然后通过连接发射器的耳机听声音。脉冲声相当大，这说明鲨鱼离我们不远，但音量却在逐渐减弱，因为大白鲨幼鱼在迅速和我们拉开距离。我们最好立刻动身追踪鲨鱼，快速开船 5～10 分钟以跟上它。我指向近海说，"就是那里，把船朝那个方向开"。

随后，我又想到更重要的是应该先确认一下水族馆管理员的手有没有事。我猜他的手没有被伤到，因为他可以用被咬的那只手抽出船上的吊索，把吊索降落到水里放走鲨鱼。我把视线立马转向了那位受到鲨鱼"袭击"的年长水族馆管理员。他托着手臂，被小鲨鱼锋利的牙齿刺透的伤口，到现在仍血流不止。我觉得，现在最重要的不是跟踪鲨鱼，就算我们可能会丢失鲨鱼的踪迹，也要尽快处理他的伤口。我们快速地驾着小艇至一艘大船边，大船的船舱就在不远处。这是艘用来夜行跟踪鲨鱼的船。站在这艘船上的是海底世界的医生汤姆·瑞德森。他抬起水族馆管理员流血的手臂靠近观察，另一手指着一连串被鲨鱼的利齿咬穿的伤口，告诉我们这位水族馆管理员算得上幸运了。首先，鲨鱼并没有咬得太深。其次，该水族馆管理员有意识地没从鲨鱼的下颌中把自己的手臂猛地扯出，他让鲨鱼把嘴巴张开了才把手撤出来，这点使得鲨鱼的牙齿没有扯掉他的肉。

这位水族馆管理员需要立即回到海底世界医治。于是，他和汤姆登上小船，返回了水族馆。我和海底世界的摄影师继续留在较大的那艘船上。船长飞快地开着船返回到我们将鲨鱼放走的地方。我把听音器设备放在水里，开始前后旋转，搜索发射器传出的信号。让我绝望的是，只能听到虾发出的较高音调的声音。我在绝望中将旋钮顺时针转动，直到能获得最大信号。但是只能听到虾发出的声音，发射器连一丝微弱的脉冲声都没有传来。

只要我们还有一丝重新追踪到鲨鱼的希望，我们就不能放弃。我让船长往西北近海方向行驶 5 分钟——鲨鱼 20 分钟前在那个方向离开的。我再次将听音设备置于水中，聆听发射器的信号。没有"碰克碰克"声。此时，我让船长继续往这个方向行驶 10 分钟。标记的鲨鱼可以通过这种方法重新定位，但是这个方法只适用于已经追踪了鲨鱼一段时间，知道了鲨鱼的大致游动方向。而我们还没有追踪过小白鲨，我们当时为了照料水族馆管理

员受伤的手臂，停止了追踪。我又一次把听音器放在水里听声音。我这次
抬头看了看站在那儿为我录像的海底世界摄影师，又看了一下上空直升机
里给我录影的摄影师。心里想，"糟糕！我跟丢了这条鲨鱼，几乎全国观
众都通过电视机见证我跟丢了这条鲨鱼"。

　　可是我们没有放弃，反而又花了 3 小时在拉霍亚海岸外的水域搜索鲨
鱼。直到落日西沉，夜幕降临才作罢。那晚，我这位海洋生物学家真是精
疲力竭，在杰里·戈德史密斯家的客房倒下就睡着了。但是第二天，我早
早就爬起床，开车去海底世界跟杰里还有几名水族馆的工作人员寻找鲨鱼，
直至晌午。真是不走运，我们没有定位到它，要知道在广袤的大海中寻找
一条小鲨鱼，确实是个挑战。一回到海底世界，杰里就通知我下午 1:30 会
有一个记者招待会，到时候几大广播和电台的记者将询问我鲨鱼的情况。

　　当天下午，站在鲨鱼展台前面的报社、广播和电台的记者们争相问我
大白鲨幼鱼的情况。按要求，我不能提到被鲨鱼咬伤手的人的名字（他的
名字不包含在此）。但这涉及我们跟丢鲨鱼的原因，要保密不容易，但是我
同意不主动提及受伤事件，除非受伤事件被特地问起。后来，在另一次全
国会议上，记录着我们那天的经历的录像，在其他水族馆管理员面前展示
了。"鲨鱼攻击事件"变得众所周知了。

　　我在记者招待会上强调，虽然这次跟丢了大白鲨，但以后的追踪会开
展得更好，以争取更大可能性的成功。我想把事情往最好的方面想，因为
海底世界已经同意合作一项追踪研究，目的在于描述鲨鱼在自然栖息状态
下的行为，以便以后设计的水族馆可以符合鲨鱼的生理需求。我那天很晚
才离开圣迭戈前往旧金山，期待再次跟水族馆部门的人合作。在机场的行
李安检处，几名工作人员认出了我，其中一名异常激动地说："鲨鱼离开
了！它好好的，我真高兴！"其他人也兴奋地鼓起了掌。

　　9 月最后一天，我跟杰里、迈克、汤姆以及其他人在海洋世界规划我
们未来的研究活动。我们决定只在夏天的几个月里捕捉幼年大白鲨，因为
这段时间水族馆部门的人员最空闲。我们将花费 1~3 天追踪一两条幼鱼。
这些鲨鱼身上都会装置发射器，发射器上会有记录水温和游泳深度的传感
器。每次追踪，我们都会周期性地放下一个深海温度测量器，这个电子装

置可以记录各个深度下的水温值。测量水温在不同深度下的变化，目的就是为了确认鲨鱼是否只在一定的温度范围内活动，而这个水温区间较为狭窄。这样，鲨鱼展览馆的水温就维持在这个最理想的范围值内即可。

水族馆工作人员将驾驶他们的两架汽艇捕捉大白鲨。白天每个水族馆管理员互相代班照看对方的水族馆。之后的研究中，海底世界又另外聘了一些人协助捕捉鲨鱼。每艘船将设约 20 个捕鱼站点，沿着海底峡谷边 40～100 英尺深度的水里搜索。每个站点由一个小锚组成，小锚绑着一根绳子，绳子通往水面的浮标，浮标上有三四根接钩绳，接钩绳上接着入水深浅不一的鱼钩。渔民们置诱饵于鱼钩，开船离开站点一定距离，等待 2 小时，然后返回检查站点处是否有东西被抓住。捕鱼站用的是系留用具，而不是一根挂满接钩绳和钩子的长绳，因为鲨鱼一旦被钩住，便能在系留用具周围游动，使含氧气的水流经其鳃部以维持呼吸。每艘船都会载着一只运送箱子，一旦其中一个捕鱼站抓住鲨鱼，便用这箱子来装鲨鱼。

哈布斯海底世界研究所是一家与水族馆联系相关的研究机构，它的调查船"鹈鹕号"将用于追踪鲨鱼。这是艘中等大小的玻璃纤维汽船，携带着一个客舱，配备了跟踪装置，船上全体水族馆部门成员将随时待命，一旦接到任何一艘钓鱼船的通知，便马上作好准备追踪鲨鱼。鲨鱼一经捕获，便装进运送箱里。箱子里的水通过连着的小水泵不停地进行水循环，而从气缸释放出的一连串的氧气气泡则增加了水里的含氧量。水族馆管理员将提取鲨鱼的一小部分血液样本，以确定鲨鱼的压力水平，利用其肌肉组织进行遗传分析，以发现所捕捉的鲨鱼是否为同一家族成员。然后把发射器装在鲨鱼的身上。"鹈鹕号"一抵达，便立刻放走鲨鱼，船上跟踪队员整装待发。我觉得水族馆部门的成员有能力追踪到鲨鱼。我同意了接下来的 6 月去海底世界，在"鹈鹕号"上安装跟踪系统，并通过在拉霍亚海底峡谷标记以及简单追踪两条大青鲨来训练水族馆管理员。然后他们将在七八月捕捉大白鲨。

1995 年 6 月的第二周，我抵达了海洋世界。我的第一个任务就是给"鹈鹕号"调查船安装追踪设备。海底世界的船体车间在船边建造了一个支架将听音器装置固定。在船边的听音器装置可以不断旋转以定位鲨鱼的方向。我将接收器连接在两台笔记本电脑上。一台笔记本将提供鲨鱼的地理坐标、运动速度、游泳深度及周围水温的连续记录；另一台则在屏幕显示的航海图上定期绘画出鲨鱼的位置。我们开着船从鲨鱼身边缓缓行驶而过，通过连着第二台电脑的 GPS 接收器获得船只的地理坐标来估计鲨鱼的位置。当时，军方故意降低 GPS 坐标的精确度来预防敌国采用科技瞄准目标导航武器，GPS 坐标的精确度有所降低，这点得到了我们的证实。一天，我们开着船离开米申湾时，对鲨鱼的定位出现了严重的空间误差。海堤由大石块相互交叠而成，毗邻通往海洋的通道，横贯了 40 码的范围。导航系统把我们的位置显示在了电子图表上。图上并没有显示船向下移动到通道的中央，而是显示着船在其中的一个海堤旁的陆地上。我立刻在系统上增加了一个差分接收器以从陆地上的无线电信标台处检查信号，并在此基础上排除了卫星信号产生的误差。

7月8日和14日，我们对大青鲨进行了两次追踪实践。晌午刚过，我们在海底世界近海 1 英里处发现了两条大青鲨，并跟踪了两小时。我们把底栖鱼放进水里吸引大青鲨，用鱼竿捉住了它们。在"鹈鹕号"载着 6 位水族馆部门成员赶来前，大青鲨会保存在运送箱里。我们标记完大青鲨便放走了它们，该方法与我们之前放走大白鲨幼鱼相类似。水族馆管理员轮流旋转听音器，聆听发射器传来的信号，然后将声音信号最大的方位告诉掌舵人，让他朝鲨鱼方向行驶。追踪大青鲨不难。这两条大青鲨游动速度非常慢，每秒游动 0.3～0.6 米，人快速行走的速度每秒就可达到 1 米（3英尺 4 英寸）左右。第二条鲨鱼身上携带的发射器上装有一个能记录深度的压力传感器。它频繁地潜入水中，不停地上下摆动着。两条鲨鱼在近海处呈直线缓慢地游动。周末，我回到了博德加海洋实验室。对于海底世界水族馆工作人员跟踪鲨鱼所作的充分准备，我甚感满意。

才过了 4 天，海底世界的工作人员便在傍晚时通知我，他们已经捕捉到一条大白鲨幼鱼了，正在进行追踪。这条小鲨鱼是雄性的，长 152 厘米（将近 5 英尺），经过标记后，在海底峡谷 1 英里处放走了。它暂时在海面游动着，水族馆管理员站在船的甲板上可以看见它，就在碎波带内，离岸不到 25 码。小鲨鱼悠闲地从几个冲浪者身边游过——他们伫立水中等着迎接下一场大浪潮，没有注意到它的存在。随后，小鲨鱼转向了，沿着海底峡谷边缘，呈西北方向游。这条大白鲨游动的速度为 0.8 米/秒，超过了两只大青鲨。这种速度差，可能是因为大白鲨的体温比大青鲨的体温高。体温越高，便可产生更多的氧气跟血液里的血红蛋白（hemoglobin）结合传送到尾部的肌肉，使得大白鲨可以更快地拍打尾巴。

在靠近海岸的浅水域，鲨鱼交替地在水底附近和水面上游动，但一旦游到较深的水里，它便在水面和距离海底较远的 20 米（66 英尺）水深处做往复潜水运动，如同溜溜球般。下午 6:36，就在另一支负责夜间跟踪鲨鱼的队伍乘着海洋世界的船抵达时，我们把大白鲨跟丢了。接应的船只所发出的引擎声可能惊吓到小鲨鱼了，小鲨鱼出乎意料地加速离开了信号可接收的范围之内。然而，让人甚感欣慰的是，他们每个人只在海底峡谷沿岸实践四天就学会了追踪大白鲨。但是当时我们都不知道，尽管两队工作人员每天都在海底峡谷边捕捉鲨鱼，可是这个夏天所剩下的日子里，我们再也没能捉住另一条大白鲨，第二年夏天也一条都没能捉住。

1996 年期间，我们没能捉住任何一条大白鲨，于是决定在接下来的夏天追踪三条尖吻鲭鲨。作出该决定的理由是因为尖吻鲭鲨和大白鲨同属鲭鲨目，它们的行为和生理需求可能是相同的。

世界上有将近 400 种鲨鱼。随着新种的发现，这个数目在不断地发生变化。最近发现的 13 英尺长的黑色的巨口鲨（megamouth shark）被放在一个新的科。这种鲨鱼体形巨大，行动缓慢，以浮游生物为食，嘴巴似巨穴般大，鳃耙上有许多细小的突起，用以过滤浮游生物。巨口鲨生活在开阔海域，白天潜入深海觅食，晚上很可能又游到离水面 150 米的位置捕食深海磷虾。这些会发出生物光的、像虾一样的动物具有垂直迁移的习性，白天在深水（300～1000 米）处待着，晚上则离海面较近（150～300 米处）。

鲨鱼属于软骨鱼纲（Chondrichthyes），拥有软骨性骨骼，由柔软而有韧性的磷酸钙组成，相比之下，硬骨鱼类（bony fishes）的骨骼则由坚硬的碳酸钙构成。软骨鱼纲有八个目是鲨鱼，绝大多数鲨鱼的身体在躯干部为圆筒形，有一个目是身体扁平的鳐类（skates and rays）。鲨鱼的八个目分别是扁鲨目、锯鲨目、角鲨目、六鳃鲨目、虎鲨目、须鲨目、真鲨目以及鼠鲨目。前面三个目的鲨鱼没有臀鳍，即尾鳍正前方腹面的一个小鳍；其他五个目的鲨鱼都有臀鳍。

先简单介绍一下没有臀鳍的那三个目的鲨鱼吧。扁鲨目的种类体形较小（不足 5 英尺长），长得像鳐，身体扁平，嘴巴在身体的前端。它们埋藏在泥沙里，具有高度伸缩性的、仿佛陷阱般的双颌会突然张开，形成真空效应，把游在自己上方那些毫无戒备的鱼类和甲壳动物吸入口中。锯鲨目的吻部延长形成锯子般的刀锋，吻板两侧边缘有齿突，吻部的腹面凸出两根长须。这些小型（不足 5 英尺长）且身形颀长的物种被认为是沿着海底游动，通过吻部腹面的振动或电传感器探测猎物，用吻部撞击杀死猎物。角鲨目的鲨鱼体呈圆柱形，大小不一。小型的巴西达摩鲨不足 3 英尺长，下颌有锋利的牙齿，扭动着从大鱼、海豹和海豚身上挖出圆锥形的肉块；行动迟缓的睡鲨长达 23 英尺，捕捉猎物的时候张大嘴巴产生吸力（就像吸枪一样），把海豹吸入嘴里，同时扭动着撕去海豹体表的脂肪层。狗鲨是这个目最常见的种类，有些狗鲨会结成四处流浪的庞大群体——这一点与野狗相似，因而得名。这个目的许多种类都栖息在深海。

有臀鳍的鲨鱼有 5 个目。六鳃鲨目体形有大有小（某些长达 15 英尺）。与其他种类的鲨鱼不同的是，六鳃鲨目有一个背鳍和六或七对鳃裂。绝大多数鲨鱼吞咽或迫使海水进入嘴巴并流过鳃部提取氧气，然后通过五个鳃裂排出海水。虎鲨目是小型鲨鱼（大部分不足 4 英尺长），吻部像猪嘴，两个背鳍上长着尖锐的鳍棘。这些鲨鱼的上、下颌高度特化，双颌前端的牙齿细小、锋利且尖锐，用来抓住海胆、蟹类和蛤蜊。这些牙齿不但能用来捕捉猎物，还能迫使猎物向后移动到颌部后方，让上、下颌厚厚的白齿齿面压碎猎物的外层、甲壳或贝壳。须鲨目的鲨鱼中等大小，嘴巴比眼睛靠前很多，巨大的触须从鼻孔内缘向外延伸。这些鲨鱼身子扁平，身体颜色由条带和大斑块构成斑驳的彩色图案，十分隐蔽。其下巴周围长着须状真皮叶（dermal lobe）。它们白天经常驻留在海底等待伏击游经上方的猎物，还在夜间积极搜寻蟹类、虾类、鱿鱼和小鱼类。我曾经做过一个关于鲨鱼智力的实验，研究对象叫"休伊"，学东西很快，就是这个目的种类。鲸鲨也属于这个目，虽然它的浮游生物食性与该目其他鲨鱼不同。

真鲨目是鲨鱼最大的一个目。它们的嘴巴在眼前缘的后面，这与须鲨目不同。它们有瞬膜，也就是眼睑，可以从下往上合；肠道里还有螺旋形或卷曲的瓣膜，可以扩大吸收面积。半带皱唇鲨经常在加利福尼亚州南部和中部的海岸附近成群结队，而柠檬鲨是我虎鲸套装的实验对象，这两种鲨鱼都是该目的成员，生活在沿海水域。该类鲨鱼的其他成员还包括大青鲨、镰状真鲨、长鳍真鲨，它们栖息在大西洋和太平洋的深海里。双髻鲨与该目其他种类不同，它的吻部会横向延伸成双面斧或槌棒状——头部形如锤子。不同的种类，锤状吻部的大小不一。布氏真双髻鲨（winghead shark）生活在波斯湾至澳大利亚东海岸的印度洋和太平洋水域，吻部像机翼一般向外凸出，宽度接近自身一半的体长；窄头双髻鲨栖息在北美东部和西部热带水域，吻部小而圆。路易氏双髻鲨是这个科里分布最广、数量最多的鲨鱼。我在加利福尼亚湾曾将它作为行为学研究的对象。

鼠鲨目与其亲缘关系最近的真鲨目不同，因为它们没有瞬膜，瓣膜呈环形，而真鲨目的肠瓣膜呈螺旋形或涡卷形。这个目包括了"值钱的"鲨鱼——大白鲨，小说、电影、纪录片里都有大白鲨的身影。这个目的成员，例如尖吻鲭鲨、太平洋鼠鲨和大白鲨都体形大，吻部尖，胸鳍长，背鳍高起，尾柄（连接身体和尾巴的狭窄部分）两侧有巨大的侧突，尾柄顶部有凹坑。尖吻鲭鲨栖息在亚热带至热带水域，大白鲨生活在温带至热带水域，而鼠鲨和太平洋鼠鲨（分别生活在大西洋和太平洋）则生活在温带至两极海域。

看完我对鲨鱼生活方式的一系列描述，你可能想知道各种鲨鱼在行为和生理机能方面是否存在相似性。事实上，相似性是存在的。首先，尖吻鲭鲨和大白鲨（都属于鼠鲨目）体温高于周围的海水，因为它们都有膜层（交织着动脉和静脉），能阻止热量流失。热量通过血管内温热的血液从心脏流向身体外层，血温降低后又流回身体内部，返回心脏，因此，流失到周围环境的热量较少。膜层的功能就像个热量交换装置，可维系大脑和肌肉组织的温度，提高各组织的氧气输送，加快鲨鱼在寒冷的海水里神经系统的反应时间。其他种类的鲨鱼，例如大青鲨（属于真鲨目）缺少膜层，因此它们的体温与周围的水温相差不大。

我曾经帮助海洋世界的水族馆管理员追踪过尖吻鲭鲨。那是一条雌鲨，长119厘米（4英尺）。经过标记，6月25日正午后，便在海底峡谷的北坡被放走了。我们共追踪了12小时。起初，它朝西北方向游向海面，但是2小时后变成了西南航向。它沿着峡谷边缘游动，游向随峡谷的方向而变，接着它往西南方向到达大陆架外的深水区。它远远地在海底上方游动，自然看不到峡谷，无法将峡谷作为导航辅助物。

黄昏时，我装上了听音器，开始追踪尖吻鲭鲨，因为当时它已经不在接收器的搜索范围了。起初，它游在我们前面，但是接着便转变方向，在我们身后消失不见了。它似乎爆发式地加速了，每秒达到了7.8米（每小时15节或15海里），是平时平均速度0.9米/秒的7倍多（速度相当于快步走）。我当时想，它在捕捉小鱼。黄昏的时候，小鱼容易受到攻击，因为它们白天的鱼群队伍渐渐散开各自寻找夜间的庇护所了。尖吻鲭鲨的上、下颌都有多排锋利的牙齿，特别适合用来捕获鱼类，把猎物咬到嘴巴里然后吞食。这种鲨鱼的尾巴呈新月形，由硕大的下叶和上叶构成，通过狭窄的尾柄与身体相连，能维持高速游动的距离超过0.25英里。就身体结构和捕食模式而言，这个物种类似于幼年大白鲨，而非成年大白鲨。

接下来，它像年幼的大白鲨和大青鲨一样呈直线式游泳，先朝西北方向游，再往西南方向游。它的潜水动作也跟这两种鲨鱼十分相似。它会展示悠悠球式游泳，有时也会在海面游动。可能是由于重力作用，一放它走，它便来了个水肺潜水，但一小时后，它升到了10米（33英尺）深处。不在海面游泳时，它便在5~20米处做规律的潜水摇摆动作。它经历的水温在50~70华氏度的变化范围内。我们追踪了它22英里，清晨才失去了它的线索。

夏天期间，我们对另外两条尖吻鲭鲨分别进行了长达22小时和28小时的追踪。它们的行为表现相同，所在的游泳水温变化范围相似。

通常来说，我们是在不同地理区描述各种鲨鱼的行为和活动。这些地理区的环境特征经常有所不同——例如，温带地区的海水凉爽，热带地区的水较温暖。每项研究都会关注某一个鲨鱼物种。在我们之前，没人比较过同一环境下多种鲨鱼的反应。我们比较了拉霍亚海底峡谷的大青鲨、尖吻鲭鲨和大白鲨的行为反应。我们想分析出这三种鲨鱼行为的相似之处，因为这些相似可能是由于它们运用了类似的生理机制来应对同样的环境。这几种鲨鱼有三种行为是相同的：第一，每种鲨鱼个体游动均有方向性；第二，它们时常在水中上下游动，呈摆动式或悠悠球式；第三，它们在水面的游动时间较长。

我曾在圣埃斯皮里图海山观察过双髻鲨夜间洄游，这种定向游动让我印象深刻。摆动式游泳是开阔海域大型海洋动物最常见的行为之一——硬骨鱼、软骨的鲨鱼、海豹、海狮、有牙齿的海豚和须鲸都采取了悠悠球式的游泳方式。动物采取这种普遍的游泳方式有多种原因。最常提到的原因是动物游过较凉的水域后要通过这种方式让身体保温。金枪鱼、尖吻鲭鲨和大白鲨会保持体内温度高于周围水温，以此来提高肌肉的效能，使自身能爆发式地游动。这些物种在寒冷的深水里搜寻猎物时，需要定期浮出水面恢复体温，才能回到较冷的水里积极追捕猎物。就拿金枪鱼来说，它向水下游时肌肉会慢慢冷却，而向水面游时肌肉可以更快地暖和起来。金枪鱼往水下游动的过程似乎会加快血液流过自身内部膜层，使热量从向外流的温暖动脉血液传到向内流的静脉血液，以避免热量损失在环境中。但金枪鱼往水面游的过程似乎也是让血液经过膜层来提高自身体温。在温带和热带水域之间的游动变化程度也表明游动范围取决于水温。我们跟踪的这三种鲨鱼的垂直游动范围一般在水面至 50 米处，水温范围为 57～75 华氏度。但是，在佛罗里达州外追踪到的一条尖吻鲭鲨游到了更深的水域。那里的水温梯度分布范围超过 400 米。温度调节（体温调节）可能不是摆动式游泳的唯一功能，因为我们在身体温度较低的鱼类身上也观察到了该动作，如大青鲨和双髻鲨，它们没有膜层将热量保持在体内。

有人提到悠悠球式游泳的另一个原因是为了探索水体寻找洄游回家所需的方向信息。海洋水体是由一系列层次构成，每一层都有特定的界限和特殊的化学成分。任何鱼类向下游动都会穿过由具有温度梯度变化的薄层所划分出来的具有同一温度的厚水层。顶尖的鲑鱼研究者哈坎·韦斯特贝格（Hakan Westerberg）认为这些物种可以通过在带有气味的层面间上下游动而找到回家的方向，这种独特的气味源于鲑鱼的生活水域，其他区域没有。当然，鲑鱼肯定需要借助自身的某种感应功能来感知自己生活水域的水体。鲑鱼可能运用自身的地磁感应功能来探测不同流向的两股水流所产生的电场之间的不同之处。又或者，这些方向里有微小颗粒在两种水体里移动，鲑鱼可以用视力区分不同的方向或是运用了敏感的感知侧线，探测水向两个不同的方向流动时产生的压力变化。

韦斯特贝格用两种观察证明了自己的理论：第一，他追踪发现，鼻部通道被堵的鲑鱼比没被堵的鲑鱼在水下的游动跨度更大，这可能是因为鼻部通道被堵的鲑鱼只能在源头和相邻层面之间徒劳地探测；第二，他和同事发现，鲑鱼的部分脑神经具有化学传感作用，对自身洄游路径的特定水层反应更积极。

悠悠球式游泳的第三个原因就是，为减少游动时的能量消耗。通常认为，鱼类最高效的出游方式是拍打尾巴若干次向上游和较少次数地拍打尾巴慢慢往下滑，这两种方式交替进行。当然，某些摆动式潜水状态支持了这种我们在鸟类身上所观察到的飞行和滑翔式的移动方式。例如，在夏威夷群岛外的鱼类聚集浮标处所追踪到的黄鳍金枪鱼的悠悠球式的摆动游动，向上游动的倾斜角度通常比向下游的倾斜角度大。

摆动式潜水的第四个原因是为了更好地探测海底的磁化模式，即双髻鲨远距离航行的导航辅助。我认为双髻鲨潜水是为了能更容易检测出微弱的海底地形磁场，以便指引它们在夜间迁离海山觅食。双髻鲨可以从强大的主磁场（南北两极之间）中分辨出局部梯度，方法是向下游动，直到主磁场旋转且磁强增加到可以使其在主磁场上方察觉到异常。双髻鲨个体要定期往上游使磁场指引复位，这个观点有证据的支持。磁最小值（峡谷）和磁最大值（山脊）从圣埃斯皮里图海山延伸而出，仿佛车轮的辐条，每当鲨鱼沿此地而过，都会采用悠悠球式的摇晃潜游。我能够证明，在鲨鱼极具方向性的索饵洄游的过程中，双髻鲨穿过通往圣埃斯皮里图岛的磁力线，潜到了磁场梯度最强的深度。双髻鲨似乎在寻找磁力最强的点。

在水面上游泳在洄游物种中也十分常见。该行为不仅存在于大青鲨、双髻鲨、尖吻鲭鲨和大白鲨等软骨鱼类，也常见于蓝枪鱼、鲑鱼和黄鳍金枪鱼等硬骨鱼类。水面是最容易将地球的主磁场作为指引的位置——南北极之间的磁场强度梯度在水面上最为一致。双髻鲨可以不断地前行，它们要么通过感受器持续感知感应磁场，要么通过头部两旁的感受器探测磁场间的差异。在水面游泳的另一个动机是可以利用太阳和月亮作为方向指示物。

我们在拉霍亚外的海底峡谷观察到了所追踪的鲨鱼物种具有同样的行为，今后要做的是将这些有趣的行为功能解释进行区分。例如，你可以做实验证明体温调节和摆动式游泳之间的联系。你可以在鲨鱼向下游进冷水区时，让电流通过低位值电阻器，使控制膜层的大脑部分气温升高，这样你或许可以预测到这条鲨鱼潜水所停留的时间更长了。与此相反的是，当鲨鱼在水面游动时，你可以借助化学冷却剂使其大脑同一部位降温，这样你可以预测鲨鱼是否会停止潜水。

正是在鲨鱼自然栖息地对其行为进行监测以及在野外和水族馆的环境里对鲨鱼做实验探索，才使我们获得了圈养诸如大白鲨等物种的必要知识。要想充分了解大白鲨的行为，我们不仅需要在开阔海域观察鲨鱼，也需要长时间近距离观察鲨鱼，这只有在人为的环境中才有可能。我们还需要作更多的努力去尽可能多地了解这些生物，这会为我们认识海洋生命开辟一个独特而珍贵的视角。但是，我们必须先在海洋这个挑战性堪比外太空的环境里找到这些生物，接着才能找到方法将诸如大白鲨之类的生物饲养在可控的环境里。

# 13  年努埃沃岛大白鲨的电子监控

1997年春,美国国家科学基金会动物行为项目(Animal Behavior Program of the National Science Foundation)给我和加利福尼亚大学圣克鲁斯分校的海豹行为学家伯尼·列·伯夫(Burney Le Boeuf)发放了18个月的补助金,去研究年努埃沃岛的鲨鱼和海豹之间的捕食关系。

我之前在法拉隆群岛五年的工作为此次研究打下了坚实的基础。我们计划用无线电声学定位(RAP)系统在海岸附近的高捕食风险区监测鲨鱼的捕猎策略和海豹的逃避行为。那年秋天到来时,我拿到了RAP系统,准备在岛屿附近海域的大白鲨身上测试一下它的功能。

1997年10月13日,我站在沙滩上眺望年努埃沃岛,这个平坦的岩石岛屿距离加利福尼亚州中部城市旧金山南部的蒙特雷湾仅半英里远。该岛大约0.25英里长,南端100码宽,北端稍窄些,西部海岸向外弯曲。岛上几栋高高的木质旧建筑是废弃的海岸警卫队驻地,在斑驳的灰白色雾气里若隐若现。从岛屿方向吹来的微风带着一股强烈刺鼻的海鸟粪气味。这些粪便经年累积,是多年来成群的海豹、海狮和海鸟在岛上安家时留下的。

巨大的海浪缓缓起伏,朝我们奔来,浑圆的波峰涌起,然后破碎,迫使海水涌上沙滩,流过我们的脚面。汹涌的海浪把一只巨大的象海豹推向了海滩,它用硕大的眼睛好奇地打量我们,眼睛的大小堪比高尔夫球,这让它在光线微弱的海洋深处也能看得很清楚。站在我旁边的是皮特·达尔·费罗(Pete Dal Ferro),他是一名本科生,受雇于加利福尼亚大学圣克鲁斯分校的隆恩海洋实验室(Long Marine Laboratory)。他今天的工作是用充气筏带我前往这个岛屿,我们将在那里检查复杂的无线电声学定位系统的运行情况,以便监视岛屿周围的大白鲨捕食行为。

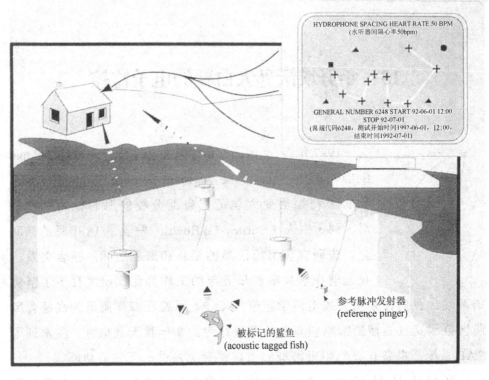

**图7 RAP系统示意图**

这是一个无线电声学定位（RAP）系统的示意图，它建于年努埃沃岛附近的水域。附在鲨鱼身上的信号发射机发出超声波信号在水下向外传播，被水底的水听器接收。每三个浮标系泊成一个三角形阵列。示意图显示了鲨鱼身上的电子标记，发出的脉冲信号用往外指向浮标的箭头来表示。一旦接收到特定的超声波脉冲，每个浮标的天线都往空中发射无线电信号，被岛上的建筑顶部矗立着的另一天线接收。这个基地站接收到的信号由连接在电脑上的时间模块来进行处理。电脑会同时显示鲨鱼相对于浮标的位置，再将数据保存在硬盘里。右上角展示的是电脑显示器的图解，上面的一个个十字架标明了鲨鱼所在的位置，所有十字架连在一起形成了一条路径。用三角形表示的浮标在显示器上显而易见。鲨鱼标记上的传感器所记录的测量值（我们记录了游泳深度和鲨鱼腹部温度）也显示在电脑屏幕上——示意图也包括心跳频率。我们平均每天花10小时，同时跟踪5条鲨鱼，记录它们的游动速率和分离程度。这绝非易事。你可以试想一下，需要付出多少努力才能记录你5个同事一天8小时的工作期间的行为举止以及他们的交流。（图片根据哈利法克斯港VEMCO有限公司的产品手册重新绘制）

我们现在把充气筏从卡车的双层甲板之间拖了出来，扛到海边，使其尖尖的船头对着浪涛的方向。皮特从卡车中拿起了沉重的船外发动机，扛到充气筏尾端安装好，转轴和螺旋桨在沙滩上方。我爬上卡车的顶层甲板，拿起一个尺寸是普通车用蓄电池两倍的巨大的铅酸蓄电池，往下递给了他。受电池重量的拖累，他缓慢地走向充气筏，把电池放进去。备用电池已经在岛上了，我们都为此感到开心。这两个蓄电池能为我们的设备提供将近一周的电量。我们一周来这个岛屿两三次，可以用柴油发电机给电池充电。接着，我往下递了一个装着自己衣物的防水塑料袋，放在充气筏的地板上。随同我们的还有卡拉汉·弗里茨·科普（Callaghan Fritz-Cope），他是一个有抱负的自然纪录片制作人，同时也是远海鲨鱼研究基金会（Pelagic Shark Research Foundation，PSRF）的成员，该组织促进了圣克鲁斯海域的鲨鱼研究。我们三个都穿上了紧身潜水衣，因为早上驶向岛屿时穿过散开的巨浪会弄湿衣服。

现在我和皮特、卡拉汉移动到了充气筏的两边，抓住了橡胶扶手，等待海浪的间隙将橡皮筏拖到海里。一个巨大的海浪破碎了，海水冲上沙滩，将充气筏从地面提起。我们向前冲，紧握充气筏，迎接下一个海浪。皮特熟练地跳入船内，将引擎放入水中，然后快速拉动绳索将其启动。卡拉汉和我跳上船，然后我们加速通过了碎波带，迅速地穿过了下一波蓄势待发、即将破碎的海浪。即使我们拼尽全力，仍无法避免被海浪提到空中，然后背部颠簸碰撞地落回水里，浪花四溅。我暗自想着，"这对我们的背部可不妙啊"，然后略微起身靠上浮筒，以便腿部可以承受接下来的撞击。一离开碎波带，波浪就小了，充气筏穿过每个海浪之后，落到水面就没那么大的冲击力了。根据无数次的航行经验，皮特驾驶着充气筏朝岛后的东南方向行驶。这里的海面更为平静，因为西北走向的巨浪撞击了岛屿向海一侧的海岸，所以这里受到了保护。当我们穿过海峡时，海狮慌忙左右躲闪，以防被我们撞倒。随着我们靠近岛屿近陆地的一侧，海狮刺耳的尖叫声和海豹厚重的咕哝声愈发明显。沙滩附近水域挤满了象海豹幼崽，它们盯着我们，头部在水中上下颠簸。我们借助浪峰驾驶着充气筏冲上海滩，快速卸下传动装置，将筏子搬到沙滩上，存放在一个不会被海浪冲走的位置，因为晚些时候会有高潮。

现在我们手里拿着传动装置，在海滩边沿着陡峭但低矮的悬崖往上爬，然后缓慢艰难地穿过岛屿的台地上的一条木质通道，朝另一边高高的木房子走去。我们的两旁似乎聚集着无数的海狮和海鸥。我们打开门，走进了一栋大而空的房子，天花板有两层楼高。我脱掉紧身潜水衣，换上干衣服，然后用塑料瓶里的淡水洗了手，以免把手上的盐分带到电子设备中。盐溶入水里，盐水可导电，致使电路短路。我穿过这偌大的房间，走到陡峭的木梯，梯子的金属栏杆贴着墙，建筑物的这一面朝向大海，然后开始爬上了存放着设备的阁楼。爬到梯子顶端，我打开门，走进了一个小房间，靠墙放着一张小床，透过巨大的落地窗可以看见年努埃沃岛周围的海水。笔记本电脑和几个包括无线电声学定位系统在内的仪器，整齐地摆放在窗户前面的架子上。看向窗外，随着海浪的升起，然后慢慢地朝海岸消退，我能清晰地辨认出三个浮标，缓缓地出现或消失在视线中。

那周之前，我们几个已经放了三个大型浮标在隆恩海洋实验室的考察船里，前往年努埃沃岛，然后以三角形的阵列将它们固定在岛屿前面60～80英尺深的水中。两个浮标分别距离岛屿南、北尽头0.33英里远，构成了三角形的底边。第三个浮标是三角形的顶，置于刚才那两浮标的中间，距离西海岸0.25英里远。

这些不是普通的渔用浮标，而是装有水下声音记录仪器的声呐浮标。每个浮标都由一个直径1.5英尺的玻璃纤维筒构成，筒内含有一个超声波接收器、一个信号处理器和一个无线电收发器（"收发"指它能接收和发送信号）。有根电缆连着接收器与安装在浮标底部塑料管末端的水听器。无线电收发器则连接着浮标顶端3英尺高的天线。玻璃纤维筒的中央环绕着一圈厚厚的泡沫浮层。水听器和接收器能探测到鲨鱼身上的发射器传来的砰砰声；信号处理器内的时钟（在浮标之间同步）能测出脉冲的到达时间，无线电收发器和天线能将此信息的无线电数据包发送到陆上接收站。这些设备前一天就安装在这个基地站了，其中包括窗户上方高耸于屋顶的天线、装着另一个无线电收发器的金属盒子，以及一台手提电脑。电脑能在屏幕上显示鲨鱼相对于浮标的位置，如果收发器附带特定的传感器，屏幕上还能显示出鲨鱼的游泳深度、速度和腹部温度。

我举起望远镜放到眼前，沿着海岸向南朝圣克鲁斯方向望去。我勉强能分辨出远处有一只小游艇上下起伏，艰难地穿过波浪驶向岛屿。开船的是肖恩·万·萨默兰（Sean Van Sommeran），他创办了远海鲨鱼研究基金会，旨在促进鲨鱼的研究与保护。他是圣克鲁斯冲浪和钓鱼圈子里的民间英雄。肖恩对鲨鱼十分着迷，渴望协助我完成此研究项目。挨着他站在船上的是斯科特·戴维斯（Scot Davis），他是蒙特雷的莫斯兰丁海洋实验室的研究生，来到北加利福尼亚州的任务是研究年努埃沃岛的大白鲨。我和他们还有卡拉汉·弗里茨·科普上周夜以继日地工作，安装了 RAP 系统。他们现在打算帮我确定 RAP 系统能在多大范围内检测到携带超声波发射器的鲨鱼。

一抵达岛屿前方，肖恩就拨打无线电话，进一步询问他在这次范围检测中的任务说明。我让他把船开到三角形列阵中间，那里跟每个浮标都间隔相同的距离。然后他要把绑着配重和发射器的缆绳向下放到距离水底一半水深处，再慢慢地开始驶向近海。这模拟了大白鲨的巡游过程。然后，当船驶离三角形列阵，我会利用 RAP 系统追踪"模拟鲨鱼的船只"的移动，以便确定发射器所能侦测到的最大距离。

当他们朝浮标阵列的中央前进时，我打开手提电脑，把手放在鼠标上，点击图标打开程序，运行 RAP 系统，然后操作程序找到浮标的位置。屏幕上展示的一条垂直虚线为 $Y$ 轴，一条水平的横线为 $X$ 轴，这里的两线交叉处即为三角形阵列的中心，可以作为鲨鱼位置的参考点。无线电收发器发送出一个信号使三个浮标的计时完全同步，并指示浮标确定自身相对位置。声呐浮标 A 上的低频信标发射出脉冲，然后另外两个声呐浮标 B 和 C 感应脉冲。接着，声呐浮标 B 发射脉冲，声呐浮标 A 和 C 感应脉冲。最后声呐浮标 C 发射脉冲，声呐浮标 A 和 B 接收。每次指令传到任一浮标，无线电收发器上的发光二极管（LED）就会变亮。屏幕上突然出现了三个代表声呐浮标的黑色小三角形。屏幕的角落里呈现了声呐浮标之间的距离，三角形底部的两个声呐浮标 A 和 B 离海岛最近，它们之间相距 600 米，大约 0.33 海里远。（根据地球的周长，这个距离相当于 1852 米，是初次出海水手法定航海英里数的 1.14 倍。）

肖恩告诉我信号浮标现在在水里了。我移动屏幕上端的光标，单击鼠标，出现了一连串选择项，其中一个选项是数据记录，我选了该选项，充满期待地等着信号浮标的位置显示在三角阵列的中心的监视器上。突然，阵列中央出现了一个标志表示"模拟鲨鱼的船只"的位置，于是我松了一口气。随着"模拟鲨鱼的船只"慢慢游离海岸，屏幕上显示出了一个个标记。声呐浮标 C 位于西部最远位置，构成了三角形阵列的顶部，而浮标 B 在最北端，构成了三角形阵列的右角。我注意到屏幕上"模拟鲨鱼的船只"

的轨迹似乎在声呐浮标 C 和 B 之间穿过。显示"模拟鲨鱼的船只"经过这里是因为浮标 A 与 B 位于三角形的底部，浮标 A 最远，而浮标 B 次之，因此来自信号浮标的脉冲需要花费更多时间到达浮标 A。

当船只到达 1200 米远（距离海岸 0.75 英里远）的捕食高危区的外围时，基地站停止了绘画"模拟鲨鱼的船只"的位置。我按键选取了页面呈现声呐浮标当前的信息。屏幕上连续不断地出现了这三个声呐浮标每 12 秒的收听期间检测到的来自信号浮标的脉冲值。现在离信号浮标最近的声呐浮标 C 和 B 正在检测脉冲。为了使 RAP 系统描绘出信号浮标精确的位置，信号浮标必须在三个声呐浮标的范围内。但是，我这时还能确定"模拟鲨鱼的船只"出现在岛屿附近，因为它只需让三个声呐浮标的其中一个检测到信号浮标即可。

我正专心致志地盯着电脑，突然间肖恩打来无线电话："喂，彼特，你正前方出现了鲨鱼攻击。你往窗外右边看，就能见到了。距离你的窗户不超过 50 码。"我往窗外看，果不其然，距离海岸不足 100 米处有一大片鲜红的血液。一条巨大的白鲨在这片血迹斑斑的水域缓缓游动，它大部分的背部、背鳍及尾鳍都露出了水面。斯科特·戴维斯正小心翼翼地开着船接近鲨鱼。

肖恩问："我们能在这条白鲨身上加标志吗？"我留意到斯科特已经停在鲨鱼的附近，并在水里放了"海豹"充当诱饵。这是一块被切成海豹形状的胶合板，用于引诱鲨鱼靠近船边，以便可以使用潜水鱼叉给鲨鱼加标志。我回答道："我们已经知道了刚测好的 RAP 系统可以检测到信号浮标的范围。你去给鲨鱼加标志吧。"肖恩应声说："这事罗杰会办好的！"他在这种情况下经常假装以回应军令的口吻说话，我很是欣赏。他还和我分享了他对军事历史的痴迷。

诱饵现在距离血迹斑斑的水域更近了，但水面无法再看到鲨鱼。1 分钟后，鲨鱼慢慢地将头部探出水面。它距离诱饵有几个身长，于是开始横扫拍尾游向诱饵。斯科特慢慢地把绑着诱饵的绳索拉到船边，然后把诱饵拉向船首，诱导鲨鱼顺着船舷游动，为肖恩做标记提供最佳位置。这条鲨鱼体形巨大，大概有 17 英尺长，超出了 22 英尺长的大船的 2/3。肖恩手里拿着一根尾端带有标志的杆子来到了船边，手臂猛地向下将发射器安装到鲨鱼身上。几秒钟过后，他在电话里说道："发射器安装成功啦！"当时正好是下午 3：40。我回复道："鲨鱼浮出水面时，注意仔细观察。看实际的伤口，判断倒钩是否在鲨鱼体内。"很快地，鲨鱼再次露出水面，肖恩告诉我可以看见发射器在鲨鱼的背上。

此时，我打开手提电脑，点击了"数据记录"这个选项。我想知道 RAP 系统是否会记录下鲨鱼的位置。漫长的半小时又过去了，监视器里没有显示鲨鱼的任何位置。难道鲨鱼在监视范围外？鲨鱼在岛屿的南部被标记，那儿与声呐浮标所在位置有一段距离。随后，大屏幕上最南边的浮标与岛屿之间显现了一个实线圈，紧接着又显现一个个实线圈构成了鲨鱼在岛屿沿岸缓缓移动的踪迹。这条鲨鱼在等待下一条试图回岛的海豹。我喊了声："天呐！"然后马上告诉肖恩和司格特系统正在记录所标记的鲨鱼的位置。

肖恩和斯科特的船已经远远驶出年努埃沃岛南部，岛屿悬崖挡住了我的视线。肖恩回应说，系统开始运作了，他们十分兴奋，因为他们可以标记在船边游动的另外两条鲨鱼。我一边让他们前去标记这两条鲨鱼，一边暗自想着，这真是件令人难以置信的好事。通常都得费尽力气才能标记到研究对象的。斯科特用诱饵将第二条鲨鱼引诱到了船边，这条鲨鱼也有 17 英尺长。肖恩给鲨鱼做了标记，此时是下午 4:30，距离我们标记第一条鲨鱼不到 1 小时。斯科特拍摄到鲨鱼经过船的时候在翻滚。后来我们观看了录像，发现它的臀鳍边缘没有鳍脚——原来这是条雌鲨。半小时后，也就是下午 5:00，肖恩标记了第三条鲨鱼，这条鲨鱼比之前的两条小，大约 15 英尺长。我们又等了半小时，以防第四条鲨鱼浮出海面要做标记。我觉得，一天就想标记这么多鲨鱼的话，那就太苛刻了，毕竟我们起初根本没打算标记鲨鱼的。此时，西北风越来越大了。一圈圈巨浪正朝海岸汹涌而来。浮标随着浪峰缓慢地升起，然后消退在这个海浪的浪谷中。下午 5:30，大海变得波涛汹涌，于是肖恩和斯科特离开了，行驶了一个半小时，缓慢而艰难地返回了圣克鲁斯海（Sant Cruz marine）。

我得将充气筏驶向岸边，把充气筏打包好装进卡车里，然后回到隆恩海洋实验室。在此之前，RAP 系统得设置好在我们离开期间继续监测这三条大白鲨。我在程序中选了几个设置，以便记录第一条鲨鱼的位置 12 秒，然后花费相同的间隔时记录第二条鲨鱼的位置，第三条鲨鱼、第四条鲨鱼的位置记录以此类推。系统会每间隔 36 秒重新联系同一条鲨鱼，记录其位置 12 秒。接着，我检查了所有蓄电池的连接，以确保它们无危险。一切都似乎进展顺利。皮特·达尔·费罗一听说发生了鲨鱼攻击事件便跑上阁楼，与我和肖恩进行交流。卡拉汉用摄影机记录下了我所有的举动，以及肖恩、斯科特在船里的活动。然后，我们下楼，穿上了紧身潜水服，往沙滩上放着充气筏的地方走去。这一天虽然过得辛苦而漫长，但是却振奋人心。

　　那个秋天，我们成功地多标记了两条大白鲨，10 月 16 日和 26 日分别标记了一条 14 英尺长和一条 15 英尺 5 英寸长的雌鲨。之前的三条鲨鱼在岛的最南端被标记，与此相反的是，这两条鲨鱼是在岛的最北部被标记的。接下来的两周，我们每隔三天就会安排一个人前往岛屿，将 RAP 系统收集的数据保存在手提电脑的硬盘里，然后在磁盘驱动器中备份。我们还运转了大楼里的柴油发电机，给一对耐用的船用蓄电池重新充电，以确保接下来的三天系统正常运行。10 月 30 日后，受恶劣气候的影响，我们不得不中断对 RAP 系统的进一步操作。

　　我们的总体目标是描绘鲨鱼在年努埃沃岛附近捕捉海豹时的动作、行为以及它们相互间的交流。在法拉隆群岛，只有当其浮出水面，我们才能看到鲨鱼，然后通过观察推断出鲨鱼使用特定的技巧捕捉猎物。RAP 系统可以记录鲨鱼在水下的行为。我们希望用这个系统来确定鲨鱼在捕捉猎物时到底多具群居性。在法拉隆群岛的 5 年研究期间，195 天里有 144 天我们观察到了单条的鲨鱼，大白鲨要么进食鳍足类，要么研究冲浪板，因为冲浪板从岛那漂出来，发挥了引诱鲨鱼的功能。但我们还用 43 天观察了两条鲨鱼的行为，用 3 天观察了三条鲨鱼。后面的这些鲨鱼会以同样的方式捕捉鳍足类吗？有一次，我们观察到两条鲨鱼在岛屿前面追赶一只海狮。但是，我不确定这两条鲨鱼是在共同追赶猎物，还是第一条鲨鱼开始追猎物后，第二条才稍意识到猎物攻击的存在。我们在法拉隆群岛观察到不止一条鲨鱼在捕杀现场时，它们通常是在进食最近捕杀的海豹或海狮，这些猎物一动不动地漂浮在海面。这时，这些鲨鱼会用尾巴相互溅水，正如我之前所讨论过的那样，它们是在互相示威。

一次同时追踪几条鲨鱼的任务确实艰巨。你可以试想一下，在 8 小时的工作期间，不断地监视 5 个员工一天 1/3 的时间，记录他们围绕大楼步行的速度、他们之间相隔的距离以及他们聚在一起所做的事。每隔两周，在半平方米的区域里三个声呐浮标的其中一个会平均每天花费 9.6 小时侦查 1997 年秋标记追踪的五条鲨鱼。

来自纽约南安普敦大学（Southampton College）的研究实习生凯利·康塔拉（Kelly Cantara）6 个月以来都专心致志地在我的实验室分析 RAP 系统收集的数据，以至于对这五条鲨鱼有了更多的了解。首先，它们日夜都在鳍足类聚居的水域周围巡逻。我们可以想象，如果鲨鱼游览岛屿附近海域的次数与一天的小时数相同——一天 24 小时，它们每小时都在岛屿周边度过了。鲨鱼在岛边度过的每小时与想象中的并无差别。大白鲨白天与夜晚都经常巡遍岛屿周边。

如果不是为了进食海豹和海狮，鲨鱼为什么晚上在岛屿这边呢？在东南法拉隆岛，我们从未见过鲨鱼夜间进食。但是，这也可能是我们晚上看不清岛屿周边环境，没有对鲨鱼进行夜间观察的缘故。海面给鲨鱼照明进食海豹、海狮的光照太少了。目前为止，绝大多数证据表明白鲨仅在白天捕食。在法拉隆群岛，我们只在白天观察鲨鱼进食鳍足类纯粹是因为只有白天才能从灯塔山看到鲨鱼。我们无法排除这些鲨鱼夜间进食的可能性。

在年努埃沃岛追踪的五条鲨鱼总是在海岸附近游动。当鲨鱼游到岛屿前面，在三个浮标探测范围内时，才能得以追踪。你可以试想一下，每个浮标四周都画了个大圆圈表示信号接收范围。鲨鱼只能在三个圆圈覆盖的地方检测到。描绘"动物的家园"一般做法是将其最远的位置连接起来，以形成一个最小的或凹面的多边形。我们给这 5 条大白鲨绘制了这种多边形，尽管 RAP 系统观测鲨鱼的范围距离该岛海岸更远，但是这个多边形所涵盖的地方是从海岸线往外延伸至 700 米（766 码）处。鲨鱼的 24 小时活动图表明，它们一般沿着海岸来回游动。它们日夜在海岸处游动，距离海岸不足 2 米——这是系统能定位到的最精确的范围。鲨鱼大多数时间都用在拦截离岛和返回岛上栖息地的海豹跟海狮上了。

没有证据表明这 5 条鲨鱼里哪条拥有专属领域。如果鲨鱼喜欢某个领域，那么某个声呐浮标应该会比其他两个声呐浮标更加经常探测到该鲨鱼。三个浮标平均分配探测任务，每个浮标都探测鲨鱼。我们比较了各个 15 分钟段，但没有发现存在显著差异。纽约南安普敦大学的另一位研究实习生约翰·里克特（John Richert）绘制了一幅频率等值线图，每条鲨鱼都在 100 米处，即年努埃沃岛前方 110 码的矩形区域里。第一条被标记的鲨鱼最常出现在岛屿中央东部地带。第二、三条的活动高峰区部分重叠，一条在岛屿北部，另一条在岛屿最南端。虽然 5 条鲨鱼的偏好地点稍有不同，但是它们都频繁地在同一片海域游动。

鲨鱼是群居动物还是独居动物呢？鲨鱼有时候会同步地在阵列内游来游去，动作十分一致，但有时候又会独来独往。有人可能会问，在同一场猎杀中被标记的鲨鱼是否会比在不同时间里标记的鲨鱼更经常陪伴彼此。在同一场猎杀中被标记的这些鲨鱼可能是同一个捕猎群的。但是，我们对鲨鱼的追踪并没有支持这个结论。你可能预想，被标记的前三条鲨鱼如果彼此有联系，聚在一起以协调一致的行动捕猎，那么它们在一起的时间会更久。其实，我们没有探测到共同进食海豹时被标记的三条鲨鱼比捕猎三天后被标记的第四条鲨鱼或 13 天后被标记的第五条鲨鱼更经常在一起。

没有一致的证据说明鲨鱼在岛屿附近时具有群居性。鲨鱼靠近彼此，这是非常罕见的。5 条鲨鱼之间相隔的平均距离为 80～420 米（88～460 码）。如果同一天被标记的鲨鱼构成一个群居组，你会预想前三条被标记的鲨鱼的间隔距离比后来研究时所标记的鲨鱼的间隔距离要短些。然而事实并非如此。比如说，被标记的第一和第五条鲨鱼的间隔距离比被标记的第一、第二和第三条鲨鱼的间隔距离短。

如果鲨鱼彼此吸引，个体间的实际距离应该短于随机间隔的距离。如果鲨鱼彼此避开，实际距离应该长于随机间隔的距离。很多时候，实际距离与随机间隔距离之间并没有区别，有时实际距离短于随机间隔距离，有时则更长。所以，鲨鱼在海豹聚集区游动时，既没有相互吸引，也没有相互避开。它们很可能是独自搜寻猎物，但当其中一条鲨鱼成功捕食到海豹或海狮，其他鲨鱼可能会被吸引到猎杀现场。

1997 年监测 5 条鲨鱼的 15 天期间，我们仅探测到两次捕猎攻击，一次在夜晚，另一次在白天。10 月 16 日，第一条标记的鲨鱼两次猛烈游泳，追捕猎物。这两次游泳加速很明显，因为晚上 11:06 与 11:07 的 12 秒间隔里，鲨鱼轨迹道上的三四个点的间隔相近。随后，鲨鱼转向了，直至晚上 11:26 前都以直线的方式缓慢地游着。鲨鱼嘴里的猎物所增加的负担可能阻碍了鲨鱼的移动。声呐浮标附近的密集点表明，鲨鱼当时在晚上 11:16~11:24 进食该鳍足类。然后，鲨鱼沿着顺时针的环形道路游到 600 米（0.33 英里）远的地方，大概在晚上 11:58 才返回。这时，那儿的聚集点又密集了，鲨鱼似乎在再次进食。晚上 11:49，另一条大白鲨出现了，它距离第一条鲨鱼 200 米远，9 分钟过后，它靠近了该鲨鱼，然后往西边游走了。我想这两条鲨鱼间相互展示了攻击性示威，起初捕杀猎物的那条鲨鱼战败了，因此，它离开了。基于此类推断或者间接结论，很难想象攻击期间发生的事，我们需要的是更加确凿或更加直接的证据。

说明鲨鱼进食的另一个更加可靠的证据是鲨鱼的胃温骤然上升，这表明了它吞食了身体温热的海豹。大白鲨的体温在 73~79 华氏度的范围内变化，而象海豹的体温恒定为 100 华氏度，所以吃下海豹后的鲨鱼体温有望升高 20 华氏度。鲨鱼胃温的持续时间还能说明猎物的体积大小。200 磅的小象海豹比半吨重的成年象海豹降温所需时间短。

我们决定在发射器上安装温度深度感应器，一起放入鲨鱼的胃部，以获取更多关于其捕食行为的可靠的"电子证据"。此外，我们期待能在电脑监视器上看见一条由紧密排列的位置所组成的短直线，这表明了鲨鱼快速地游向海豹，然后看见紧密聚集的点，这表明了鲨鱼停留在某个位置进食。但是，监控器现在显示着鲨鱼轨迹旁交替地出现鲨鱼游动深度与胃部温度的测量结果。如果鲨鱼伏击猎物，那么其游泳深度会急剧下降，因为鲨鱼会突然冲上海面捕捉猎物。随后，鲨鱼吞下海豹温热的身体，胃温便会上升。

我们推断，要想获得全部的信息，RAP 系统最好一次观察一条鲨鱼。之前，我们记录单条鲨鱼的位置超过 12 秒才继续记录另一条。一整分钟过去了，RAP 系统才记录完 5 条鲨鱼，然后重新跟踪同一条鲨鱼的信息。1

分钟的间隙里，可能会发生很多事。鲨鱼甚至可能在 1 分钟之内冲向海面捕捉海豹，而我们没有记录下这个活动。

1998 年 10 月的第二周，我们再次在年努埃沃岛上建立了 RAP 阵列。我们每天都搭乘隆恩海洋实验室的小调查船，前往岛屿寻找待标记的大白鲨个体。我们的日常研究活动正被拍摄成《国家地理探险家》的一集，命名为"年努埃沃岛的鲨鱼追踪"。加利福尼亚大学圣克鲁斯分校的海豹行为学家伯尼·列·伯夫加入了我的这些行程。摄像机拍摄了我谈论大白鲨的捕猎行为，拍摄了伯尼谈论北象海豹的逃脱策略，拍摄导演是伯尼之前的博士生约翰·弗朗西斯（John Francis）。

我们一旦在岛屿前方，都会开船到岛屿最北端的 RAP 浮标处，然后关掉引擎，船边拴一只"海豹"作诱饵，任船在岛屿前方漂泊。风通常会从西北方吹来，推着小船朝 RAP 阵列南边的声呐浮标而去。该区域处在鲨鱼攻击的中心地带。我们在岛屿前面来回地漂浮了整整两天，未成功吸引到一条鲨鱼浮出水面。

1998 年 10 月 22 日，我们第三次游览该岛，才遇到了第一条大白鲨。那天雾蒙蒙的，我们几乎看不见年努埃沃岛上的阁楼窗户。那阁楼是我们的基地站，离这不足 100 码远。我们驾驶着一艘小船第二次漂过该岛，突然，一条 18 英尺长的大白鲨升出了水面，嘴巴张得很大，上颌和下颌都伸向诱饵。我们都惊呆了，站在那等着鲨鱼合起颌部，把不堪一击的诱饵咬成两半。摄影师的脑子也顿时一片空白，忘了马上打开拍摄设备。鲨鱼保持这个准备咬猎物的姿势犹豫了会儿，我们还没诧异完，它就优雅地滑回水里了，并没有摧毁诱饵。伯尼大喊："鲨鱼不是《大白鲨》里描绘的那种杂食者，而是会挑食的！"这句评论给我内心带来巨大的满足感——另一位行为学家的反应证实了我 6 年前的观察。

接着，我在一块大鲸脂上放了附带 C 型电池的发射器。发射器如小手电筒般大小，上面装置着温度深度感应器。三叉勾上的其中一个倒钩刺穿鲸脂，为了不让鲨鱼看见发射器，我们把鲸脂对折起来了。然后，我用穿蜡线的航海针上下来回地缝鲸脂块，以确保安全。试了一下鲸脂上的线尾，我小心翼翼地把鲸脂放入水中，让它漂在船边。不到 5 分钟，鲨鱼便浮出了水面，朝我们在船边拉着的诱饵游去。这是一条雌鲨，因为我们看到它没有鳍脚。它大概 18 英尺长。由于它巨型的黑色背鳍后边缘处有个大三角形的刻痕，因此，我们在年努埃沃岛第一次发现它时，便给它取名为"三角痕"。当鲨鱼"三角痕"慢慢地游在诱饵的后面时，看到了这块鲸脂。于是，它转向鲸脂，张开自己的嘴巴。当它吞下鲸脂时，正是上午 9:01。

当时，处理声呐浮标信号的设备在小船上。无线电收发器和笔记本电脑在船尾的运输箱里，接收来自浮标的无线电信号的天线固定在了装有小船雷达系统的桅杆上。我弯着身子在运输箱上方，在我的头上和这个箱子的边缘顶着一条黑色的毛巾以挡开阳光的照射。我当时可以看到电脑监视器里呈现的内容。屏幕上最北端的三角形旁边出现了一个实心小圆，代表着一个声呐浮标的位置。我们正处在浮标周围，所以说鲨鱼仍然离我们很近。屏幕右上角可以看到鲨鱼游动的深度——22 米（72 英尺）。我请当天的船长肖恩·万·萨默兰利用船上的声呐设备测量了这儿的深度。他很快就告诉我这里有 24 米（79 英尺）深，也就是说鲨鱼差不多游到了底部。接着，我看了看深度值下面所呈现的最新腹部温度值：鲨鱼的腹部只有 60 华氏度。这让我困惑不已，但过了一会儿，我便恍然大悟了。刚被鲨鱼吞下的鲸脂有些结冰还没融化。紧接着的一小时，温度缓缓上升到了 68 华氏度。我现在又看了看鲨鱼的游泳深度——已经归零了。鲨鱼刚刚展示了自己惯有的行为（沿水底游泳，然后以陡峭的角度游上水面），想必现在已经在水面了。肖恩大声喊道："啊，鲨鱼露出水面了。"当时，我对科技的力量感到非常震惊——肖恩还没看到鲨鱼，我就通过电脑屏幕察觉到了鲨鱼的出现。

为将 RAP 系统运送到年努埃沃岛，我们中午前便返回了圣克鲁斯。我们乘着充气筏将设备带到岛屿，再次把它安置在阁楼，然后俯瞰年努埃沃岛的水域直至当天下午 6:00。测量的腹部温度此时在 77 华氏度上下徘徊，恰好在鲨鱼腹部温度值的正常范围。目前为止，结冰的鲸脂已经完全融化了。

我们希望探测到鲨鱼"三角痕"进食时，它的腹部温度在刚杀死的海豹温热身体的作用下逐渐上升。于是，在 1999 年 10 月 22 日至 11 月 18 日这段时间里，我们断断续续追踪了这条鲨鱼 12 天。它每天平均花费 5

小时在声呐浮标阵列探测范围内的海豹聚集地前巡逻。声呐浮标在本来的位置，没能记录到它进食的证据——声呐浮标被掀翻了两次，需要重新放置。在10月31日至11月5日这个为期6天的最长连续记录期里，它的腹部温度保持在79华氏度之上。

当"三角痕"在海豹聚集地之外寻找一餐时，会有多积极呢？让我们观察下它在11月2日这一天的捕食行为吧。它那天在RAP系统的探测范围内活动了13小时，循环往复地从岸边往南北轴线游200～300米，这个区域是拦截来往岛上栖息地的海豹、海狮的最佳位置。"三角痕"仅在接近正午的时候离开过它的"观察线"一次。它朝西南方向游离了该岛。沿着鳍足类来往年努埃沃岛的水下通道游动。当它离海岛最远时，便猛地冲到了水面，以4米/秒的速度游动，似乎是在伏击海豹，但RAP系统并未侦测到它腹部温度升高，这说明它没能成功捕获海豹。晚上7:00至午夜期间，它再次活跃起来了，曾两次加速运动，似乎在追赶海豹，一次在晚上9:02，另一次在晚上9:43。起初，这条鲨鱼以6米/秒（11.7海里/时）的速度朝水面游动，并且腹部温度出现了暂时的下降，可能是因为在捕捉猎物的过程中，冷水进入了张大的口中。接着，它以7米/秒的速度猛地冲向水底，但系统没有记录到鲨鱼的腹部温度有所变化。

尽管我们1997～1998年探测的6条鲨鱼大部分时间都在捕食高频地带活动，但是RAP系统很少记录到它们进食。这说明了鲨鱼个体需要大费周章地搜寻才能成功捕捉到海豹或海狮。5条鲨鱼中仅探测到两条鲨鱼在1997年10月期间似乎进食了，一次发生在16日晚上，这两条鲨鱼都进食了；另一次发生在18日白天，只有其中一条鲨鱼进食。1998年秋12天的探测期间，我们从未记录到预示着鲨鱼"三角痕"进食的腹部温度持续上升的迹象。为了捕获单只的海豹或海狮，大白鲨似乎消耗了大量的时间和精力在鳍足类的聚居地搜寻。

如果捕捉猎物如此艰难，鲨鱼之间保持适当较近的距离将是一个捕食策略，这样一条鲨鱼捕捉到猎物，其他鲨鱼可以分杯羹。理论上，一条15英尺长的大白鲨能靠一块66磅重的鲸脂存活一个半月。一条一岁大的海豹将近300磅重，其表层脂肪占总体重的一半（150磅），它拥有的能量是维持大白鲨生活一个半月所需能量的 3 倍多。减去最初捉住猎物的大白鲨所消耗的 66 磅，猎物的残骸至少还有 89 磅脂肪，足以给另一条鲨鱼提供超过一个半月的能量，而 150 磅的肌肉又可以再维持一条鲨鱼生活同样长的时间。当然，每条鲨鱼吃海豹时，会将肌肉脂肪一起吞食。因此，一只幼年海豹可以为一条鲨鱼及其两个同伴提供足够的能量，在不进食的情况下在同一时期生存下来。因此，本研究所追踪的 5 条鲨鱼彼此间没有偏离太远，也就不足为奇了。鲨鱼通过相互保持密切的距离可以竞争并分享另一条鲨鱼捕捉撕咬后的猎物残骸。这也可以解释为何会发生无伤害的争斗，在争斗里，鲨鱼个体相互拍水以决定谁可以食用剩下的猎物。

　　大白鲨还有什么好了解的呢？首先，我们需要知道大白鲨不在海豹聚居地时会去哪儿。另一种电子标志也就是之前提到过的数据回收或记录标志，这是一种带有感应器的微处理器设备，感应器能记录不同的环境特征值（光照、气温和深度），并储存于电子储存器中，直到以后从动物体内将其摘除。这些标志可以让我们从这些实际测量值中推断出被标记的鲨鱼日常地理位置，这种功能即"地理定位"。随后捕捉到被标记的鲨鱼时，我们必须回收第一代地理定位数据回收标志。这种标志并不适用于大白鲨，因为北美西海岸外的该物种既不构成商业性渔业，也不构成体育性渔业。但是，我们没办法从捕获的鲨鱼身上回收这种标志。1933 年加利福尼亚州立法机构通过"议会法案 522"（Assembly Bill 522）为该物种提供了暂时的保护，避免其遭受捕捉，并且五年后，又继续立法将其保护起来。然而，最新一代的"弹出式"数据回收标志会在所设定的一定时间间隔之后脱落，漂浮在水上，发送鲨鱼之前的位置记录（以及一些深度、水温信息）给卫星。接着，卫星又将信息传输送到陆上接收站。斯坦福大学的研究生安德烈·布斯塔尼和另外 5 名同事在年努埃沃岛和东南法拉隆岛的大白鲨身上安装了 6 个这种昂贵的标志。两条鲨鱼身上的标志说明了它们整年都在海岸附近的浅水域。另外 4 条标记的鲨鱼游离了海岸，在深水里驻留了 4~6 个月。其中一条鲨鱼甚至游了 2000 多米到夏威夷群岛了。

　　另一个亟待解决的问题是，大白鲨的捕食是否控制着北美沿岸海豹、海狮的增长数量。有可能仅这个物种就减缓了曾经快速增长的北美西海岸的鳍足类数量，以致鳍足类没有限制我们赖以食用的鱼类的数量。这类型的生态控制被称为"下行控制"的生态调控，因为处于食物链上层的某一物种限制了食物链较底层的另一物种的数量。这种影响与"上行控制"的生态控制相反。在"上行控制"的生态控制里，处于食物链较底层的某一物种限制了食物链上层的另一物种的数量。例如，在强风的推动下，海底富营养化的水升到水面可以致使浮游植物大量繁殖，且在这种营养水平下的繁衍又会使得食物链上更高级的浮游动物的数目有所增加，诸如此类。

海洋之中"上行控制"规则的重要性已受到普遍认可，但很少有人推崇"下行控制"规则。海獭是最著名的"下行控制"规则的代表主体。至20世纪中叶，海獭遭到捕杀，几乎面临灭绝，因此，海獭成为了海洋哺乳动物保护法第一个保护的物种。海獭一旦不再遭受捕杀，其数量便增长了，同时，北美西部沿岸海草林的面积也随之扩大了。本来海胆和鲍鱼吃海草，会共同缩小海草林的规模和范围。但是海獭通过食用（食物链一个环节之下的）海胆和鲍鱼对（食物链两个环节之下的）海藻发挥了"下行控制"的影响。

大白鲨对鱼类的数量也有同样的影响吗？回答问题的第一步就是证明这个物种限制了海豹和海狮的数量。我们能通过观察悬崖周边的进食和利用 RAP 系统获取进食的间接证据来记录大白鲨在鳍足类聚居地的捕捉率。鲨鱼捕捉猎物有一个独特的活动模式，会伴随着猛然冲向水面以及腹部温度缓缓上升这些迹象的发生。当然，鲨鱼捕食海豹的影响需要和聚集地里引起海豹死亡率变化的其他原因作比较。可能大白鲨只用了六七分钟就将第一次进行海上之旅的海豹捕获了，其间还带着海豹游离了其聚集地 0.25英里远。对于不幸的海豹来说，这真是一次致命之旅。但这就是生态规则。明白生态规则在自然界每个层次中的运作模式是生存的关键——如果我们开始明白人类不明智地干预自然的自我调节会造成多大伤害，我们就会格外理解这个道理。

# 14  鲨吃人还是人吃鲨?

船长驾船把我和萨莉·比维斯带到圣埃斯皮里图海山正南边的途中，我们正忙于坐在船中央穿戴潜水呼吸器。萨莉既聪明又精力充沛，意志坚强，3 年来一直是个理想的工作伙  伴。我们很享受彼此的搭档，一起努力地工作。此时是 1998 年 9 月 12 日的上午，斯克里普斯海洋研究学院调查船的航程即将结束。这个航次的目的是研究在厄尔尼诺作用下，当地水温的升高是否会影响圣埃斯皮里图岛洄游鱼类的驻留。我们大部分时间都在用钓竿和鱼线捕捉 150 磅重的黄鳍金枪鱼，在它们身上放置长期的超声波信号标，再到海山放走它们。我们在海山的两边山脊各放了一个系泊设备，上面安装了电子监控器，在接下来的两年里将会监测其范围内活动的黄鳍金枪鱼。

现在有点儿空闲时间来进行水肺潜水，以便再次搜寻成群的路易氏双髻鲨。这个星期每天早上我们都戴着面具和潜水管漂在海山上方寻找双髻鲨鱼群，但是每次都只看到一两条而已。我们把呼吸调节器含在嘴里，后仰入水，开始朝下面的一大串白色的渔用浮标游去。这些浮标在附有监控装置的系泊设备顶端，在我们下面不到 10 米深处，在水晶般清澈的水中依稀可见。系泊缆绳中间还有 3 个小浮标，其下 1 米处是电子监控器，大小和形状类似于小型灭火器。安装这些额外的浮标的目的就是在水里把监视器抬起，顶部的一串浮标与系泊缆绳相交。

我们刚到系泊设备顶端的浮标处，就看见了海山斜坡上巨大的卵石。一小群不足 12 条的大海鲢幼鱼在浮标周围游动。我们一边注视着潜水表，一边继续往下游，直到表上显示出 120 英尺的深度。然后，我们朝水平方向游动，该方向岩石海底向上的坡度最为陡峭，形成了南面高峰。我们所在的位置离水底不足 10 米。我看了一下潜水指南针，以确定我们正在朝西北方向游，与海山山脊的方向一致。

我往旁边瞥了一眼，确定萨莉在我身边，便朝远处望去。这里没有双髻鲨，不过这是意料之中的事。尽管我们多次在西南斜坡尝试寻找它们，但从未在这见过鲨群。海山的西北坡距离水面 120 英尺，对双髻鲨特别具有吸引力。（就像第七章解释的那样，这可能是由于鲨鱼适应了那里独特的海山磁场。）一群鲨鱼可能往南游到海山顶，但总会转头游回原来的地方。这是一个基本的行为，它们白天在海山逗留，晚上夜游外出到周边环境觅食后便重复往回游。我之前在水面游泳的时候，经常观察到成群的双髻鲨用同样的策略消失在水底，我很想知道是什么将鲨鱼引到这片区域，鲨鱼又是如何辨认出该区域的。尽管急流会把鲨鱼冲走，但是它们始终会回到原来的地方。鲨鱼肯定能以某种方法辨认出当地地形，但是在距离海底如此之远的地方它们又能察觉到什么呢？会不会是电磁场的独特模式？有位同事之前发给我一个视频，表明小双髻鲨明显沿着两极之间的电流（或电子流）线游动。这些电流线都是一个小电池驱动的。电流模拟了鲨鱼的猎物所发出的微弱的电磁场。鲨鱼是不是对规模比这个小型生物电磁场大很多的地球电磁场做出了反应呢？

但是，纠结于"双髻鲨如何在海山周围航行"这个问题是不明智的，因为有一个更紧迫的问题出现了，那就是，圣埃斯皮里图海山的双髻鲨已经很少了。我去年夏天曾经为了制作一个关于双髻鲨的纪录片游览了整座海山，但一条双髻鲨都没见到。这次航行，我们在加利福尼亚湾的许多海山和岛屿装配了监视器用于探测双髻鲨和其他海洋鱼类。我们在拉斯阿尼马斯岛、圣埃斯皮里图海山、塞拉尔沃岛外的拉斯阿勒尼塔斯和戈尔达海山寻找双髻鲨以安装电子标志在它们身上，但是一条双髻鲨都没找着。

目前，我们正漂过不足 10 米宽的小圆顶山峰，这里是海山的最高处。该峰顶位于山脊的南末端。只有一些零散的红色斑副花鲐鱼群在海山上游荡。萨莉指着一条岩石裂缝，那儿有一条巨大的石斑鱼盯着我们看。海底现在已经渐渐地消失在视线中了，只能看到一些斑驳的黑白光点，然后海山又重新出现在视野中，露出了宽阔的北部峰顶，大约长 25 米。随着我们漂过北部峰顶边缘，我们看见雌性的斑副花鮨和银色的鲕鱼匆忙往上游窜，身后跟着一群雄性鱼在水中释放云般的白色精子。

此时，我们越过海山北部斜坡往下游。随着我们下潜，周围越来越暗——海底现在是暗灰色，在这儿附近的游鱼不是红色的，而是蓝绿色的。四周都是大群大群的鲕鱼和鲳鲹。我们看了看微型潜水表上面显示的深度，看见自己所在深度为 120 英尺。我们身下接近水底处，有密密麻麻的一群笛鲷，有 30～50 条，每条都有近 1 米长。这种鱼通常与双髻鲨有关联，它们被视为同一鱼类洄游组合。我现在抬起头往前看，期待能看见鲨鱼。一小群双髻鲨立马出现在了我们前面。我快速数了一下，"1，2，3……"，这个鲨鱼群只有 8 条双髻鲨。我拍了拍萨莉的肩膀，指着双髻鲨群，在我们俩的注视下，它们匆匆离去了，就像躲避追捕的犯人一样落荒而逃。到目前为止，我们的氧气供应剩余很少了。我们缓缓地向上游动，快到水面时停了下来，在那停留了 5 分钟减压（除去身体组织的氮气），然后才浮出水面。

我一脸悲伤地看着萨莉哀叹道："曾经极为壮观的双髻鲨群就剩下这么些了！"她也沮丧地说："我想看到鲨群里至少有 100 条双髻鲨的！"她心知肚明，12 年前我和唐纳德·纳尔逊曾用不同颜色的意大利面状标签给大群的鲨鱼做过标记，估算圣埃斯皮里图海山处的双髻鲨数量超过 500 条。我回应说："我们见识了渔民们的独木舟里的延绳钓和流刺网的威力。"萨尔瓦多·乔根森（Salvador Jorgensen）现在是加利福尼亚大学戴维斯分校的研究生，实习阶段开始每年来海山 4 次，调查栖息在这里的各种生物的相对多度。每次调查期间，他都在这个地方进行自由潜水和水肺潜水。过去 3 年里他在这个地方几乎看不到双髻鲨。实际上，每年都有必要记录在这个海湾各种被捕的鱼类数量以及手工渔民和游钓者的捕捞努力量（fishing effort）。我实验室的研究生约翰·里克特，现在正在联系当地渔民（包括某个熏制房的老板），让他们记录下自己每天的渔获物和捕捞努力量。这些常态化收集的记录会录入数据库，以便年复一年地监测该海湾的物种多度。收集这类信息是进行有效渔业管理的第一步——如果某个种群（或按渔业科学家的说法为群体）的多度下降，比如双髻鲨，那么这些信息可以让你降低捕捞压力。

并不只有双髻鲨才陷入困境。人们爱吃鲨鱼，而鲨鱼的生活史特征使其容易受到过度捕捞的影响，它们的游动范围很广，造成了渔业管理困难。人类对鲨鱼的胃口引起了最近在世界范围内的鲨鱼渔业的增长。这些渔业都有兴衰的历史。承受了高强度的捕捞压力后，鲨鱼种群也随之衰退了。

以下这些渔业就是例子，北大西洋的鼠鲨、加利福尼亚洋流中的翅鲨（soupfin shark）、欧洲和加拿大外海的姥鲨（basking shark）、北海和不列颠哥伦比亚外海的白斑角鲨等。比如说 1961 年，挪威渔民开始对鼠鲨进行商业捕捞。这是尖吻鲭鲨和大白鲨的一个近缘种，生活在东北大西洋，以鱼类和鱿鱼为食。这种鲨鱼的年渔获量（yearly landing）在 1964 年上升到 8060 吨，接下来的三年则骤降到 207 吨。自 20 世纪 70 年代末以来，年渔获量从未超过 100 吨。

姥鲨渔业在大西洋和太平洋都已经崩溃。小范围的姥鲨渔业始于 1947 年，在阿基尔岛（Achill Island）附近的爱尔兰西部外海。这种巨大的鲨鱼以浮游生物为食，1950～1956 年，每年的捕捞量都有 900～1800 吨。1959～1968 年，每年的捕捞量降到了 119 吨。翅鲨是礁鲨的近亲，也经历了相似的命运。第二次世界大战期间，军事上对优质油脂的需求为翅鲨开拓了市场。其肝脏饱含的脂肪，可达到成年人体重的 1/3。翅鲨油的价格从 1937 年每吨 50 美元上涨到了 1941 年每吨 2000 美元。该物种的捕捞量从 20 世纪 30 年代早期的每年 270 吨开始上升，1941 年达到 2172 吨的顶峰，然后 1944 年又下降到了 287 吨。

从 20 世纪 30 年代起美国就开始对鲨鱼进行商业捕捞了，但是最初的捕捞范围有限，且规模小。鲨鱼捕捞量直到 20 世纪 80 年代晚期才开始增长。美国最大的鲨鱼渔业在马萨诸塞州（Massachusetts）。其主要捕捞对象只有一个物种即白斑角鲨，它们春天和夏天都大群大群地生活在新英格兰（New England）外海，然后冬天又洄游到大西洋东南部海域。美国跟欧洲的餐厅将其做成"炸鱼薯条"。直到 20 世纪 90 年代晚期，这种个体小但数量丰富的鲨鱼渔获量仍然持续上升。

不算角鲨目的捕捞量，佛罗里达州的鲨鱼渔业规模也是最大的。该渔业的捕捞对象是墨西哥湾的许多近海鲨鱼物种。这些鲨鱼每年的渔获量持续上升，直至20世纪90年代才开始下降。20世纪80年代晚期，大西洋和墨西哥湾的商业性鲨鱼渔业的发展，部分原因是公众对鲨鱼食用价值的新认可。但是，渔业扩张的一个更为重要的原因是公众对鲨鱼鳍的需求，用鳍制作的鱼翅汤在亚洲是一道美味佳肴。

鲨鱼和鳐鱼在强捕捞压力下如此脆弱的原因有以下几个。大部分物种都几乎处于食物链的顶端，但个体数量不丰富。鲨鱼生长速度缓慢，成熟期晚，不是每年都繁殖，幼体较少。它们靠的是寿命长。正如奥杜邦协会（Audubon Society）的梅里·曹姆希（Merry Camhi）所指出的那样，"不像大多数硬骨鱼类的卵和仔稚鱼常在很大程度上依赖环境，软骨鱼类（鲨鱼和鳐鱼）产生的幼鱼数量和繁殖期成鱼数量之间有着更为密切的关系"。如果捕杀大部分的成鱼，种群将无法延续。

例如，铅灰真鲨和路易氏双髻鲨是大西洋和墨西哥湾渔业经常捕到的两种鲨鱼。双髻鲨还频繁地被加利福尼亚湾海岸上的小型捕鱼营里的渔民捕获。铅灰真鲨需要16年才能达到成熟，然后每隔一年仅生8～13条幼崽。一些雌性双髻鲨需要15年才能达到成熟，然后每隔一年只生一窝（12～40条）幼鲨。与之相比，大西洋鳕鱼只要2～4年就能达到性成熟，而且每年都能繁殖，产下200万到1100万粒卵。双髻鲨可以活到35岁，而鳕鱼最多活二十几年。

对于一些真正大型的掠食性鲨鱼物种——公牛鲨、鼬鲨和大白鲨来说，就算只捕捞几条，对它们的影响甚至更大些。例如，1982年10月5日，在旧金山附近的南法拉隆群岛捕捞了4条大白鲨后，在接下来的两年里，周围海域里观察到的大白鲨攻击猎物的次数就减少了一半。

为什么大白鲨这么容易受捕捞压力的影响呢？首先，它是顶级捕食者，占据了食物链的顶端。这些物种的个体从来都是不常见的。大白鲨以海豹和海狮为食，而海豹和海狮又吃更小的猎物，如鱼类和鱿鱼；鱼类和鱿鱼则捕食更小的浮游动物，而浮游动物又以浮游植物为食。食物链的每个环节都会有能量流失，这就导致了每个更高营养级的生物量减少。

其次，大白鲨在哪个地方都不会多。在 1988～1992 年这 5 年的观察期间，辨认出的大白鲨约有 12 条，可能还有同等数量的大白鲨无法辨认或没有看到，它们每年都会造访西海岸鳍足类的最佳索饵场南法拉隆群岛。同一群大白鲨总是在同一时间来回往返。例如有一条被称为"断尾"的鲨鱼，它的尾鳍上叶没了，所以很容易辨认，在这 5 年里就有 4 次观察到了它在东南法拉隆岛外海捕食鳍足类。1998 年 10 月 23 日我们第一次看见它在象海豹湾捕食。接着，1989 年 10 月 10 日又观察到它在韦斯滕德岛南部和北部外海捕食，另外两次观察到的捕食发生在 1990 年 10 月 8 日和两年之后的 1992 年 10 月 7 日。还有一条被称为"断背"的鲨鱼，背鳍的上面一截没了，连续 5 年观察到它在岛屿附近，曾连续 3 年被冲浪板引诱出水面。

大白鲨种群的真实大小仅在南非和澳大利亚南部这两个地理区有过估算。科学家们给鲨鱼做上标记，记录标记和未标记鲨鱼返回各个标记地点的比例，获得鲨鱼的估计数目。用诱饵吸引鲨鱼到船边即可进行标记。从理查兹湾（Richards Bay）至斯岖兹湾（Struis Bay）1700 千米长的南非海岸线的鲨鱼数量估计值是 1279 条（一定范围内的估计值）。库斯托协会赞助了几次科学家到南澳大利亚的斯宾塞湾的探险，其间在危礁和海神岛标记了另外 40 条大白鲨。这队科学家在第二次探险期间估计在 260 平方千米的范围内有 192 条鲨鱼，在一年后的第三次探险期间估计有 18 条，这引起了人们对游钓渔业捕捞大白鲨是否正减少其种群数量这个问题的关注。大白鲨的数量少，游动的路线可以预见，使其易受捕捞压力的影响。

大白鲨如此稀少还有其他原因。第一，大白鲨个体生长缓慢。雄性大白鲨体长 11 英尺 6 英寸至 13 英尺 6 英寸、年龄 9～10 岁时才达到性成熟，开始形成坚硬的鳍脚。这种体形的雄鲨，脊柱的每节软骨上都有 9～10 个同心生长环，表明其年龄为 9～10 岁。雌鲨成熟时的体形更大些，在 14 英尺 9 英寸至 16 英尺 5 英寸、平均年龄 12～14 岁。第二，像绝大多数鲨鱼一样，大白鲨每 2～3 年繁殖 1 次。最后，大白鲨每胎最多只能生产 10 个幼崽。从生命史的角度来看，在某个地点捕捉 4 条大白鲨会导致当地该种鲨鱼的数量减半，这就不足为奇了。因为担心更多寻求刺激的渔民会对加利福尼亚州外海的大白鲨种群造成负面影响，1933 年 10 月的第一周，加利福尼亚州立法机构通过了一个法案来保护大白鲨。

20世纪80年代末,科学家们考虑到这个物种易受过度捕捞的影响,开始关注大西洋鲨鱼渔业的无节制扩张。1989年,美国国家海洋渔业局开始制定大西洋和墨西哥湾的鲨鱼管理计划。1993年,这个计划作为大西洋鲨鱼渔业管理计划开始生效。该计划针对39个物种的管理,分为大型近海鲨鱼、小型近海鲨鱼和远洋鲨鱼三大类。

白斑角鲨虽然被大量地捕捞,却不在这个计划之内。这是不幸的,因为这个物种与名单里所列的许多物种一样有着相同的生命历程。但是,美国渔业管理委员会(Fishery Management Councils)最近把白斑角鲨纳入了管理计划。为减轻大型近海鲨鱼和远洋鲨鱼的捕捞压力,已经为这些物种制定了商业捕捞配额和休闲渔业捕捞限制。商业性渔民需要持有联邦许可证才能捕捉鲨鱼。重要的是,渔民需要报告每个航次捕捞的每种鲨鱼的数量。后面这个规定可让美国国家海洋渔业局监测每个物种每年的捕捞量,知道了各个物种每年的捕捞量是上升了还是下降了,就可以调节捕捞压力。最后,该计划禁止"只留鱼鳍"的浪费行为,这种捕捞方式只保留鱼鳍,鱼体其他部位作为副渔获物被抛弃。

若想鲨鱼渔业继续增长而不是崩溃,我们应该提高对鲨鱼的认识。首先,需要有足够的鉴定手册才能收集精确的渔业统计数据。其次,必须准确记录各个渔业中渔民的渔获量和捕捞努力量。我很高兴我的研究生萨尔瓦多·乔根森和墨西哥的同行们亲自去渔业基地和游钓船队作了这项记录,然后交给科学家补充到加利福尼亚湾的数据库里。为了获得成功,渔业管理必须在国际范围内实行,因为很多鲨鱼是高度洄游的种类,跨越不同的管辖范围游动,使得收集标准化的渔业统计数据十分艰难。最后,鲨鱼的寿命长,生长速度慢,只有坚持实施管理策略几十年才能达到成效。可用的管理手段很多,目前已经应用于不同的国家,然而鲨鱼和鳐鱼的综合管理计划仅在几个国家得到实施。这些手段包括制定配额、颁发许可证限制渔业准入、在鲨鱼的繁殖海域实施休渔、限制捕捞期、鲨鱼可捕规格和渔具限制以及限额捕捞。希望未来我们的鲨鱼渔业能得到合理监管,避免重蹈覆辙。

　　许多人想把加利福尼亚湾的双髻鲨种群恢复到原有水平。就算做不到这点，那么也应该将其种群恢复到一个可持续的水平——保持年复一年的稳定。渔业崩溃的第一个迹象就是渔民渔获物中的高龄鱼减少——捕捞压力如此之大，几乎没有鱼能逃过早期的捕捞并且幸存至成年。面对成鱼不足的情况，加利福尼亚湾沿岸的捕鱼基地开始用他们的流刺网大量捕捞幼鱼。这种做法只会使这个物种的困境更加恶化，很快海湾里的双髻鲨幼鱼也会变少。渔业基地捕捞双髻鲨幼鱼赚不了几个钱，而在巴哈半岛南部最大的城市拉巴斯外海经营的休闲潜水产业也遭受了重创，因为当地水域里的成年双髻鲨变得稀少了。来自世界各地的休闲水肺潜水者和自由潜水者以前都对这里的双髻鲨群赞叹不已。夏天和早秋期间，当地的潜水船会载着这些生态旅行者到圣埃斯皮里图海山观看双髻鲨。现在这些游客经常失望地离开拉巴斯，因为他们几乎看不到双髻鲨了。

　　可以采取什么措施来保护双髻鲨呢？传统的渔业管理，是在最近渔获物规格的基础上，相应地增减捕捞努力量——当渔获物的规格变小时捕捞努力量也会受到削减。然而，尽管我们用传统的方法积极尝试管理渔业资源，我们在所有海洋里都面临着鱼类种群衰退的问题。创建海洋保护区是维持海洋鱼类种群数量的一种新途径，保护区是完全禁止捕捞的。

　　近年来，鱼类多度的衰退让美国和墨西哥的科学家建议在加利福尼亚湾创建海洋保护区。但是，建立这些保护区必须基于定居物种生活史的全面的、科学的知识。研究需要针对性地回答下列问题。这些保护区应该建在哪里？范围应该多大？需要建立几个保护区来保护长距离洄游的物种？海湾地区的一个明显重要的栖息地就是海山和岛屿周围的近海水域，这里是大量海洋鱼类的聚集地。许多富有魅力的物种以此为家，例如，旗鱼、几种枪鱼和金枪鱼、蝠鲼、鲸鲨、几种礁鲨以及路易氏双髻鲨。建立保护区谨慎的第一步是确定路易氏双髻鲨在东太平洋的南北洄游路线。这个物种可以视作一种标记，整个双髻鲨群落存在的标记，也是海山大量鱼群存在的标记。如果能描述双髻鲨的游动路线，很可能就知道了同行鱼类的洄游路径。

　　我最近获得了美国国家地理学会研究与探索委员会（Committee for

Research and Exploration of the National Geographic Society）的资助，研究双髻鲨的洄游行为，这与建立海洋保护区有关。该研究的目的是将双髻鲨的长距离洄游路线和海底地形作比较，以确认这个重要的鱼类群落是否以海底地形作为依据，从岛屿游动到海山，在热带与亚热带之间洄游。若结果表明鲨鱼在海山之间移动，资源管理部门就有理由禁止在海山与岛屿附近的小型保护区里的捕捞行为。

今年，我将和我的两个研究生萨尔瓦多·乔根森和约翰·里克特去加利福尼亚湾调研考察。该夏季行程将致力于探究对成年双髻鲨实施弹出式卫星数据回收标志的可行性。这些复杂的电子标志会留在动物身上 1 年，然后脱落浮到水面，将信息发送至卫星。我们将采用自由式潜水进入成年鲨群中，就像之前在圣埃斯皮里图岛那样，然后用这种标志标记它们。每个标志将提供每条成年鲨一年内的地理位置，并且记录其游泳深度以及周围的水温。

现在，我把鲨鱼攻击人类的危险置于人类捕捞对鲨鱼种群的影响这个背景下来进行思考。鲨鱼攻击人类的原因不止一个。饥饿是我们脑海里浮现的第一个原因。人们会认为，在饥饿的驱使下鲨鱼会吃掉大部分猎物。确实，这发生在某些鲨鱼攻击人类的案例里。1939 年 10 月，有人看到两位潜水者在澳大利亚新南威尔士州的海滩附近遭到鲨鱼攻击，第二天在一条 11 英尺 4 英寸长的鼬鲨体内发现了他们的遗体。

然而，其他体形小一些的鲨鱼种类在攻击中造成的伤口经常是新月形的咬痕，几乎不会从受害者身上撕咬下肉块。这个观察让大卫·鲍德里奇和乔伊·威廉姆斯（Joy Williams）于 1969 年发表了一篇影响深远的文章，题目为《鲨鱼攻击：觅食还是奋战？》。这篇文章里，他们认为"促使鲨鱼攻击行为的是压力，而非饥饿，例如，发生了占域行为或者求偶期间遭到受害者的无意打扰"。据他们报道，某个案例拍摄到了鲨鱼发起攻击前的照片，该鲨鱼游动方式十分反常和怪异。它的胸鳍向下伸展的幅度比平常大，鼻子朝上，背部耸起。鲨鱼整个身体似乎在僵硬地游动着，头部来回地移动，几乎和尾巴的摆动一致。

加利福尼亚大学长滩分校的研究生理查德·纳尔逊和唐纳德·纳尔逊

随后拍摄并分析了南太平洋常见的灰礁鲨的这种攻击性示威动作。唐冲向鲨鱼，一手拿着动力头以作保护，而理查德则拍摄下鲨鱼在唐冲向它时所作出的反应。为了更好地了解鲨鱼的示威性动作，他们将其分解成两大运动和四大姿势。两大运动指在水平面上向一旁进行夸张式游泳以及环形游泳。四个姿势指口鼻部朝上、胸鳍降低、背部弓起，以及尾巴横向弯曲。我已经在黑吻真鲨、黑边鳍真鲨、镰状真鲨和窄头双髻鲨的身上观察到了同样的示威动作，如果鲨鱼都不以某种形式展示这种示威动作的话，我会很惊讶的。这种示威动作的强度（和攻击的可能性）与潜水员限制鲨鱼的程度以及该人员靠近鲨鱼的速度成正比。基于此原因，如果潜水员慢慢地游离示威鲨鱼，就能避免该示威动作。

鲍德里奇和威廉姆斯也了解大白鲨的"咬住-吐出"（grab-and-spit）行为。他们提到了加利福尼亚州博德加湾某位裸潜者的案例，这位裸潜者最近毫无征兆地被一条大型鲨鱼袭击了。受害者说他感觉到某个东西咬住了他的腿，像一个巨大的钳子施加压力，挤压着他的背部和胸膛。他还说："我能看见是条鲨鱼，所以我便放松装死，最后它松开了嘴巴。"受害者被拖了将近 10 英尺，然后被放开了，鲨鱼对他没有显示出进一步的兴趣。他们总结说，这个行为与鲨鱼奋力捕食人类不符。我认为鲨鱼没有吃掉受害者，是因为他脂肪含量太低了。

相对于我们日常环境中的其他伤害，受鲨鱼攻击的风险是较小的。20 世纪 90 年代的 10 年间，世界范围内所有种类的鲨鱼每年平均发起了 46.7 次攻击；大白鲨攻击为每年平均 7.2 次。这些攻击中大多数是非致命性的。鲨鱼的攻击信息保存在国际鲨鱼攻击档案（International Shark Attact file）里。该档案现今存放在佛罗里达大学的佛罗里达自然历史博物馆（Florida Museum of National History），由美国软骨鱼类学会（American Elasmobranch Society）管理。合作调查人员通过全球网络不断向这个数据库添加新的观察和历史记录。

这些年，鲨鱼无故攻击人类的事件增多了。例如，统计的每 10 年的大白鲨无故攻击次数上升了，从 1900～1909 年这 10 年间的 4 起，增加到了 1990～1999 年的 72 起。但是，攻击频率的上升可能不只是因为大白鲨种群的增长，还有早期漏报以及近年人类对海岸的更多娱乐性使用等原因。

　　与我们社会环境里那些较为严重的危险相比，受鲨鱼伤害的概率是微不足道的。20 世纪 90 年代的最后一年里，美国有超过 40 000 人死于车祸，14 000 人死于意外跌落，791 人在游泳池或海滩溺水而亡，296 人在浴室溺水身亡，72 人被闪电劈死。被视为人类最好的朋友的其他动物，致死人数比鲨鱼致死人数还多。例如，美国每年有 220 人因骑马的相关意外而身亡，50 人因大黄蜂、胡蜂或蜜蜂的叮咬而死，10 人因被犬类咬伤毙命。在其他常见危险的衬托下，世界每年平均发生不足 50 次的鲨鱼攻击事件似乎没那么严重了。事实上，开车去海边的危险超过在沙滩附近水域游泳。只有通过在水族馆或鲨鱼的栖息地观察鲨鱼，更加充分地了解鲨鱼的行为，我们才能克服对鲨鱼的恐惧。

# 参 考 文 献

在写这本书时，我经常以实验室和野外笔记的日常记录为依据进行叙述，在我过去 29 年的职业生涯中，大约每年完成一本笔记。本书的其他部分参考了科学文献中发表的文章。如果您想了解有关书中所描述的特定研究的更多信息，请与离您最近的收藏有海洋方向期刊的大学图书馆的图书管理员联系。管理员会告诉您如何获取文章的副本。参考文献在每个章节标题下方列出。

1. 鲨鱼热

Klimley，A.P.1974. An inquiry into the causes of shark attacks. *Sea Frontiers* 20：66-75.

2. 跨物种的装扮

Cummings，W. C.，and P. O. Thompson. 1971. Gray whales，*Eschrichtius robustus*，avoid the underwater sounds of killer whales，*Orcinus orca. Fishery Bulletin* 69：525-30.

Klimley，A. P.，and A. A. Myrberg，Jr. 1979. Acoustic stimuli underlying withdrawal from a sound source by adult lemon sharks，*Negaprionbrevirostris*（Poey）. *Bulletin of Marine Science* 29：447-58.

Myrberg，A. A.，Jr.，C. R. Gordon，and A. P. Klimley. 1978. Rapid withdrawal from a sound source by open ocean sharks. *Journal of the Acoustical Society of America* 64：1289-97.

——. 1976. Attraction of free-ranging sharks by low-frequency sound，with comments on its biological significance. Pp. 205-39 in A. Schuijf and A. D. Hawkins， eds., *Sound reception in fishes*. New York: Elsevier Press.

Nelson, D. R., and S. H. Gruber. 1963. Sharks: Attraction by low-frequency sounds. *Science* 142: 975-77.

### 3. 迈阿密水族馆的鲨鱼交配

Clark, E. 1959. Instrumental conditioning of lemon sharks. *Science* 130: 217-18.

Klimley, A. P. 1978. Nurses at home and school. *Marine Aquarist* 8: 5-13.

——. 1980. Observations of courtship and copulation in the nurse shark, *Ginglymostoma cirratum. Copeia* 1980, 878-82.

Klimley, A. P., and A. A. Myrberg, Jr. 1979. Acoustic stimuli underlying withdrawal from a sound source by adult lemon sharks, *Negaprion brevirostris*(Poey). *Bulletin of Marine Science* 29: 447-58.

Pratt, H. L., Jr., and J. C. Carrier. 2001. A review of elasmobranch reproductive behavior with a case study on the nurse shark, *Ginglymostoma cirratum. Environmental Biology of Fishes* 60: 157-88.

### 4. 在南加利福尼亚州与鲨鱼潜水

Tricas, T. C. 1979. Relationships of the blue shark, *Prionace glauca*, and its prey species near Santa Catalina Island, California. *Fishery Bulletin* 77: 175-82.

### 5. 与双髻鲨一起游泳

Klimley, A. P. 1981. Grouping behavior in the scalloped hammerhead. *Oceanus* 24: 65-71.

——. 1995. Hammerhead city. *Natural History* 104: 32-39.

Klimley, A. P., and D. R. Nelson. 1981. Schooling of scalloped hammerhead, *Sphyrna lewini*, in the Gulf of California. *Fishery Bulletin* 79: 356-60.

——. 1984. Diel movement patterns of the scalloped hammerhead shark (*Sphyrna lewini*) in relation to El Bajo Espíritu Santo: A refuging central-position social system. *Behavioral Ecology and Sociobiology* 15: 45-54.

6. 解密双髻鲨群

Klimley，A. P. 1985. Schooling in the large predator，*Sphyrna lewini*，a species with low risk of predation：a non-egalitarian state. *Zeitschrift fur Tierpsychology* (=*Ethology*) 70：297-319.

——. 1987. The determinants of sexual segregation in the scalloped hammerhead，*Sphyrna lewini. Environmental Biology of Fishes* 18：27-40.

Klimley，A. P.，and S. T. Brown. 1983. Stereophotography for the field biologist：Measurement of lengths and three-dimensional positions of free-swimming sharks. *Marine Biology* 74：175-85.

7. 戈尔达海山拥挤的鲨鱼

Cigas，J.，and A. P. Klimley. 1987. A microcomputer interface for decoding telemetry data and displaying them numerically and graphically in real time. *Behavioral Research Methods*，*Instruments*，*and Computers* 19：19-25.

Klimley，A. P. 1993. Highly directional swimming by scalloped hammerhead sharks，*Sphyrna lewini*，and subsurface irradiance，temperature，bathymetry，and geomagnetic field. *Marine Biology* 117：1-22.

Klimley，A. P.，I. Cabrera-Mancilla，and J. L. Castillo-Geniz. 1993. Descripción de los movimientos horizontales y verticales del tiburón martillo *Sphyrna lewini*，del sur de Golfo de California，México. *Ciencias Marinas* 19：95-115.

8. 海洋领航员双髻鲨

Galvan-Magaña F.，H. Nienhuis，and A. P. Klimley. 1989. Seasonal abundance and feeding habits of sharks of the lower Gulf of California. *California Fish and Game* 75：74-84.

Klimley，A. P.，and S. B. Butler. 1988. Immigration and emigration of a pelagic fish assemblage to seamounts in the Gulf of California related to water mass movements using satellite imagery. *Marine Ecology Progress Series* 49：11-20.

Klimley，A. P.，S. B. Butler，D. R. Nelson，and A. T. Stull. 1988. Diel movements of scalloped hammerhead sharks (*Sphyrna lewini* Griffith and Smith) to and from a seamount in the Gulf of California. *Journal of Fish Biology* 33: 751-61.

9. 探寻大白鲨

Ainley, D. G., C. S. Strong, H. R. Huber, T. J. Lewis, and S. H. Morrell. 1981. Predation by sharks on pinnipeds at the Farallon Islands. *Fishery Bulletin* 78: 941-45.

Klimley, A. P. 1987. Field studies of the white shark, *Carcharodon carcharias*, in the Gulf of the Farallones National Marine Sanctuary. Pp. 33-36 in M. M. Croom, ed., *Current Research Topics in the Marine Environment.* San Francisco: Gulf of the Farallones National Marine Sanctuary.

Klimley, A. P., and S. D. Anderson. 1996. Residency patterns of white sharks at the South Farallon Islands, California. Pp. 365-73 in A.P. Klimley and D. G. Ainley eds., *Great White Sharks: The Biology* of Carcharodon carcharias. San Diego: Academic Press. 528 pp.

Mollet, H., G. M. Cailliet, A. P. Klimley, D. A. Ebert, A. T. Testi, and L. J. V. Compagno. 1996. A review of length validation methods for large white sharks. Pp. 91-108 in A. P. Klimley and D. G. Ainley, eds., *Great White Sharks: The Biology of* Carcharodon carcharias. San Diego: Academic Press. 528 pp.

Randall, J. E. 1973. The size of the great white shark. *Science* 181: 169-70.

10. 大白鲨在法拉隆群岛捕食

Anderson, S. D., A. P. Klimley, P. Pyle, and R. H. Henderson. 1996. Tidal height and white shark predation at the South Farallon Islands. Pp. 275-79 in A. P. Klimley and D. G. Ainley, eds., *Great White Sharks: The Biology of* Carcharodon carcharias. San Diego: Academic Press. 528 pp.

Klimley, A. P. 1994. Do white sharks (*Carcharodon carcharias*) select prey based on high-fat content? Transcript of scientific talk, Meeting of the American Association of Ichthyologists and Herpetologists (ASIH), University of Southern California.

Klimley, A. P. 1994. The predatory behavior of the white shark. *American*

*Scientist* 82：122-33.

Klimley，A. P.，S. D. Anderson，P. Pyle，and R. P. Henderson. 1992. Spatio-temporal patterns of white shark（*Carcharodon carcharias*）predation at the South Farallon Islands，California. *Copeia*，1992，680-90.

Klimley，A. P.，P. Pyle，and S. D. Anderson. 1996. The behavior of white shark and prey during predatory attacks. Pp. 175-91 in A. P. Klimley and D. G. Ainley，eds.，*Great White Sharks：The Biology of* Carcharodon carcharias. San Diego：Academic Press. 528 pp.

## 11. 用尾巴交流

Bruce，B. D.，G. H. Burgess，G. M. Cailliet，O. B. Gadig，and W. Strong. 1994. The evolutionary significance of upper caudal lobe Tail Flap behaviour in the white shark（Lamnidae，*Carcharodon carcharias*）：Alternative hypotheses. Unpublished manuscript.

Klimley，A. P.，P. Pyle，and S. D. Anderson. 1993. Displays and intraspecific competition among white sharks（*Carcharodon carcharias*）. Transcript of scientific talk，Symposium on the Biology of the White Shark，*Carcharodon carcharias*，Bodega Bay，California.

——. 1996. Is the Tail Slap an agonistic display among white sharks？Pp. 241-55 in A. P. Klimley and D. G. Ainley，eds.，*Great White Sharks：The Biology of* Carcharodon carcharias. San Diego：Academic Press. 528 pp.

## 12. 国家电视台直播大白鲨幼鱼放生

Compagno，L. J. V. 1984. FAO Species Catalogue. Vol. 4. *Sharks of the World：An Annotated and Illustrated Catalogue of Shark Species Known to Date*. Part 1. Hexanchiformes to Lamniformes. *FAO Fisheries Synopse*s 125（vol. 4，pt. 1）：1-249.

-----. 1984. FAO Species Catalogue. Vol. 4. *Sharks of the World. An Annotated and Illustrated Catalogue of Shark Species Known to Date*. Part2. Carcharhiniformes. *FAO Fisheries Synopses* 125（vol. 4，pt. 2）：251-655.

Klimley，A. P. 1985. The areal distribution and autoecology of the white shark，*Carcharodon carcharias*，off the western coast of North America. *Southern California Academy of Sciences*，*Memoirs* 9：15-40.

Klimley, A. P., S. C. Beavers，T. H. Curtis，and S. J. Jorgensen. 2002. Movements and swimming behavior of three species of sharks in La Jolla Canyon，California. *Environmental Biology of Fishes* 63：117-35.

Reidarson，T. H.，and J. McBain. 1994. Hyperglycemia in two great white sharks. International Association for Aquatic Animal Medicine，*Newsletter* 25（October issue）：6-7.

## 13. 年努埃沃岛大白鲨的电子监控

Boustany，A. M.，S. F. Davis，P. Pyle，S. D. Anderson，B. J. Le Boeuf，and B. A. Block. 2002. Expanded niche for white sharks. *Nature* 415：35-36.

Klimley，A. P.，F. Voegeli，S. C. Beavers，and B. J. Le Boeuf. 1998. Automated listening stations for tagged marine fishes. *Marine Technology Journal* 32：94-101.

Klimley，A. P.，B. J. Le Boeuf，K. M. Cantara，J. E. Richert，S. F. Davis，and S. Van Sommeran. 2001. Radioacoustic positioning：A tool for studying site-specific behavior of the white shark and large marine vertebrates. *Marine Biology* 138：429-46.

Klimley，A. P.，B. J. Le Boeuf，K. M. Cantara，J. E. Richert，S. F. Davis，S. Van Sommeran，and J. T. Kelly. 2001. The hunting strategy of white sharks at a pinniped colony. *Marine Biology* 13：617-36.

## 14. 鲨吃人还是人吃鲨?

Baldridge，H. D. J.，and J. Williams（1969）. Shark attack：Feeding or fighting？*Military Medicine* 134：130-33.

Burgess，G. H. 1999. Statistics on shark attacks in the United States and worldwide. International Shark Attack File，Florida Museum of Natural History，University of Florida，Gainesville（personal communication）.

Camhi，M. 1998. *Sharks on the Line：A State-by-State Analysis of Sharks and*

*Their Fisheries*. New York： Audubon Society.

Camhi，M.，S. Fowler，J. Musick，A. Bräutigam，and S. Fordham. 1998. Sharks and their relatives： Ecology and conservation. Occasional paper. *IUCN Species Survival Commission* 20： 1-39.

Johnson，R. H.，and D. R. Nelson. 1973. Agonistic display in the gray reef shark，*Carcharhinus menisorrah*，and its relationship to attacks on man. *Copeia*，1973，76-84.

Klimley，A. P. 1974. An inquiry into the causes of shark attacks. *Sea Frontiers* 20： 66-75.

——. 1999. Sharks beware. *American Scientist* 87： 488-91. National Safety Council. 1999. Total deaths due to injury，United States，1993-1995（deaths averaged for three years），Query of Worldwide Web.

Nelson，J. S. 1976. *Fishes of the World*. New York： John Wiley & Sons.

# 插　图

（1）白鲨咬住一块诱饵。这种行为，虽然在鲨鱼的日常生活中很少见，但却是人们在电视上最常看到的鲨鱼形象。（瓦莱丽·泰勒）

（2）当我第一次下水研究鲨鱼时，我认为大多数种类的鲨鱼是极其危险的。因此，安全起见，我早期的观察是在笼子里进行的。（亚瑟·迈尔伯格）

（3）/（4）我穿着虎鲸服装（3），在有柠檬鲨的围栏内游泳（4）。我潜水服上的白色 H，类似于虎鲸腹部的颜色，涂成黑色的木制背鳍，类似于虎鲸的背鳍。鲨鱼对我的接近有所反应，并表现出了攻击性。（格里·克雷）

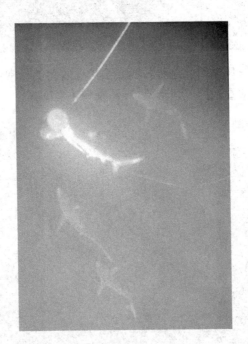

（5）我将大青鲨引向一个分发鱼粉的容器。随着更多鲨鱼被吸引过来，它们开始更快地游动并咬住容器。动物行为学家将这种个体在其他个体面前的高度行为活动称为"社会性易化"；公众看到的群鲨的类似行为即是"捕食狂潮"。（杰里迈亚·沙利文）

（6）我和我的同事在"胡安·迪奥斯·巴蒂兹"船上进行了 6 次，每次为期 10 天的巡航，研究加利福尼亚湾南部的双髻鲨群。这艘美如画的拖网渔船由墨西哥拉巴斯的海洋研究所——CICIMAR 运营。（泰德·鲁里森）

（7）三条双髻鲨在圣埃斯皮里图海山附近游动，这座海山从半英里深处上升到海面以下 55 英尺。（泰德·鲁里森）

（8）我的博士学位答辩委员会成员唐纳德·纳尔逊帮助我在圣埃斯皮里图海山用意大利面状标签标记双髻鲨。唐准备给处在双髻鲨群边缘的一条鲨鱼做标记。（弗利普·尼克林）

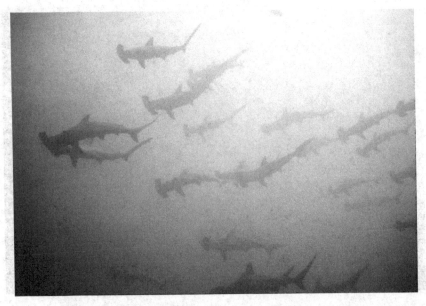

（9）在一眼看不到尽头的鲨鱼群中，往往很难估算鲨鱼的数量。随着新的鲨鱼进入视线，其他鲨鱼又慢慢消失在远方。（詹姆斯·迈吉本）

（10）1981 年夏天，我和两名助手在帕底托岛待了一个月，这是个距离海山约 10 英里的小岛。我们在渔民的营地旁边建立了一个小型科学营地。（斯科特·迈克尔斯）

（11）我使用第一个独立的水下视频系统记录了双髻鲨在鱼群中的行为。所有早期的系统都有一根电缆从水下摄像机引向船上或陆地上的记录器，外壳内有摄像机和记录台，十分笨重，而且需要工作人员经过充分的锻炼才能操作。（霍华德·霍尔）

（12）鲸鲨有一排排浅蓝色斑点，体型巨大，是海洋中最大的鱼类，以洋流中的虾、水母和幼鱼为食。这种大型鲨鱼捕食小鱼时，在鱼群下方呈垂直姿势，身体上下晃动，嘴巴交替开合。（弗利普·尼克林）

（13）从象海豹湾看到的东南法拉隆岛。我们在位于岛屿中心的灯塔山顶上观察岛屿周围水域的鲨鱼袭击情况。（A. 彼得·克利姆利）

（14）我正在灯塔山顶拍摄白鲨袭击海豹的情景。当你看到盘旋的海鸥或一摊血迹时，需要迅速做出反应。（作者收藏）

（15）海面上，一条白鲨咬住了一只海豹。（彼得·派尔）

（16）白鲨攻击海豹的动作与攻击海狮的动作不同。攻击海豹是上图，鲨鱼咬住海豹并将其拖到水下，直到海豹大量失血，然后白鲨咬下一口海豹，任由海豹的尸体漂到海面。海狮往往可以在白鲨的第一次攻击后幸存（下图），并试图游上岸，但白鲨会将其拖住并再次咬伤，致其死亡。在海狮被攻击时，我们可以经常观察到海面上的水花，这可能是鲨鱼用很大的力量拖住海狮造成的。[由美国科学家荣誉学会（Sigma Xi Society）提供]

　　（17）被命名为"断尾"的鲨鱼（图①中左下）和尾部完整的鲨鱼（图①中右上）在进行拍尾时两次经过对方，这是一场为争夺死海豹而展开的复杂仪式。尾部完整的鲨鱼向左游动使自己处于海豹和"断尾"之间，此时海豹在图中的右下角（图②、图③）。谁能将尾巴大幅露出海面并使海水溅得更远，谁就是这场战斗的赢家，最终得到这只海豹作为食物。（由美国科学家荣誉学会提供）

　（18）这条灰礁鲨在潜水员接近它的时候，展现出攻击性。这条灰礁鲨正将尾巴摆向一侧，弓着背，吻部上抬。如果此时潜水员不撤退，鲨鱼很可能转过身来攻击他。（詹姆斯·迈吉本）

　（19）一个墨西哥渔民将每天捕获的鲨鱼存放在巴拿马独木舟上。巨大的捕捞压力使加利福尼亚湾的鲨鱼数量减少，现在在圣埃斯皮里图海山很少能观察到路易氏双髻鲨。鲨鱼比其他鱼类更易受到商业捕捞的影响，因为鲨鱼每次产下且存活的幼体很少，且成熟时间较长。（朱塞佩·诺塔巴尔托洛·德·夏拉）